系统安全与防护指南

Handbook of System Safety and Security

[美] Edward Griffor（爱德华·格里福） 主编

毛俐旻 陈志浩 单 纯 胡昌振 危胜军 张 帆
胡 晴 孟庆磊 尤 龙 达小文 王 宁 王 斌 译

國防工業出版社

·北京·

著作权合同登记 图字：军-2018-055号

图书在版编目（CIP）数据

系统安全与防护指南/（美）爱德华·格里弗尔（Edward Griffor）主编；毛俐旻等译. —北京：国防工业出版社，2022.12

书名原文：Handbook of System Safety and Security

ISBN 978-7-118-12597-9

I. ①系… II. ①爱… ②毛… III. ①计算机网络－网络安全－安全防护－指南 IV. ①TP393.08-62

中国版本图书馆 CIP 数据核字（2022）第 194778 号

Handbook of System Safety and Security
Edward Griffor
ISBN: 978-0128037737

Authorized Chinese translation published by National Defense Industry Presss.
《系统安全与防护指南》（毛俐旻 等译）
ISBN: 978-7-118-12597-9

注意

本书涉及领域的知识和实践标准在不断变化。新的研究和经验拓展我们的理解，因此须对研究方法、专业实践或医疗方法作出调整。从业者和研究人员必须始终依靠自身经验和知识来评估和使用本书中提到的所有信息、方法、化合物或本书中描述的实验。在使用这些信息或方法时，他们应注意自身和他人的安全，包括注意他们负有专业责任的当事人的安全。在法律允许的最大范围内，爱思唯尔、译文的原文作者、原文编辑及原文内容提供者均不对因产品责任、疏忽或其他人身或财产伤害及/或损失承担责任，亦不对由于使用或操作文中提到的方法、产品、说明或思想而导致的人身或财产伤害及/或损失承担责任。

※

国防工業出版社出版发行
（北京市海淀区紫竹院南路 23 号 邮政编码 100048）
北京虎彩文化传播有限公司印刷
新华书店经售

*

开本 710×1000 1/16 印张 13 字数 262 千字
2022 年 12 月第 1 版第 1 次印刷 印数 1—1500 册 **定价** 179.00 元

（本书如有印装错误，我社负责调换）

国防书店：（010）88540777 书店传真：（010）88540776
发行业务：（010）88540717 发行传真：（010）88540762

前言

物联网（IoT）将驱动全球经济全部领域的发展。通用电气预计工业互联网将使未来 20 年全球 GDP 增加 10～15 万亿。截至 2020 年，已有 2.5 亿互联自行车在路面行驶。截至 2020 年，全球智能仪表已从 300 万增至 10 亿以上。可穿戴互联健身设备市场从 2015 年的 4500 万增至 2019 年的 1.2 亿。

网络和信息技术（NIT）的影响深远。实际上，人类的每次努力都深受影响，因为 NIT 的进步将提升科学发现、人类健康、教育、环境、国家安全、交通、制造、能源、监管和娱乐。[①]

认识新兴 IoT 概念的全部优点需要科学和工程领域的发展，以应对新兴 IoT 应用在规模、互联、复杂性和互相依赖性等方面所面临的巨大挑战。上述内容涉及规模问题。互联方面的最大增长预计出现在非传统的互联设备，如家用温度调节器、路灯和汽车——为体系（Systems-of-systems）的互联设计创造全新市场。此类互联通常是多节点的——一个互联的交通工具不仅可能与司机交互，还可能与其他交通工具、道路基础设施、交通管理系统、公共安全系统等更多系统交互，从而产生更高等级的复杂性和新的互相依赖关系。

复杂的互依赖性导致新的安全问题产生。互联意味着 IoT 系统中物理事件可能由物理方式产生，同样也可能源自网络，从而导致关键基础设施的攻击矢量增加，而这些关键基础设施对于经济和生活安全具有重要意义。同时，新的互依赖性意味着失效或攻击可能不仅限于单一技术或领域。

新的互依赖性在城市环境（智慧城市）中消除了网络–物理障碍，展现了大量更有效、更便捷的机遇。但是更大程度的互联也为恶意操作者扩展了潜在的攻击面。除了物理事件将产生物理后果外，被利用的网络脆弱性同样能够导致物理后果。[②]

这些安全与防护的挑战不仅限于单一领域。智能电网、智能交通工具、下一代空管和智慧城市仅仅是其中的几个实例，在这些领域中，具有新的安全与防护关注点的 IoT 概念将持续发展。

精确列车控制系统自动化和可控性的固有等级，使得其脆弱性一旦被恶意操作者利用将特别危险。在获得系统级的访问之后，操作者能够执行一系列指令，其中多数能够导致一连串不容忽视的自动反应。[③]

---

① 美国总统科学技术咨询委员会，设计数字未来：联邦基金研究和网络与信息技术发展，2013 年 1 月。

②、③ https://standards.ieee.org/find stdslstandard/1516-2010.html.

应对这些安全与防护挑战，需要有一种方法能够在规模上包含高度复杂的系统，同时能够涵盖从概念到实现和保障的系统全生命周期过程。这是高级系统工程的领域，也是本书的主题。第一部分聚焦于基础知识，描述了 IoT 中的系统如何超出 ISO/IEC/IEEE15288 中“互操作元素的组合以达到一个或多个所述目标”的定义，包括那些可感知、交互及塑造其周围世界的事物。此部分说明了组合性：IoT 系统的特性来自于其组件的特性及其交互。例如，智能交通系统的特性来自于互联交通工具之间的交互及其与智能路口的交互，而这些又都被本地交通管理系统控制等。值得注意的是，在此组合中，每个层次的交互组件是具有自身权限的 IoT 应用，信息物理系统是一个信息和操作技术（IT 和 OT）协作设计、实时作用的混合体。第一部分也描述了对于信息物理系统的分析，涵盖了智能仪表、智能手机、跨越大陆的电网和全球通信网络。

第二部分讲述了一系列安全与防护的观点，这部分以 IoT 系统安全防护设计过程中考虑攻击者意图的重要性作为开端。以汽车制造商为例，陈述了负责生产安全与防护系统的观点。讨论了将网络安全作为公司的商业利益，提供了一种前瞻性商业模式的观点以构造智能交通系统。同时，也阐述了系统安全保障的观点，即如何知道系统将会依据设计安全可靠的运作，而不做不安全无保护的事情。描述了新的风险管理观点——风险工程——包括复杂系统内的复杂依赖性，使用传统基于隔离的方法是不够的。最后，描述了标准在为互操作性（系统之间的有效交互）和可组合性（作为互联系统的安全与防护组件的系统能力）提供基础支撑时的作用。

第三部分描述了如何将第一部分和第二部分的概念应用于实际，并将云计算和智能电网作为主要用例。第 1 章描述了将攻击意图与风险工程结合用于弹性云计算系统设计，通过有效管理冗余、多样性和可重复配置性来实现。第 2 章描述了云计算系统网络安全设计的面向系统的方法和有效措施。第 3 章描述了系统工程和 IoT 概念应用于智能电网的安全与防护。最后一章以智能电网为例，描述了 IoT 应用的形式化方法和语言的开发。

总之，本书提出的观点为考虑复杂系统在数字时代所面临的安全与防护的挑战奠定了基础。只有应对这些挑战，IoT 新概念才能使世界更加安全、可靠、可持续发展，也更适于生活和工作。

C.Greer
美国国家标准与技术研究所（NIST）

目　录

第一部分　系统介绍

第二部分　安全与防护观点

第三部分 系统安全与防护的应用

第一部分　系统介绍

第 1 章　概述

系统是构建复杂整体的互相交互的组件集合，各个系统都有时间和空间界限。系统运行于环境之中并互相影响，系统可结构化描述为组件及其相互作用的集合，或参照其目标进行描述。另外，也可以根据功能和行为进行系统描述。

“系统”这一概念普遍存在，不仅是简单的技术概念，更是作为思维的核心，如何处理、构想和理解周围环境。其本质是如何设计、构建或制作事物，如何最终获得对于行为的保障。其实，“我们创造的造就了我们”这句话抓住了一个基本真理，即改变世界的行为与我们如何理解我们以自己的思想形象创造世界之间的关系。思维通过感觉、感知、抽象或构想等，力图使我们的经历井然有序。

但截然不同的思维方式的产品之间开始交互时，会是怎样的呢？这种交互不可能满足任何设计者的目的。对于允许交互而实际设计不能交互也不想交互的系统的世界是怎样呢？在这个世界，互联网提供了普遍而畅通的互连性、交互与组合的可能性。系统的某些交互方式是预期的（或设计的），但其他很多方式并非如此。结果有时有益，有时具有潜在危害，是危险的。这些危险与这类系统紧急行为一起，可能导致对人和资产的危害——这是系统安全可靠的主题。系统可能是脆弱的，易于遭受非授权访问和更改——这是系统安全的主题。

1.1　更宽广目标的系统安全与防护指南的需求

“系统”一词已经泛化，即对于不同的人具有不同的意义。努力理解特定的系统就会促使提出下列关键问题。

系统的组成部件是什么？

系统组件之间的交互是什么？

其时间和空间界限是什么？

其环境是什么？

其结构是什么？

系统执行的功能是什么？

由于系统及其环境（包括操作人员）之间的互联性，系统的交互作用使得对于系统安全与防护问题的回答复杂化。例如，监控、度量和控制需求必须考虑系统的互联性。因此，有必要重新审视传统方法用以设计系统安全与防护之类的关键问题。方法的变化也会随之产生新的成本，其范围可能包括附加的组件成本、时间延迟或过程中断等，直至引入新的机制。换言之，必须从全部风险的角度重新思考上述主题。

由于系统快速部署于社会和国家、分布于各个经济领域，因此，我们对于系统的理解是变化的，对于安全与防护主题的方法也随之多样化，但需要开启更广泛的对话，从而与技术、商业和政府的发展保持一致。为此，本书各个章节都反映了上述各领域专家的观点。各章主题都有所选择，有些是技术类，有些与商业或政策相关。编者和贡献者的共同期望是，希望本丛书能够启发和激励系统安全与防护方面的跨领域探讨、学习和研究。

第一部分：系统介绍

第 1 章：概述

第 1 章主要介绍系统的概念（包括对于信息物理系统或信息物理系统（CPS）的讨论），通常称为 IoT。CPS 既包括逻辑操作（如控制与反馈）和物理交互，如使用传感器从物理领域采集信息，或者采取行动或激励影响物理领域。CPS 和 IoT 之所以是当前讨论的焦点，是由于信息系统的加速部署从而成为智慧商业、智慧工业、智慧政府、智慧城市及国家。最后，讨论了本书中系统安全与防护的概念及相互关系。

第 2 章：信息物理系统的组成和组合性

第 2 章介绍了系统的组合和组合性，这是理解系统及其行为的关键挑战。这两个概念引出了关于如何学习和如何获取系统组合的重要问题。

CPS 系统是工程的系统，其功能和关键属性是通过物理和计算组件的交互显现。CPS 工程的关键挑战之一是技术、异构内容、工具和语言的集成。为了描述这些挑战，作者回顾了 CPS 系统设计的模型集成开发方法，其特征是：在整个设计过程中广泛使用建模，包括应用模型、平台模型、物理系统模型、环境模型和模型之间的交互。作者也讨论了嵌入式系统，在通用模框架中对计算过程和支撑体系架构进行了建模。

第 3 章：领域专家实施的基于模型开发的软件工程

第 3 章讨论基于模型的开发（MBD）实践。MBD 实践在很多企业（尤其是安全可靠关键领域）都影响着嵌入式软件的开发。通常采用领域专家易于获取的特定领域语言和工具对模型进行描述。尽管领域专家未经过正式的软件工程培训，仍能自己创建模型以产生嵌入式代码，从而有助于软件开发的设计和编码行为。在与软件工程师交互及软件开发过程中，领域专家的这种新角色能够创造全新的、不同的动态性。在本章中，作者描述了作为软件工程师，与汽车行业领域专家多年合作的经验，其中领域专家使用 MBD 方法开发嵌入式软件。作者的目的是为加强领域专家与软件工程师的合作提供指南，从而提升嵌入式软件系统的质量，包括系统的安全与防护。

第二部分：安全与防护观点

第 4 章：进化的安全

系统安全防护尤其是网络安全的主题，与我们对于系统的其他关注点显著不同。虽然，面对不断变化的操作环境，安全、弹性等关注点确实存在与设计、实现和验证相关的挑战，而安全正面对着不断进化的对手。当面对时刻变化的环境时，系统必须持续提供功能，设计者努力建模这些条件并针对模型测试其设计。从测量的角度考虑，建模也非常重要。为了评估系统并明确其全部风险、整体安全状态、设计对策，而后以可证明、可再现、可重复的量化方式重新评估系统从而确定对策的有效性，必须能够对进行建模系统的安全、脆弱性和风险。

在本章，作者介绍了安全对手建模的新模式，讨论了对手建模的基础，同时，也讨论了系统互联如何增加系统交互的复杂性。需要明确并建模这类复杂性，以理解由此衍生的对于整个系统安全状态的影响。

第 5 章：安全事务

本章从系统生产者的角度讨论了系统安全。作者以汽车企业的系统安全为例，阐明了产品或系统安全实践。

汽车是当今社会最广泛部署的复杂系统。仅有少量司机受过操作培训，而系统复杂性与日俱增。当前的热切期望是部署互联、自主的交通工具，所有这些都面临挑战。本章主题“安全事务”是希望说明和讨论几个问题，如系统安全是什么？其组成是什么？人们在此业务中做什么？其基本行为和关注点是什么？需要如何开展业务？实际生产了什么？这些是如何与生产整个产品所必须的其他行为相关联的？如何说明其他关注点？

第 6 章：网络安全之于商业利益

商业供给所需的很多工作要素都是非营利性的，如网络安全。业务经理认为，它是不能转移至客户的附加成本，从而不可补偿。许多此类工作要素，尤其是网络安全，与商业的其他关注点显著不同。不对等的采用，包括由当前或潜在业务合作伙伴采用，可能是导致跨业务合同延迟的原因，使得达成并遵循关于自己的商业策略更困难、更昂贵。

本章中，作者讨论了网络安全业务，描述了网络安全战略和实施如何能够转化为商业利益。

第 7 章：安全与防护推理：保障的逻辑

强调工作产品设计、确认和验证行为的系统安全方法，促使我们在系统评估过程中重构论据，即使当时并没有评估此类推理所使用的标准。有些关于论述的限制可在标准中获取，描述应如何实施这些行为，但是这仅仅是在标准中的隐性要求，而没有明确对论述自身施以限制。

本章介绍了开发安全案例的框架，此框架明确区分了分析任一系统所常见的推理部分和特定类别的网络物理系统标准中明确的、可接受的推理模式。此类推理模式的例子能够在汽车软件安全标准 ISO 26262 及其他领域类似标准的先例中找到。此框架提供了在系统安全案例中构建论述和评估安全案例正确性的指导。

第 8 章：从风险管理到风险工程：未来 ICT 系统的挑战

信息和通信技术（ICT）是一个涵盖性术语，包括任何通信设备或应用及其相关的各种服务和应用。设计、实施和验证 ICT 系统的传统方法是一次处理一个核心系统关注点或两个系统关注点，如功能正确性或系统可靠性。其他方面通常通过单独的工程行为说明。这种关注的分离导致系统工程实践不是设计为反映、检测或管理这些方面的互相依赖。例如，现代汽车电子系统安全与防护的互相作用，或互联医疗设备之间的安全、隐私和可靠性的互相作用。

当前趋势和创新预示了学科和风险域的融合，从而有效处理和预测这种互相依赖。但是，由于内在的依赖复杂性和操作环境的动态性，识别和缓解系统的复合风险仍然是一个挑战。

这种环境要求风险管理和环节成为未来系统工程方法的核心与集成部分。为说明现代计算环境需求，作者认为，需要新的方法处理风险，风险建模作为集成部分包含于设计中。本章作者指明了一些关键挑战和问题，并发布了风险工程视图应用于当前的工程实践；值得注意的是，风险构成、风险的多学科性、风险度量的设计、开发和使用以及对于可扩展风险语言的需求等问题。本章提供了所需基础机制的初始视图以支持风险工程视图：风险本体、风险建模和组合以及风险语言。

第三部分：系统安全与防护的应用

第 9 章：开发弹性云服务的设计方法论

云计算作为新范例出现，其目的是将计算作为公共设施提供。为了充分采用和有效应用云计算范例，作者指出，至关重要的是：对于恶意错误和攻击，安全机制是健壮的、弹性的。云计算安全是主要关注点和挑战性的研究问题，由于其涉及很多互相依赖的任务，包括应用层防火墙、配置管理、告警和分析、源代码分析和用户身份管理。广泛认可的观点是：一个人不可能构建没有漏洞、免受渗透和攻击的软件与计算机系统。因此，我们普遍认为网络弹性技术是网络攻击缓解、改变攻防博弈最具希望的解决方案。

提出动目标防御机制，通过变换执行环境的攻击面，使得攻击者极难利用已有漏洞。通过持续改变环境（如软件版本、程序语言、操作系统、连接等），能变换攻击面，规避攻击。

本章中，作者提出了基于冗余、多样性、混淆和自治管理的弹性云服务设计方法。冗余用于在任何冗余版本或资源遭受侵害时进行攻击容忍。多样性用于避免软件单一繁殖问题，同一攻击向量能够成功攻击相同软件模块的多个实例。混淆需随机改变执行环境，通过热混淆多个功能等价体、运行时行为各异的软件版本。作者也展示了实验架构和对 RCS 设计方法的评估。实验结果表明，所提出的环境对于攻击是弹性的，其开销时间少于 7%。

第 10 章：云及移动云体系架构、安全与防护

作者回顾了云计算（或简言之云架构）的概念。讨论了与系统的云实现相关的安全与防护。本章的目的是提供云和移动云分析、选择、实施所需的指南，有利于最优化安全与防护的制约。本指南有助于软件架构师理解云体系架构，从而有利于将安全与防护集成到组织的信息技术架构之中。本章的目标读者也是技术专家、研究者和科学家；本章提供了最新技术调研、建议和方法，以使基于云平台的系统更加安全可靠。

简言之，作者提供了云体系架构安全与防护指南。对于计划实施基于云解决方案的小型或中型企业、研究者、政府机构，本指南在开发云体系架构中非常有用，适合针对企业进行适应性修改。所提供指南将有助于其云实施的成功，即使它是私有、混合云的实施或在软件组件即服务的实施。本指南将有助于保障实施的安全。

第 11 章：智能电网安全与防护概述

本章是对智能电网及其安全与防护概念的简单介绍，能够为在智能电网及其系统相关的多个领域的工作人员提供指导，而且对于智能电网是什么、其基本要素是什么、如何区分传统电网等问题感兴趣的读者，也能提供指导。预期的读者包括与发电及发电环境相关的政府、企业和科研领域工作人员。

作者向读者展示了电网和智能电网体系架构的整体视图，包括其组成元素和常见操作。基于其他领域的安全与防护范例，作者强调了智能电网安全与防护的概念。最后，作者提供了对个人和系统资产造成危害的例子，这种危害是由于未能提供特定努力以理解系统脆弱性或危害所导致。文中也列举了系统脆弱性或危害的例子，以及如何在智能电网设计和操作过程中说明它们。

第 12 章：系统和系统交互代数及其在智能电网的应用

现有电网具有发电、输电及配电至大型或小型用户的单元。电流从发电单元至输电单元、最终至配电单元，服务于大型商业、公共设施以及家家户户。通过增加额外的发电、输电及配电能力以应对需求的增长。这种能力提升的成本很高，而且需要数年才能实现。不能准确预测需求增长或对电网能力的不准确预测，可能导致过多或不必要的成本或能力不足。关于两类影响的关注增加，即低于电网最优操作的影响和持续使用化石燃料发电造成的影响。

因此，社会领导和公众持续增加了对于满足电网需求的可替代方法的关注。目前，有很多关于如何将电网重构形成智能电网的讨论。所述改变对于传统方法构建电网基础设施和组织机构形成挑战。智能电网的智能性在于两个截然不同的革新。第一个革新是将新技术集成到电网，第二个革新是从根本改变电网元素相互之间的关联方式。智能电网管理分布式发电和双向电流。在智能电网中，每个新组成都可能潜在影响其他电网元素的性能，因此，必须采取措施表示和评估所述电网革新。

本章中，作者提出了一种用于表达智能电网元素的语言和用于组合电网元素组合操作符；展示了如何用组合操作符构建电网元素表示代数，以便于评估智能电网体系架构。他们声明，此方法有助于规划者和工程师设计未来的智能电网，能够使得规划者和工程师设计并最终仿真未来智能系统的组成和集成。“智能电网代数”基于形式化语言，能够提供获取智能电网可观察行为和交互的表达能力，方便现有智能电网的学习，支撑电网核心关注点（如安全与防护）的学习方法论。

第 2 章　信息物理系统的组成和组合性

2.1　信息物理系统概述

信息物理系统（CPS）是工程系统，其功能和必要属性源于物理和计算组件的网络交互。CPS 工程中的关键挑战之一在于异构的概念、工具和语言的集成[1]。为了应对这些挑战，Karsai 和 Sztipanovits 倡导了一种 CPS 设计的模型集成开发方法[2]，其特点是在贯穿整个设计过程中的通用模型，如应用模型、平台模型、物理系统模型、环境模型以及这些模型间的交互模型。对于嵌入式系统，参考文献[3]中讨论了类似的方法，计算过程和支撑体系结构（硬件平台、物理结构和操作环境）均基于通用模型框架进行建模。

基于模型的 CPS 设计流程的主要挑战是设计结束时如何提高“作为制造”的系统属性的可预测性。当前系统工程实践的典型特征是有限的可预测性使得开发过程需进行从设计→构建/制造→集成→测试→重设计循环的冗长的迭代，才能达到所有基本要求。可从根本上缩短系统开发时间的基本因素有以下 3 种。

（1）选择设计流程中抽象化的级别和范围。

（2）重用在组件模型（CM）库中获取的设计知识并使用组合设计方法。

（3）在设计流程中引入广泛的自动化，以执行快速的需求评估和设计权衡。

基于模型和组件的高度自动化设计过程最显著的例子是电子设计自动化工具所支持的 VLSI 设计。虽然有争议，普遍认为对于更广泛的工程系统[4]类别，此类经验是不可移植的，但我们的经验表明，通过开发用于异构建模、工具链和工具实施的横向集成平台可以实现重大改进[5–6]。

为 CPS 设计流程建立横向集成平台的需求，是由于采用“焦点分离”原则处理异构性和复杂性的传统工程方法所产生的。CPS 设计空间的异构性通过图 2.1 所示的三种维度进行构建。

（1）分层组件抽象化，代表不同级别的细节和保真度的 CPS 设计。

（2）建模抽象化，包含广泛的数学模型，如静态模型、离散事件模型、以常微分方程形式表达的集总参数动态模型、混合动力学、几何和偏微分方程等。

（3）物理现象，包括机械、电气、热力、液压等。

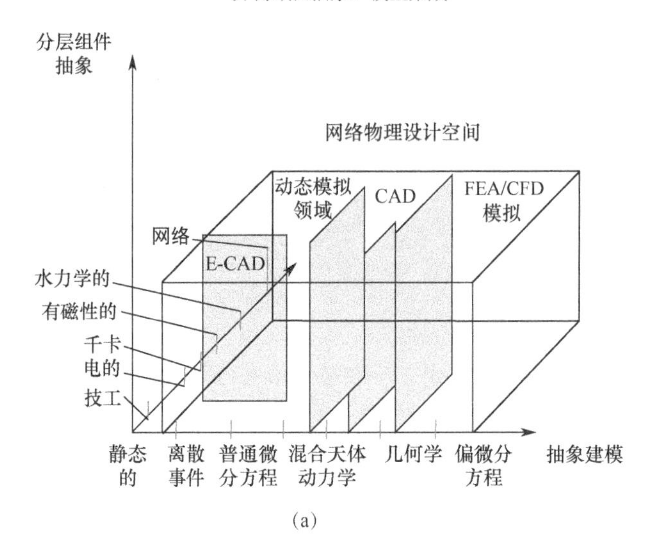

(a)

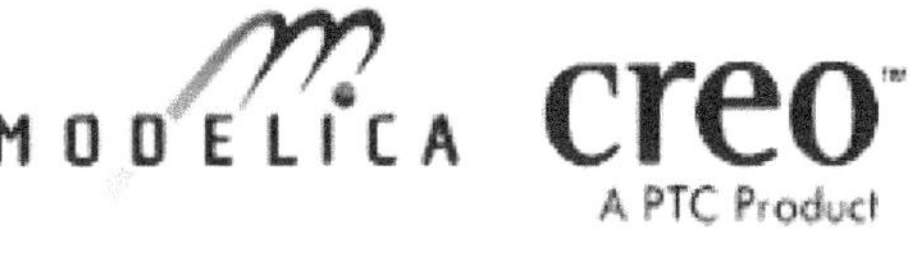

集成的工程工具

(b)

图 2.1　CPS 领域和设计工具的异质性

虽然 CPS 设计需要探索集成设计空间，但焦点分离原则在诸如物理动力学、计算机辅助设计（CAD）、电子 CAD（E-CAD）或有限元分析（FEA）领域等的复杂空间中建立“切片”。各设计域相对独立，均与各自的工程学科紧密相关，并有特定工具组件支持（图 2.1（b））。就设计经验、已有建模语言和模型库而言，现有工具组件蕴含巨大丰富的价值，因此，为 CPS 设计流程提供支持的唯一合理方法就是重用现有资产。如果设计重点相互独立，此种方法非常有效，但大多数情况下，如果系统没有专门设计为解耦所选设计重点[1]，则该方法并不奏效。忽略设计重点之间的依赖性是导致系统集成中出现异常或未预期行为的首要因素之一。因此，创建 CPS 设计工具组件的唯一可行方法是，面向模式集成和工具集成的挑战提出解决方案。

CPS 的异构性对于所有基于模型和组件设计方法的核心问题以及语义精确的组合框架的构建均有显著影响，该组合框架有助于基于组件模型构建系统模型。对于任何组合框架的基本要求是建立可组合性和组合性[7]。可组合性表明，组件在集成系统中保留其原有属性。如果所选系统关键属性可由其组件属性计算得出，则实现其组合性。不同工程学科通常有其特定领域的组合框架，这些框架与建模抽象符号、建模领域和组成属性相互协同。理解集成平台如何干扰特定领域的组合方式以及如何同时为不同属性提供组合性是其中一大难点。

本章讨论 CPS 设计中异构组合的相关问题。所用示例都是基于我们在基于模型和组件的设计自动化工具组件 OpenMETA 的开发经验，OpenMETA 是 DARPA AVM 计划[8]的一部分。本项目的目标是完成一款涵盖设计、集成以及验证的端到端的车辆设计工具套件。OpenMETA 工具套件[5]为采用 CPS 设计自动化方法进行实验、评估解决 CPS 设计难题的实际效果提供了支撑。

我们重点关注基于模型和组件的 CPS 设计中存在的两个核心问题：模型组合和工具组合。首先，展示了一个 CPS 组件模型的示例，该模型包含一组具有异构接口的领域模型。这些接口旨在支持特定领域的组合运算和跨域交互。其次，说明了工具集成平台也导致与模型组合相互作用的问题。后续将讨论聚焦在集总参数动力学的模型和工具集成方法，这本身就是一个复杂的多方面问题。

2.2 OpenMETA 工具套件中的横向集成平台

基于模型和组件的 CPS 设计流程实现了从早期概念设计转向使用模型和虚拟原型的详细设计的设计空间探索过程。这种渐进式细化过程始于组件模型（CM）中抽象系统模型的组合，其中 CM 可捕捉系统行为的必要要素。系统模型是根据需求使用模拟和验证工具进行评估。使用更高保真度的 CM 和更细化的建模抽象符号可进一步细化设计实现。通过优化相对较少的高保真模型可完成设计过程。设计过程自动化一直是 OpenMETA 工具套件的基本目标[9-12]。

为了便于异构模型和工具的无缝集成，OpenMETA 为模型、工具和执行提供了横向集成平台[13]，补充了传统的、垂直结构化的和孤立的基于模型的工具套件。如图 2.2 所示[14]，集成平台的功能如下。

OpenMETA 设计流程的建模功能是建立在以下模型类别的引入。

（1）组件模型。它包括一系列代表各方面组件属性和行为的领域模型、一组组件间交互的标准接口，以及组件接口和领域模型之间的映射。

（2）设计模型（DM）。描述组件及其互连的系统架构。

（3）设计空间模型（DSM）。定义 DM 的架构和参数变化。

（4）试验台模型（TBM）。确定分析模型及分析流用于计算与特定需求相关的关键性能参数。

（5）参数化研究模型（PEM）。确定设计空间中用于优化关键性能参数的区域。

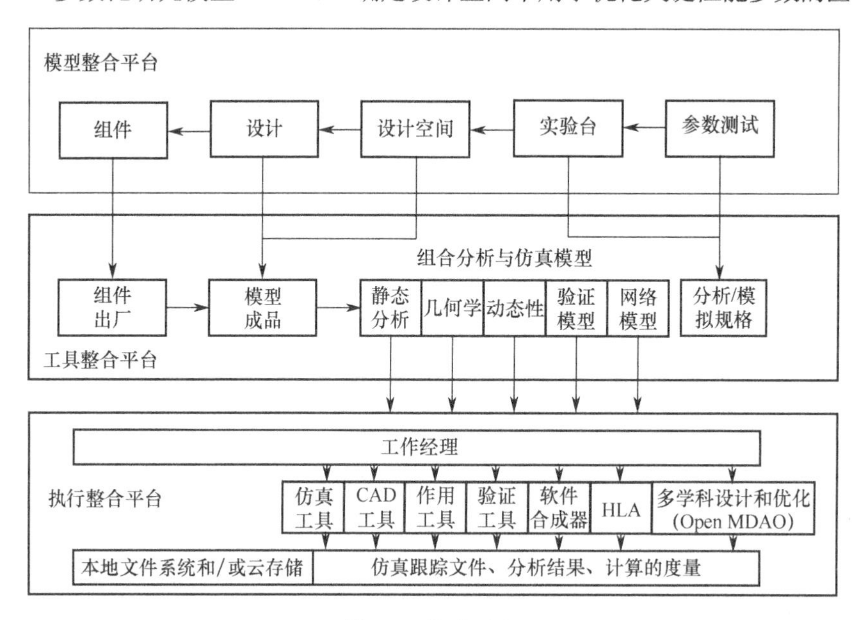

图 2.2　集成平台

前 3 种模型类别侧重于设计的系统，而后两种模型类型代表测试台应用的评估/优化过程模型。每个测试台与一个系统设计（在测系统对象）相连接。系统设计可以是一个设计早期阶段的低保真 CM 组成的系统原型，某些子系统和组件的实现尚不清晰。分层 DM 定义系统及其子系统的体系结构。通过添加替代组件和子系统，可将单个设计扩展成为设计空间[15]。设计空间的根节点与所有设计点有相同的接口。因此，即使架构变化节点的数量非常大，所有相关的测试台也仍保持可用，并且能用于评估设计空间内所有点设计的相关要求。因此，通过尽早定义测试台并定期执行测试，设计空间将不断演进直至实现令人满意的设计。

OpenMETA 基本的模型集成难点在于将上述 5 种模型类别与不同的由组件封装的领域模型进行集成。例如，一辆动力传动系的移动性要求，如“最大爬坡速率”，是通过测试台执行具有适当地形数据的动力传动系模型的集总参数动态模拟进行评估。对于给定的动力传动系架构，集总参数动力学的 OpenMETA 模型组合器访问架构中各个组件的动力学模型，并将它们组合成可由 Modelica[16]仿真引擎模拟的系统模型。CM 和组合机制必须足够灵活，以便能够使用具有不同保真度，甚至不同建模语言表示的 CM，此类建模语言包括 Modelica 模型、Simulink/Stateflow 模型、功能样机单元（FMU）或 Bond Graph 模型等[9]。TBM 将环境模型和集成系统模型链接到模拟器，并创建用于评估“最大爬坡速率”性能参数的可执行规范。由于整个设计空间中的所有设计点都具有相同接口，因此，TBM 可链接到具有许多可替代、参数化结构的设计空间。若研究过程需要，可使用 OpenMDAO（多学科设计分析和优化）优化工具来执行多目标参数优化。

对于移动性要求，集总参数动力学和基于仿真的系统设计评估只是许多评估可替代动力系统设计的各类型测试台的一个示例。但能清晰地看到整体集成架构中的通用模式如下。

（1）模型集成平台。将不同领域建模语言表示的异构模型封装在 CM 库中。为便于模型集成，采用精确的组合接口和组合运算符建立异构 CM。

（2）工具集成平台。模型组合器从 CM 库中提取合适的 CM，并根据备选结构的规范进行组合，自动合成用于测试台的 DM。使用测试台和参数研究过程的模型来集成分析流程，使其在高级架构（HLA）[17]或 OpenMDAO 上进行实践①。

（3）执行集成平台。可执行的 TBM 与资源相关，并在云平台上按计划执行。

OpenMETA 横向集成平台的核心包括 CM 库中模型的组合、测试台中使用模拟和验证工具的分析流的组合，以及云平台上的可执行分析图像的组合。本章重点讨论特定的异构 CM（依据整个的项目名称，命名为 AVM 组件模型）和集总参数动力学的组合方法。

2.3 AVM 组件模型

在基于组件和模型的设计流程中，系统模型由体系规格说明所指导的 CM 组成。为实现构造正确的设计，系统模型应该是异构多物理、多抽象和多保真的模型，是能获取跨域交互的模型。因此，为了具有可用性，CM 需满足以下通用要求。

（1）详述和采用既定的、数学上合理的组合性原则。组合框架在物理动力学、结构和计算方面上差异非常大，需要精确定义和集成。

（2）在明确代表跨域交互的已有保真度等级上，涵盖一组域模型（如结构、多物理集总参数动力学、分布式参数动力学和可制造性）。

① http：//openmdao.org/.

（3）精确定义异构组合所需的组件接口。接口需要与用于获取域模型的建模语言解耦，从而确保接口与 CM 开发人员所选的建模工具互相独立。

（4）建立基于 CM 保持有效的计算制度下可组合性的范围。

以上要求可以满足，但不必在使用基于组件方法的工程设计中实施。物理系统建模中一个常见的误解就是必须针对特定现象进行量身定做才能构建有用的模型。典型例子之一是，不支持可组合性的建模方法的广泛使用。AVM 组件模型（图 2.3）特别强调可解决此问题的组合性语义[18]。

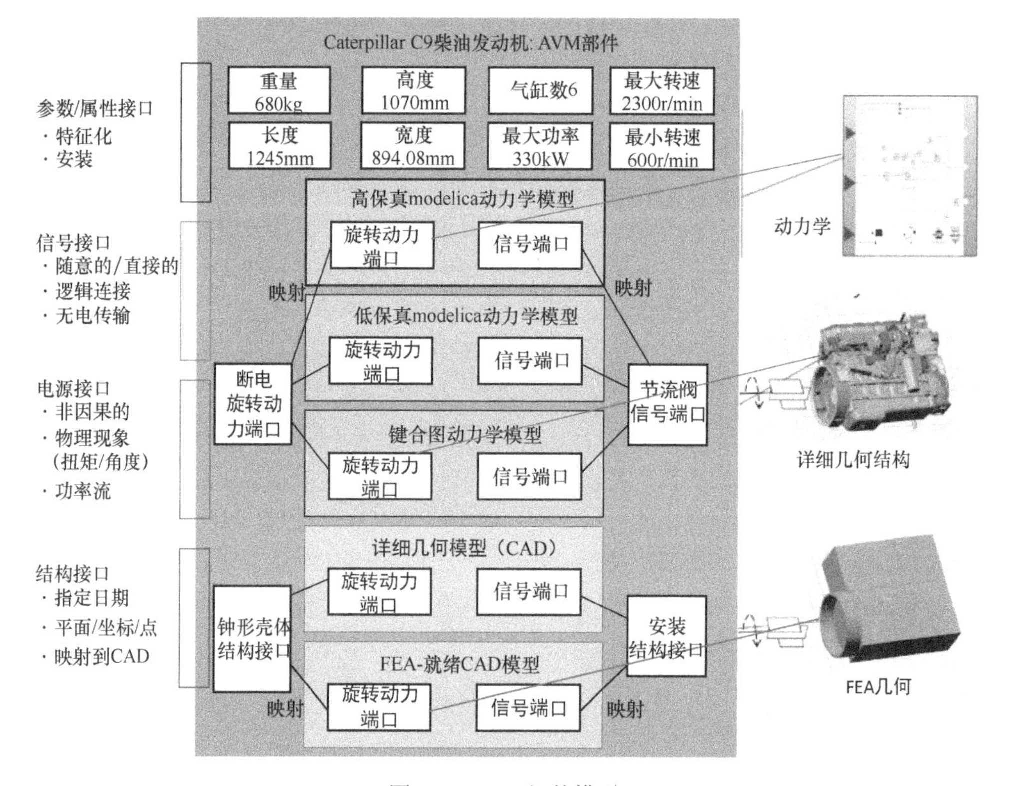

图 2.3　AVM 组件模型

CPS 组件模型必须根据设计过程的需求进行定义，该过程需明确：①所需结构和行为建模视图的类型；②需说明的组件交互的类型；③设计分析期间必须使用的抽象类型。我们认为，尝试构建“通用”的 CPS 组件模型是没有意义，相反，CM 在既定场景下需要构造成最简单但足以实现“正确结构”的设计目标的组件。

AVM 组件模型旨在集成多领域、多抽象和多语言的结构、行为与制造模型，并为 OpenMETA 模型组合器提供符合动力传动系和船体设计需求的组合接口[11]。图 2.3 说明了 AVM 组件模型的整体结构，主要内容如下。

（1）该模型是采用特定领域语言表达的一系列域模型的容器。实际的域模型引用于存储在不同库中的 CM。

（2）组件的特征是一系列静态的物理属性和在已有本体中定义的标签。这些静态属性通过一组在设计过程中可更改的参数进行扩展。图 2.3 是表征 Caterpillar C9 柴油发动机特性的示例。静态属性和可变参数在设计空间研究过程的前期使用[19–20]。

（3）集总参数物理动力学在评估诸如移动性设计等动力学行为方面发挥至关重要的作用。由于组合建模一直是基本目标，因此，选择非因果关系建模法来表示多物理场动力学[21]。在此方法中，动力学模型表示为连续时间微分代数方程（DAE）或混合微分代数方程。由于模型库可有多种来源，因此，CM 可能由诸如 Bond Graphs 等不同建模语言表达（尽管我们主要使用基于 Modelica 的表示方式）。针对具有大量复杂组件系统的虚拟原型设计，多保真度模型对于确保其具有可扩展性非常重要。

（4）CPS 组件中计算实现的动力学模型采用因果关系建模方法表示，该方法使用 Simulink /Stateflow、ESMoL[22]、Functional Mock-up Units[23]或 Modelica Synchronous Library[24]等建模语言。

（5）几何结构是 CPS 设计的一个基本方面。组件的几何形状表示为过程或详细 CAD 模型，这正是获取较大组件几何特征，并针对一系列物理行为（热力、流体、液压、振动、电磁等）执行详细 FEA 的基础。

（6）建模和管理跨域交互是实现“正确结构”CPS 设计的核心。OpenMETA 的组件建模语言（稍后描述）包括构建采用公式定义的跨域模型的参数交互。

由一组域模型（如代表物理或计算行为集总参数动力学的 Modelica 模型、CAD 模型、属性和参数模型以及跨域交互）构建 AVM 组件模型，以及域建模元素到组件接口的映射是非常耗时且易于出错的。为提高产出率，OpenMETA 工具包括完整的工具套件用以导入域模型（如 Modelica 动态模型），将其与标准 AVM 组件模型接口集成，自动检查合规性和模型属性（如域模型类型的限制、制定良好的规则、可执行性等）。依据直接经验，自动化模型管理流程将用户建立 AVM 组件模型库所需的工作量成数量级降低。

总之，CPS 组件模型是一组选定域模型的容器，此类域模型用于获取设计过程所必需的组件结构和行为等。虽然选定的建模域依赖于 CPS 系统类别和设计目标，但整体集成平台对于广泛的 CPS 仍然是通用且可定制的。

关于定义 CPS 组件模型的其余事项还有组件接口和相关组合运算符的规范。

2.4 语义集成的用例

在异构多模型组件方法中，组件接口在构建模型集成平台以及模型组合基础设施（独立于各个特定域建模语言）中起着至关重要的作用。这一点尤为重要，因为不同的建模语言（如 Modelica、Simulink、Bond 图、CAD 等）提供的内部组件和组合概念互不兼容，并且无法匹配 CPS 设计流程中所需的组合用例。独立于 CM 接口和组合运算符的域模型设计必须体现所规划设计流程中用例的需求。

由于 OpenMETA 设计流程的复杂性和丰富性，本书只简要讨论图 2.4 中总结的集总参数动力学用例的关键要素[25]。用于表示集总参数动力学的建模语言列表如图第二行所示（TrueTime①是用于实时控制系统的基于 Matlab/Simulink 仿真器，可模拟在实时内核、网络传输以及连续体动力中的控制器任务执行）。建模语言涵盖了因果关系（Simulink/StateFlow、ESMoL、TrueTime 和功能模拟单元）和非因果关系（Modelica 和混合键图）方法，连续、离散时间和离散事件语义，以及用于定义物理交互和信号流的工具。混合键图语言和 Simulink/StateFlow 和 ESMoL 之间的连接代表由键图转换为其他语言的现有工具。

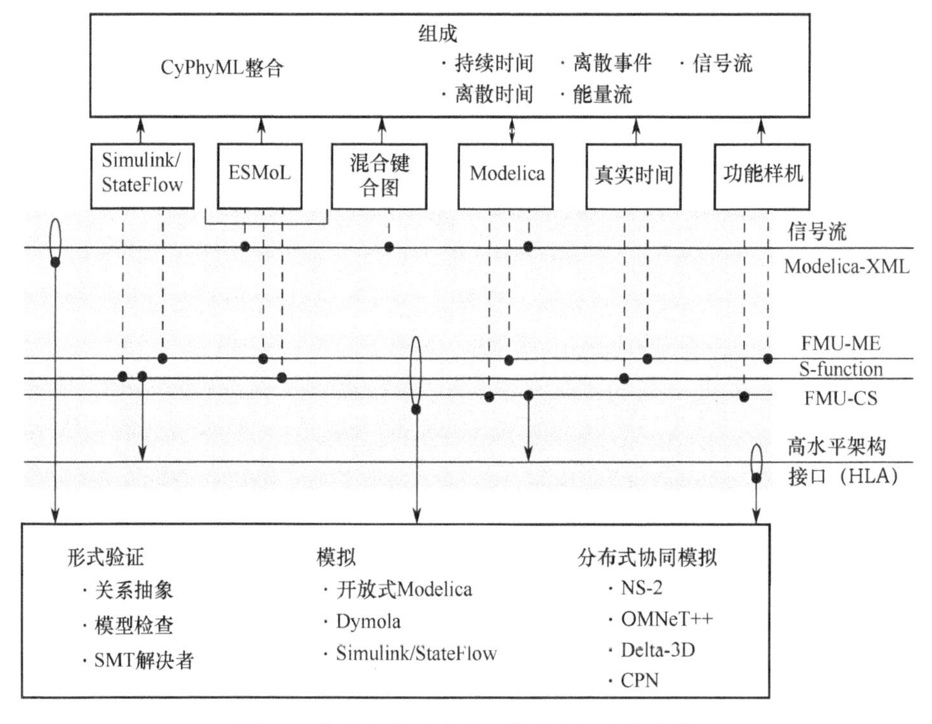

图 2.4　集总参数动力学语义集成概念的总结

水平的条块（等式、FMU-ME/S 函数/FMU-CS 和 HLA）代表设计流程所需的目标集成域。各种形式化验证工具均需要基于等式的表达。FMU-ME/S-function/FMU-CS

① http：//www.control.lth.se/truetime/.

条块表示以输入–输出计算模块形式的模型能集成在模拟器中。OpenMETA 中使用的模拟工具包括 OpenModelica、Dymola 和 Simulink/StateFlow。HLA①条块代表分布式协同仿真的集成域。OpenMETA 采用 HLA 标准作为分布式仿真集成平台。当异构 CPS 中大规模的动态范围导致单线程模拟执行缓慢时，协同仿真行之有效[17]。分布式协同仿真用于虚拟原型设计，其中模拟系统集成到由网络模拟器（OMNeT++ 和 NS-2），物理环境模拟器（Delta-3D）或离散过程模拟器（CPN）模拟出的复杂环境中并与之交互。建模语言和集成域之间的垂直虚线表示各个域间的关联性。例如，Modelica 模型（若详细指定）可包含以导出为 Modelica-XML 格式的方程形式的动力学格式。另外，Modelica 环境（如 OpenModelica 或 Dymola）可使用 FMU-ME 包装器将模型导出为编译过的输入–输出计算模块，或者导出为与求解器集成的协同仿真块[23]。

通过组件接口和组合运算符，封装在 AVM 组件中的集总参数动力学模型相互组合。描述组件接口和组合运算符的抽象符号均汇聚在 CyPhyML 模型集成语言（图 2.4）。如图所示，通过构造 CyPhyML，使表达组件动力学的特定域语言通过语义接口导出其建模构造的子集。该语义接口特指 AVM 组件模型中的动力学接口与不同建模语言中的抽象符号间的映射。引入模型集成语言概念作为语义集成的基础，有以下两个重要的成果。

（1）模型集成语言（如 CyPhyML）是为跨域模型交互建模而设计的。其语义由选定的组件接口和组合运算符决定，而不是由特定嵌入式 CM（如 Modelica）的特定域建模语言决定。因此，模型集成语言设计目的是简单便捷，必须足够丰富以表示跨域交互，同时又比其所集成的各建模语言更简单。

（2）模型集成语言按需发展。如果将设计流程的需求拓展为新的建模概念、新的跨域交互，则需要对其进行完善。模型集成语言的这种进化发展的本质所产生最重要的结果是，其语义必须形式化和明确界定，以维持多域模型组合过程中整体语义的完整性。这种需求促使了“语义背板”的设计和实现[10]。

OpenMETA 语义背板[26–27]是本书语义集成概念的核心。其关键思想是使用形式化元模型定义 CyPhyML 模型集成语言的结构[28]和行为语义[26, 29]，以及使用工具支持的形式化框架来更新 CyPhy 元模型并验证建模语言发展时，整体的一致性和完整性。所选的形式化元模型工具是微软研究院出品的 FORMULA[30]。FORMULA 的代数数据类型（ADT）和基于约束逻辑编程（CLP）的语义足以数字化地定义建模域、跨域转换以及对域和转换的约束。

在第 2.5 节中讨论 OpenMETA 中的组件接口和组合语义，但仅限于讨论物理动力学模型。

① http://standards.ieee.org/findstds/standard/1516-2010.html.

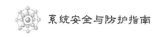

2.5 动力学的组件接口和组合语义

如图 2.3 所示，AVM 组件模型包括 4 种类型的接口。

（1）参数/属性接口。

（2）用于物理交互的能量接口。

（3）信息流的信号接口。

（4）几何约束的结构接口。

在物理交互方面，遵循非因果关系建模方法[21]：交互是非定向的，并且没有输入和输出端口。反之，交互通过变量共享建立对相连组件行为的同步约束。例如，电阻器可被建模为双端口元件，其中每个端口分别表示电压和电流，电阻器的行为由等式 $U_1-U_2 = R * I_1$ 和 $I_1 = I_2$ 进行定义。除非因果关系建模之外，还采用了 Port-Hamiltonian 方法，其中物理系统被建模为能量守恒元件网络，如变压器、运动副、理想约束以及能量耗散元件。在此方法中，物理组件通过能量端口进行交互。这些互连通常产生子系统状态空间变量之间的代数约束，从而生成差分和代数方程混合集合的系统模型。为何采用这种能量变量（效能和流量）描述物理连接？其解释已超出本章范围，但感兴趣的读者可以在参考文献[31–32]中找到关于这个问题的详尽说明。

CM 的规范要求如下。

（1）分类的能量端口（电能端口、机械动能端口、液压能量端口和热能端口）的接口规范。

（2）组合的静态语义规范，通过对能量端口连接定义约束实现。

（3）连接语义规范。

物理交互是在连续时域上进行解读（本书只讨论物理交互的组合，省略了许多关于其他交互类型的规范及其相互关系的有趣细节，例如，组合因果关系和非因果关系模型，建立连续时间和离散时间表达的联系）。这些问题在其他论文中讨论，感兴趣的读者可参考文献[24, 26, 33–35]等。

形式上，从动态交互的角度来看，组件模型 M 是一个元组 $M\equiv$ {C，A，P，contain，portOf，EP，ES}，详细解释如下。

（1）C 代表组件集合。

（2）A 代表组件单元集合。

（3）$D = C \cup A$，代表设计元素集合。

（4）P 是以下端口集的并集：P_{rotMech} 代表一组旋转机械动能端口；$P_{\mathrm{transMech}}$ 代表一组平移机械动能端口；$P_{\mathrm{multibody}}$ 代表一组多体动能端口；$P_{\mathrm{hydraulic}}$ 代表一组液压

能量端口；$P_{thermal}$ 代表一组热能端口；$P_{electrical}$ 代表一组电能端口；P_{in} 代表一组连续时间输入信号端口；P_{out} 是一组连续时间输出信号端口。此外，P_p 是所有能量端口的并集，P_s 是所有信号端口的并集；

（5）Contain：$D \rightarrow A^*$代表一个包容函数，它的范围是 $A^* = A \cup \{root\}$，一种特殊根元素根拓展的设计元素集合。

（6）PortOf：$P \rightarrow D$ 代表一个端口包容函数，它能唯一确定所有端口的容器。

（7）$E_p \subseteq P_p * P_p$ 代表能量端口间的能量流联系。

（8）$E_s \subseteq P_s * P_s$ 代表信号端口间的信号流联系。

应用 FORMULA ADT 的 AVM 组件模型的动力学接口（包括能量和信号端口）的规范如下：

```
    //Components, component assemblies and design elements
    Component :: = new (name : String, id : Integer).
    ComponentAssembly :: = new(name : String, id : Integer).
    DesignElement :: = Component + ComponentAssembly.
    // Components of a component assembly
    ComponentAssemblyToCompositionContainment :: =
      (src : ComponentAssembly. dst : DesignElement).
    // Power ports
    TranslationalPowerPort :: = new (id : Integer).
    RotationalPowerPort :: = new (id : Integer).
    ThermalpPowerPort :: = new (id : Integer).
    HydraulicPowerPort :: = new(id : Integer).
    ElectricalPowerPort :: = new(id : Integer).
    // Signal ports
    InputSignalPort :: = new(id : Integer).
    OutputSignalPort ::= new(id : Integer).
    // Ports of a design element
    DesignElementToPortContainment :: = new(src : DesignElement, dst ::
Port).
    // Union types for ports
    Port :: = PowerPortType + SignalPortType.
    MechanicalPowerPortType :: = TranslationalPowerPort +
                RotationalPowerPort.
    PowerPortType :: = MechanicalPowerPortType + ThermalPowerPort
                + HydraulicPowerPort
```

```
            + ElectricalPowerPort.
SignalPortType :: = InputSignalPort + OutputSignalPort.
// Connections of power and signal ports
PowerFlow :: =
  new (name : String.src : PowerPortType.dst : PowerPortType,...).
InformationFlow :: =
  new (name : String, src : SignalPortType, dst : SignalPortType,…).
```

互连的动力学端口的结构语义表示为连接的约束，意为模型可能不包含任何悬空端口，远程连接或无效端口连接：

```
conforms
no dangling{_},
no distant{_},
no invalidPowerFlow{_},
no invalidInformationFlow{_}.
```

为此，需要定义一组辅助规则。悬空端口是未连接到任何其他端口的端口：

```
Dangling :: = (Port).
Dangling(x) : - X is PowerPortType,
no {P | P is PowerFlow, P.src = X},
no {P | P is PowerFlow, P.dst = X}.
dangling(x) : - X is SignalPortType.
no{I | I is InformationFlow, I.Src = X},
no{I | I is InformationFlow, I.dst = X}.
```

远程连接将属于不同组件的两个端口连接起来，使组件具有不同的父节点，任一组件都不是另一个组件的父节点：

```
distant :: = (PowerFlow + InformationFlow).
distant(E) : - E is PowerFlow + InformationFlow
DesignElementToPortContainment(PX, E.src)
DesignElementToPortContainment(PY, E.dst),
PX ! = PY,
ComponentAssemblyToCompositionContainment(PX, PPX),
ComponentAssemblyToCompositionContainment(PY, PPY ),
PPX ! = PPY, PPX ! = PY, PX ! = PPY.
```

如果连接相同类型的能量端口，则能量流有效：

```
validPowerFlow :: = (PowerFlow).
validPowerFlow(E) : - E is PowerFlow,
```

```
X = E.src, X : TranslationalPowerPort,
Y = E.dst, Y : TranslationalPowerPort.
validPowerFlow(E) : - E is PowerFlow,
X = E.src, X : RotationalPowerPort,
Y = E.dst, Y : RotationalPowerPort.
validPowerFlow(E) : - E is PowerFlow,
X = E.src, X : ThermalPowerPort,
Y = E.dst, Y : ThermalPowerPort .
validPowerFlow(E) : - E is PowerFlow,
X = E.src, X : HydraulicPowerPort,
Y = E.dst, Y : HydraulicPowerPort.
validPowerFlow(E) : - E is PowerFlow,
X = E.src, X : ElectricalPowerPort,
Y = E.dst, Y : ElectricalPowerPort.
```

如果一个能量流不是有效的，则认为其无效：

```
invalidPowerFlow :: = (PowerFlow) .
invalidPowerFlow(E) : - E is PowerFlow, no validPowerFlow(E).
```

如果信号端口接收多源信号，或者输入端口是输出端口的源，则信息流无效：

```
invalidInformationFlow :: = (InformationFlow).
invalidInformationFlow(X) : - X is InformationFlow,
Y is InformationFlow,
X.dst = Y.dst, X.src != Y.src.
invalidInformationFlow(E) : - E is InformationFlow,
X = E.src, X : InputSignalPort,
Y = E.dst, Y : OutputSignalPort.
```

定义端口类型和连接的结构语义之后，规范的剩余步骤是组合运算符（连接）的语义。对于能量流，可以引申为通过它们的传递闭路来表示。基于定点逻辑思想，能够非常容易地将连接的传递闭路表达为 ConnectedPower 的最少定点解决方案。非正式地，ConnectedPower(x, y)表示能量端口 x 和 y 通过至少一个能量端口互连：

```
ConnectedPower :: = (src : CyPhyPowerPort, dst : CyPhyPowerPort).
ConnectedPower(x, y) : - PowerFlow(_, x, y, _, _), x :
CyPhyPowerPort,
y : CyPhyPowerPort;
PowerFlow(_, y, x, _, _ ), x : CyPhyPowerPort, y : CyPhyPowerPort;
ConnectedPower(x, z), PowerFlow(_, z, y, _, _), y : CyPhyPowerPort;
```

```
ConnectedPower(x, z), PowerFlow(_, y, z, _, _), y : CyPhyPowerPort.
```

更准确地说，$P_x = \{y \mid \text{ConnectedPower}(x, y)\}$是从能量端口 x 可达的能量端口集合。能量端口连接的行为语义由一对推断出基尔霍夫方程的等式定义。其形式如下：

$$\forall x \in \text{CyPhyPowerPort} \cdot \left(\sum_{y \in \{y \mid \text{ConnectedPower}\ (x,y)\}} e_y = 0 \right) \tag{2-1}$$

$$\forall x, y(\text{ConnectedPower}(x, y) \rightarrow e_x = e_y)$$

可将 FORMULA 按以下方式形式化：

```
P : ConnectedPower → eq + addend.
P [[ConnectedPower]] =
    eq(sum("CyPhyML_powerflow", flow1.id), 0)
    addend(sum("CyPhyML_powerflow", flow1.id), flow1)
    addend(sum("CyPhyML_powerflow", flow1.id), flow2)
    eq(effort1, effort2)
where
    x = ConnectedPower.src, y = ConnectedPower.dst, x != y,
    DesignElementToPortContainment(cx. x), cx : Component,
    DesignElementToPortContainment(cy, y), cy : Component,
    PP[[x]] = (effort1, flow1),
    PP[[y]] = (effort2, flow2)
```

上述规范仅仅是 AVM 组件模型和 CyPhyML 模型集成语言完整形式规范性质和范围的简短说明。加上模型组合器的相关规范，语义背板的大小是接近 20000 行的 FORMULA 代码。根据经验，规范框架的开发和接口应用是保证 OpenMETA 模型和工具集成组件一致的关键。

2.6 建模语言语义接口的形式化

本章形式上定义了 CyPhyML 组合元素的语义，但尚未明确特定域的建模语言（如 Modelica、Simulink/StateFlow、Bond Graph Language、ESMoL 和 CyPhyML）间的语义接口。值得注意的是，可按照此处陈述的同样步骤轻松地将其他语言添加至列表中。这里仅阐述 Modelica 语义接口的规范。

Modelica 是一种用于系统建模和仿真的基于方程的面向对象语言。Modelica 通过其模型和连接器概念支持基于组件的开发。模型是具有内部行为和一组称为连接器的端口的组件。模型间通过各自的连接器接口实现互连。Modelica 连接器是一组变量（输入、输出、非因果关系流或势能等），不同连接器的连接定义其变量之间的关系。下面将讨论在 CyPhyML 中一组受限的 Modelica 模型的集成问题：需考虑含有连接器的模型，其中连接器由一个输入/输出变量或者一对效能和流量变量组成。

Modelica 能量端口的语义可通过到连续时间变量对的映射进行解释：

```
MPP : ModelicaPowerPort → cvar, cvar,
MPP[[ModelicaPowerPort]] = (cvar( “Modelica_potential”,
  ModelicaPowerPort.id), cvar( “Modelica_flow”,
  ModelicaPowerPort.id)).
```

Modelica 信号端口的语义可通过到连续时间变量的映射进行解释：

```
MSP : ModelicaSignalport → cvar.
MSP [[ModelicaSignalPort]] = cvar( “Modelica_signal”,
ModelicaSignalPort.id) .
```

Modelica 和 CyPhyML 能量端口映射的语义为其能量变量间相等。形式化表示如下：

```
MP : ModelicaPowerPortMap → eq.
MP [[ModelicaPowerPortMap]] = eq(cyphyEffort, modelicaEffort)
  eq(cyphyFlow, modelicaFlow)
Where
  modelicaPort = ModelicaPowerPortMap.src,
  cyphyPort = ModelicaPowerPortMap.dst,
  PP[[cyphyPort]] = (cyphyEffort, cyphyFlow),
  MPP[[modelicaPort]] = (modelicaEffort, modelicaFlow).
```

Modelica 和 CyPhyML 信号端口映射的语义为其信号变量间相等。形式化表示如下：

```
MS : ModelicaSignalPortMap → eq.
MS [[ModelicaSignalPortMap]] = eq(MSP [[ModelicaSignalPortMap.src]],
  SP[[ModelicaSignalPortMap.dst]]).
```

关于 CyPhyML 和特定域建模语言之间的语义接口规范的一个有趣的方面是能量端口的物理单元的分配。每个 PortUnit 为每个能量端口分配两个单元：一个用于效能变量；另一个用于流量变量。

```
PortUnit :: = [port : PowerPort => effort : Units, flow : Units].
PortUnit(x, “V”, “A”) : - x is ElectricalPowerPort;
  x is ElectricalPin;
  x is ElectricalPort.
PortUnit(x, “m”, “N”) : - x is TranslationalPowerPport;
```

```
    x is TranslationalFlange.
PortUnit(x, "N", "m/s") : - x is MechanicalDPort.
PortUnit(x, "rad", "N.m") : -x is RotationalPowerPort;
    x is RotationalFlange.
PortUnit(x, "N.m", "rad/s") : - x is MechanicalRPort.
PortUnit(x, "kg/s", "Pa") : - x is HydraulicPowerPort;
    x is FluidPort;
    x is HydraulicPort.
PortUnit(x, "K", "W") : - x is ThermalPowerPort;
    x is HeatPort;
    x is ThermalPort.
PortUnit(x, "NA", "NA") : - x is MultibodyFramePowerPort.
PortUnit(x, "Pa,J/kg", "kg/s, W") : - x is FlowWpPort.
```

2.7 小结

本章提供了在 CPS 设计流程中构建其组成和组合性等方面的一个示例。确立组合目标之后，所需步骤是通用的：建立一个 CM、定义接口、定义组合运算符，在描述组件行为的建模和表示组合系统的建模语言间建立映射。本章没有涵盖 AVM 项目开发中关于组合的许多方面和细节，但这个示例足以说明部分一般性结论。

（1）本书认为，CPS 设计问题需要不同类型的 CM 和组合方法。组件是在特定域语言中所表示的相关、可重用的设计知识的容器。模型类别的选择需要与 CPS 类别以及设计过程所需的分析类型相匹配。区域模型的特定组合不是通用性的，事实上，CPS 组件模型的形成需要跨域建模和模型集成。这种认识促使我们构建包含一系列方法、工具和库的可重用的模型集成平台，用以创建模型集成语言、明确形式化语义以及为在语义背板中构建完全迥异的应用领域 CPS 组合框架提供支撑。OpenMETA 语义背板是本章语义集成概念的核心。其关键思想是基于形式化元建模定义 CyPhyML 模型集成语言的语义，并采用工具支持的形式化框架以更新 CyPhyML 元模型，并随着建模语言的不断发展，验证其整体一致性和完整性。形式化元建模工具选用微软研究院的 FORMULA[36]。FORMULA 的 ADT 和基于 CLP 的语义在数学上定义建模域、跨域转换[37]以及域和转换的约束方面十分有效。AVM 项目总结如下：OpenMETA 语义背板包括 CyPhyML 的形式化规范、所有构成的建模语言的语义接口，以及工具集成框架中使用的所有模型转换（规范总代码量为 19696 行，其中 11560 行为自动生成、8136 行为手动编写。）

（2）即使在单个分析线程中，组合也会出现在 CPS 设计流程中的数个语义域中。例如，使用上述组合语义的动力传动系的系统级 Modelica 模型会产生大量方程，基于单个 Modelica 模拟器的模拟过程可能非常慢。在此情况下，可采用组合的系统级模型并再次对其进行分解，基于物理现象（机械过程和热过程）而不是组件/子系统边界，将快速和慢速的动力学分离[17]。这种分解将生成两个采用 HLA 协同仿真平台进行协同仿真（图 2.4）的模型，因此，系统级模型的重组将发生在不同的语义域中。

（3）从简单的视角看，模型和工具集成可认为是多模型间的互操作性问题，可采用适当的语法标准和转换进行管理。在复杂的设计问题中，由于实际设计流程中涉及的各种模型语义完整性的快速缺失，这些方法不可避免地将会失败。由此引入动态、可演化的模型集成语言的“成本”是必须基于 OpenMETA 开发用于模型集成的数学上精确的形式化语义。

（4）开发 OpenMETA 的主要难点是集成：模型、工具和执行。OpenMETA 集成平台包括大约 1.5 万行代码，这些代码可在多种 CPS 设计环境中重用。在 AVM 项目中，OpenMETIA 集成了 29 种开源和 8 种商业工具，相当于一个约比 OpenMETA 大 2 个数量级[6]的代码库。因此，集成确实非常重要，具有科学挑战并产生较多效益。在 CPS 设计自动化中尤其如此，虽然集成的设计流程尚未实现。

致　谢

上述成果得到以下部门的支持：美国国防高级研究计划局（DARPA），奖项号为＃HR0011-12-C-0008、＃N66001-15-C-4033；美国国家科学基金会，奖项号为＃CNS-1035655、＃CNS-1238959；NIST，奖项号为#NIST 70-NANB15H312。

参 考 文 献

[1] J. Sztipanovits, X. Koutsoukos, G. Karsai, N. Kottenstette, P. Antsaklis, V. Gupta et al., Toward a science of cyber-physical system integration, Proc. IEEE 100(1)(2012)29-44. <http://ieeexplore.ieee.org/lpdocs/ epic03/wrapper.htm?arnumber=6008519>.

[2] G. Karsai, J. Sztipanovits, Model-integrated development of cyber-physical systems, Software Technologies for Embedded and Ubiquitous Systems, Springer, 2008, PP.46-54. <http://link.springer.com/chapter/10.1007/978-3-540-87785-1_5>.

[3] G. Karsai, J. Sztipanovits, A. Ledeczi, T. Bapty. Model-integrated development of embedded

software, Proc. IEEE 91（1）（2003）145-164. <http://ieeexplore.ieee.org/xpls/abs_all.jsp?arnumber=1173205>.

[4] D. E. Whitney. Physical limits of modularitg, MIT Working Paper Series ESD-WP-2003-01.03-ESD Internal Symposium, 2003.

[5] J. Sztipanovits, T. Bapty, S. Neema, X. Koutsoukos, E. Jackson, Design tool chain for cyber physical systems: lessons learned, in: Proceedings of DAC'15, DAC'15, 07-11 June 2015, San Francisco, CA, USA.

[6] J. Sztipanovits, T. Bapty, S. Neema, X. Koutsoukos, J. Scott, The METaToolchain: Accomplishments and Open Challenges, No. ISIS-15-102, 2015(Google Scholar Download: The META Toolchain_ Accomplishments and Open Challenges.pdf).

[7] G. Gossler, J. Sifakis, Composition for component-based modeling, Sci. Comput. Program. 55 (1-3) (2005).

[8] P. Eremenko, Philosophical Underpinnings of Adaptive Vehicle Make, DARPA-BAA-12-15. Appendix 1, December 5, 2011.

[9] Zs. Lattmann, A. Nagel, J. Scott, K. Smyth, C. van Buskirk, J. Porter, et al., Towards automated evaluation of vehicle dynamics in system-level design, in: Proceedings of the ASME 2012 International Design Engineering Technical Conferences & Computers and Information in Engineering Conference IDETC/CIE 2012, 12-15 August 2012, Chicago, IL.

[10] G. Simko, T . Levendovszky, S. Neema, E. Jackson, T . Bapty, J. Porter, J. Sztipanovits, Foundation for model integration: semantic backplane, in: Proceedings of the ASME 2012 International Design Engineering Technical Conferences & Computers and Information in Engineering Conference IDETC/CIE 2012, 12-15 August 2012, Chicago, IL.

[11] R. Wrenn, A. Nagel, R. Owens, D. Yao, H. Neema, F . Shi, K. Smyth, Towardsautomated exploration and assembly of vehicle design models, in: Proceedings of the ASME 2012 International Design Engineering Technical Conferences & Computers and Information in Engineering Conference IDETC/CIE 2012, 12-15 August 2012, Chicago, IL.

[12] O.L. de Weck, Feasibility of a 53 speedup in system development due tometa design, in: 32nd ASME Computers and Information in Engineering Conference, August 2012, pp. 1105-1110.

[13] J. Sztipanovits, T. Bapty, S. Neema, L. Howard, E. Jackson, OpenMETA: a model and component-based design tool chain for cyber-physical systems, in: S. Bensalem, Y. Lakhneck, A. Legay (Eds.), From Programs to Systems—The Systems Perspective in Computing, LNCS, vol. 8415, Springer-Verlag, Berlin Heidelberg, 2014, pp. 235-249.

[14] J. Sztipanovits, Model integrated design tool suite for CPS, Invited Talk atUniversity of Hawaii, Honolulu, 9 April 2015 (Figure 2).

[15] H. Neema, S. Neema, T . Bapty, Architecture Exploration in the META Tool Chain, ISIS-15-105,

Technical Report, ISIS/Vanderbilt University, 2015.

[16] Modelica Association, Modelica—A Unified Object-Oriented Language for Physical Systems Modeling. Language Specification, Version 3.2. <www.modelica.org/documentas/ModelicaSpec32.pdf>, March 24, 2010.

[17] H. Neema, J. Gohl, Z. Lattmann, J. Sztipanovits, G. Karsai, S. Neema, et al. Model-based integration platform for FMI co-simulation and heterogeneous simulations of cyber-physical systems, in: Proceedings of the 10th International Modelica Conference, Lund, Sweden, 10-12 March 2014, pp.235-245.

[18] T . Bapty, OpenMETA Project Overview, Project Briefing, March 2012 (Figure 3).

[19] H. Neema, Z. Lattmann, P . Meijer, J. Klingler, S. Neema, T . Bapty, et al., Design space exploration and manipulation for cyber physical systems, in: IFIP First International Workshop on Design Space Exploration of Cyber-Physical Systems (IDEAL' 2014), Springer-Verlag Berlin Heidelberg, 2014.

[20] E. Jackson, G. Simko, J. Sztipanovits, Diversely enumerating system-level architectures, in: Proceedings of EMSOFT 2013, Embedded Systems Week, September 29-October 4, 2013, Montreal, CA.

[21] J. C. Willems, The behavioral approach to open and interconnected systems, IEEE Control Systems Magazine, December 2007, pp. 46-99.

[22] J. Porter, G. Hemingway, H. Nine, C. van Buskirk, N. Kottenstette, G. Karsai, J. Sztipanovits, The ESMoL language and tools for high-confidence distributed control systems design. Part 1: Design Language, Modeling Framework, and Analysis. Tech. Report ISIS-10-109, ISIS, Vanderbilt Univ., Nashville, TN, 2010.

[23] Functional Mock-up Interface. , <www.fmi-standard.org>.

[24] Modelica Association, Modelica Language Specification Version 3.3. Revision 1. <https://www.modelica.org/documents/ModelicaSpec33Revision1.pdf >, 11 July 2014.

[25] J. Sztipanovits, Model Integration Challenge in Cyber Physical Systems, Tutorial, NIST , 19 January 2012 (Figure 4).

[26] G. Simko, J. Sztipanovits, Model integration challenges in CPS, in: R. Rajkumar (Ed.), Cyber Physical Systems, Addison-Wesley, 2015.

[27] G. Simko, T. Levendovszky, M. Maroti, J. Sztipanovits, Towards a theory for cyber-physical systems modeling, in: Proc. 3rd Workshop on Design, Modeling and Evaluation of Cyber Physical Systems (CyPhy'13), 08?11 April 2013, Philadelphia, PA, USA, pp. 1-6.

[28] E. Jackson, J. Sztipanovits, Formalizing the structural semantics of domain-specific modeling languages, J. Softw. Syst. Model. (September 2009) 451-478.

[29] K. Chen, J. Sztipanovits, S. Neema, Compositional specification of behavioral semantics, in: R.

Lauwereins, J. Madsen (Eds.), Design, Automation, and Test in Europe: The Most Influential Papers of 10 Years DATE, Springer, 2008.

[30] E. K. Jackson, T . Levendovszky, D. Balasubramanian, Reasoning about meta-modeling with formal specifications and automatic proofs, in: J. Whittle, T . Clark, T . Kühne (Eds.), Model Driven Engineering Languages and Systems, vol. 6981, Springer Berlin Heidelberg, Berlin, Heidelberg, 2011, pp. 653-667.

[31] A. van der Schaft, D. Jeltsema, Port-Hamiltonian systems theory: an intro-ductory overview, Found. Trends Syst. Control 1 (2-3) (2014) 173-378. Available from: http://dx.doi.org/10.1561/2600000002.

[32] D. Karnopp, D. L. Margolis, R.C. Rosenberg, System Dynamics Modeling, Simulation, and Control of Mechatronic Systems, John Wiley & Sons, Hoboken, NJ, 2012.

[33] G. Simko, D. Lindecker, T . Levendovszky, E. K. Jackson, S. Neema, J. Sztipanovits, A framework for unambiguous and extensible specification of dsmls for cyber-physical systems, in: Engineering of Computer Based Systems (ECBS), 20th IEEE International Conference and Workshops on the, IEEE, 2013, pp. 30-39.

[34] D. Lindecker, G. Simko, I. Madari, T . Levendovszky, J. Sztipanovits, Multi-way semantic specification of domain-specific modeling languages, in: Engineering of Computer Based Systems (ECBS), 2013 20th IEEE International Conference and Workshops on the, IEEE, April 2013, pp. 20-29.

[35] G. Simko, D. Lindecker, T . Levendovszky , S. Neema, J. Sztipanovits, Specification of cyber-physical components with formal semantics?integration and composition, in: Model-Driven Engineering Languages and Systems, MODELS'2013, Springer Berlin Heidelberg, 2013, pp. 471-487.

[36] <http://research.microsoft.com/formula>.

[37] D. Lindecker, G. Simko, T . Levendovszky, I. Madari, J. Sztipanovits, Validating transformations for semantic anchoring, J. Object Technol. 14 (3) (August 2015), pp. 2:1-25, <http://dx.doi.org/10.5381/jot.2015.14.3.a2>.

第3章　领域专家主导的基于模型开发的软件工程

3.1　软件工程简介

在计算机时代早期，Ad Hoc 编程方法被认为不适用于复杂软件系统开发。正如著名计算机专家艾兹赫尔·戴克斯特拉（Edsger Dijkstra）所言："坦率地说：在没有计算机时，编程不是问题；当有了几台功能较弱的计算机时，编程就成为一个小问题；而现在拥有了强大的计算机，编程也成为同样巨大的问题。"因此，需要有涵盖计划、问题理解、需求获取与规格说明、设计编码与测试验证等阶段的系统工程方法论，软件系统工程随之产生。根据 ISO/IEC/IEEE 24765[1]标准定义，"软件工程是将系统、规范、可量化的方法应用于软件开发、操作与维护，即工程应用于软件"。

然而，数十年之后，软件开发和维护仍未能遵循在其他系统工程领域成功践行的规范。软件开发也总被其他工程人员认为无足轻重。此类看法主要是由软件的柔韧性所导致。由于软件的非实物形态，其更改通常被认为"仅仅是代码的修改"，但这种看法是不正确的。依据经验，软件产品的更改应该与发动机、变压器或飞机刹车盘等其他工程产品同样严格。软件更改的影响应首先在设计上进行评估，然后进行彻底验证。此方法对日益依赖软件的现代化设备来讲尤为重要。软件功能在军用飞机功能[2]及车辆创新[3]中占比高达 80%。软件也日益成为引发事故及产品召回的重要源头[4]。在航天[5]、医疗[6]、汽车[7]等安全可靠关键领域，软件相关事故也屡见不鲜，更多例子可参见文献[8–9]。在此类安全可靠关键系统中，错误可导致潜在的生命危险、环境破坏及经济损失。因此，与在其他工程领域中严格遵循规范一样，实施软件工程对于现代软件密集型系统的成功开发和安全运行至关重要。

基于模型的开发（MBD）已在航天、汽车及核等工业领域的嵌入式系统开发中成为主导范例。主要归因于采用基于模型的自动化代码生成、早期确认与验证以及快速原型。MBD 中所使用的特定领域的建模语言非常易于领域专家（应用领域专家）学习和使用，使其能够使用熟悉的专业术语和抽象去设计生成代码并验证算法。因此，MBD 范例赋予领域专家完全不同于其在传统软件开发中的角色。但具有机械工程、电气工程及其他相关专业背景的领域专家，通常缺乏软件工程的专业教育。例如，日本许多顶尖的软件专家认为本国大多数软件开发者并未受到正规的软件工程培训[10]。

我们的工作是基于软件工程师团队与汽车工业的领域专家协作的经验。例如，在与汽车原设备制造商（OEM）多年合作的项目中，我们与学术界和工业界的多位领域专家进行了对接。

首先，见证了软件工程师与汽车领域专家所使用术语的巨大差异①。我们（部分）通过解释源于嵌入式系统开发中常用的软件工程术语，去解决两者之间的沟通差距。

其次，领域专家在使用和/或辅助研发各种软件产品时，对于其意图以及对于软件质量的最终影响缺乏明确的规划。

本章从软件工程的视角，说明了最常用的软件工程原则、实践和组件，并展示了其如何影响软件的正确性、安全及质量。因此，本章旨在通过提供对于软件工程实践及组件的高层次理解，帮助更有效的使用，从而增强软件工程师与领域专家之间的协作。同时，解释说明大量 MBD 误解及局限性。更进一步，将提出 MBD 在工业实践中的问题，并尽可能提供解决方案，或对于当前尚无解决方案的问题提出研究途径。本章聚焦于使用 Matlab Simulink 进行嵌入式系统开发，这正是基于模型的软件设计的事实标准。有意思的是，Matlab Simulink 自身也忽略了主要的软件工程原理，本章也将讨论这些问题。本章主要聚焦在使用 Matlab Simulink 进行基于模型的嵌入式系统开发，多数探讨都可用于通常的软件工程。因此，本章可作为面向软件密集型系统开发的领域专家的参考教程，同样也适用于一般软件从业人员、相关领域的管理人员，以及任何涉及软件或软件开发的人员。

本章的其他章节组织如下：第 3.2 节描述了整个 MBD 软件工程的过程，为后续章节提供了铺垫。第 3.3～3.6 节，分别针对行业中的常见问题以及关于需求、设计、实现、验证和验证的错误认识进行了深入分析。第 3.7 节对全章小结并指出未来的工作方向。

3.2 开发过程：如何进行软件设计开发

软件不只是代码，软件工程也不仅是编程。软件包括需求、设计、测试报告，以及软件开发各阶段所产生的其他文档。软件工程与所有工程学科一样，必须遵循良好定义的工程过程以构建质量可靠、安全运行的系统。在基于模型的嵌入式软件系统开发过程中，最常用的是 V 模型（瀑布模型），如图 3.1 所示。目前，存在多

① 实际上，术语“领域专家”在软件工程社区被广泛熟知并使用。而领域专家大多自己不知道这个术语。

种软件开发模型，但由于 V 模型关注各层次的测试，因此是嵌入式系统软件开发中被广泛认可的模型，而且，还包括汽车标准 ISO 26262[11]等的一些标准规定使用 V 模型。本节对 V 模型进行总述，后续各节将对其各阶段进行详细描述。

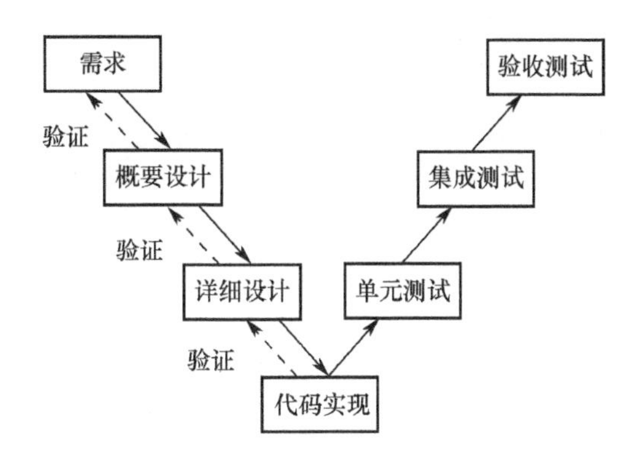

图 3.1　基于模型开发的 V 模型开发过程

3.2.1 软件工程阶段及领域专家参与

开发过程始于需求的收集与说明，在此阶段，需要明确描述系统应做什么，而无须提供如何做等细节。需求阶段需编制并协商一致形成软件需求规范说明（SRS），以作为甲方与开发人员的合同，即对于系统预期的共同约定。在此阶段，通常需要软件工程师、分析师、产品经理与领域专家的紧密协作，其中领域专家提供各自领域内技术的深度和广度。例如，独立的安全专家团队在汽车系统的安全需求开发与分析方面发挥总体作用。

系统需求一旦确立，就需开展概要的架构设计规划。架构设计需尽量融合软件工程原则（如模块化和封装），以使复杂度最小化并便于组件重用，详细说明见 3.4 节。在此阶段主要是产品经理、软件工程师、各领域专家涉及其中，第三方供应商在必要时参与。然后，通过评审及仿真（若有相应的可执行规范）等进行架构设计的验证。随后，可开发满足需求、遵循架构设计的软件解决方案。在 MBD 中，主要通过根据编程语言指南及标准构建模型来实现。在软件概要设计阶段，需定义必要的组件模块、算法、数据结构以及对于实现所必需的详细设计元素（或者如果是 MBD 则是代码生成）。在实际研发中，一个或多个组件或模块将被分配至个人所有，即开发与维护。在当前 MBD 实践中，我们发现领域专家开展软件设计和快速原型设计，随后转至其他工程师进行开发与维护。理想情况下，软件开发由软件工程师实施，使用可接受的软件最佳工程实践和原则进行良好的软件实现。与领域专家紧密合作、熟知特定领域环境，将为解决方案提供指导。

MBD 方法的主要优点是能从设计模型自动生成实现代码。与传统软件开发相比，极大地减少了实现错误和开发时间[12]，而且使得领域专家深入参与软件开发。负责同一组件的软件设计者将实现相应的代码。如果需要，通常可根据领域专家的推荐或建议，由独立的团队负责代码生成规则定制。软件系统实现之后，需验证该系统符合设计和预期。在软件开发早期与硬件结合之前，MBD 可提供不同级别的测试能力。在整个软件开发周期中，测试分为不同阶段。例如，单元测试用于测试每个软件组件，而与系统其他部分独立；集成测试用于将组件联合起来验证整个系统，验收测试则用于验证系统满足需求并按预期运行。通常，嵌入式软件系统被建模为控制器，用于通过监控逻辑控制某些物理系统，而物理系统则描述为工厂模式，为控制器提供输入。基于控制器的不同开发阶段和工厂仿真平台，在 MBD 整个过程中可使用不同的测试策略。

（1）模型在环（MiL）。在开发环境中进行控制器和控制模型仿真（如 Simulink）。

（2）软件在环（SiL）。由模型生成的依赖于硬件的控制器嵌入代码与控制模型在同一机器上（通常为 PC 机）进行仿真。

（3）处理器在环（PiL）。将控制器嵌入代码加载至嵌入式处理器（硬件），与控制模型同时进行实时仿真。

（4）硬件在环（HiL）。控制器嵌入代码运行在最终的硬件环境（电子控制单元 ECU），与控制模型同时进行实时仿真。

软件发布之后进入维护阶段，在此阶段，修复软件缺陷或更改软件以满足用户的新需求。虽未做明确要求，但实际上可维护性是非常重要的软件质量属性，它触发了图 3.1 所示开发过程中的多个行为。通过领域专家与软件工程师的协作完成软件维护。例如，在某些公司，软件工程师负责维护软件特征（Simulink 模型），领域专家通常负责同类软件特征（一类 Simulink 模型），二者协作完成软件更改。

3.2.2 工具的重要性

采用全面的工具链，为开发各个阶段提供适当的工具支撑，从而便于变更管理、构建管理、bug 跟踪等不同开发阶段的活动，这对于成功的软件开发过程至关重要[13]。设计软件系统通常需要开发过程和阶段的多次迭代。例如，随着软件设计开发，需求可能发生变化，必须回到需求阶段进行多次迭代。在汽车行业等快节奏的行业中，采用跨越整个开发过程的工具链，能够极大地方便此类迭代的快速执行，能够完全或部分自动化地设计并实现更改。

3.2.3 案例：传输控制软件

为说明并突出本章后续所描述的 MBD 软件工程过程，将采用我们工业合作伙件所提供的一个小型的汽车软件研发例子，如文献[14]所示。假设需要设计和开发用于控制混合动力汽车传动系统所需的嵌入式软件，根据司机的需求，通过“PRND”换挡装置在停泊（P）、倒车（R）、空档（N）和驱动（D）4 个档位之间切换齿轮，该装置通常是在车辆控制台的变速杆或变速旋钮。司机在驾驶汽车时根据需要通过换挡装置改变传动齿轮（如从停车挡切换到行驶挡），此时，嵌入式系统需要根据系统状况（如故障和某些部件的可用性）确定是否响应司机请求。本章后续部分将使用这个简单示例，演示如何将明确软件需求，将其转换为适当的基于模型的设计，并确认和验证所实现的设计显示了系统预期的行为。

3.3 需求：软件应做什么

3.3.1 良好的需求非常重要

与通常认知相反的是软件很少失效，而多数情况下，软件严格按照要求运行，大部分软件出现问题的原因是软件需求本身存在缺陷[15]。资料显示[16]，超过 90%的软件问题是由需求不足导致，只有 10%源于设计与编码问题。因此，根据经验，正确获取并精确描述需求对于构建安全、有效的系统是非常必要的[17]。“需求”和“需求规范”是软件工程术语，而不是领域专家术语。经验表明，领域专家更愿意将其称为“规范”。

3.3.2 需求规范的目的及其使用者

在构建一个安全可用的软件系统之前，必须事先了解该系统需实现的功能及其质量要求。需求明确了系统应实现的功能，软件需求规范（SRS）是软件需求记录与维护的产物，作为用户与软件开发者之间的契约。验证者也采用软件规格说明以表明软件满足需求，产品经理也基于此来预估与规划所需资源。根据经验，软件需求规格对于降低开发人员工作变化所导致的影响至关重要，尤其是在人员流动频繁的汽车行业。

3.3.3 Simulink 模型不是需求

需求应说明软件系统应做什么，而设计和代码应说明系统该如何做。但实际上，即使在传统软件开发方法中两者的界限也并不清晰，在 MBD 中该界限被极大地模糊化。例如，Simulink 模型通常被认为既是需求说明也是详细设计。图形化的模型通常用于帮助理解需求，同时也为方便领域专家与软件工程师的交流提供了便捷的方式。但是，Simulink 模型不是需求，由于包含过多设计（实现）细节，导致难以看到系统的黑盒行为。此外，Simulink 模型缺乏定义系统非功能性需求及属性（如保密性）的方法。

3.3.4 当前需求规范面临的问题

许多采用 MBD 方法的组织及公司已认识到需求与设计分离的重要性。但需求通常是使用自然语言描述，因此必然是含糊不清的。需求通常是不完整的，即对于特定输入的组合，需求能够明确所需的系统功能，而通常无法明确所有输入组合所需的功能。

经常会有不一致的需求规范，即包括前后矛盾的描述。使用具有精确语法和语义的语言有助于缓解此类问题。例如，获取的需求采用表 3.1 所列的表格形式表示[18]。表格表达方法是明确需求的诸多方法之一。但是，此方法提供了精确而简洁的语义，同时，由于易于理解，常用于核能及航空航天工业。表格表达方法能够被直接解析为 if-then-else 语句。在前文的示例中，对于驾驶员从停车状态提出的请求进行判断，其需求规范可表述为："在无故障且组件未锁定时，同意驾驶员请求，否则保持当前的齿轮状态。"需求可简洁表述为表 3.1 所列的表格形式，其中每行表示函数的子表达式，如果条件判断为真，则相应结果框的值就是输出结果。

对于表 3.1 所明确的需求，直接通过工具[19]以验证需求是完备（需考虑系统所有输入）和一致的（确保通过不重复的输入进行判断）。对于安全可靠关键的系统二者是必需的，因为提升了在所有条件下对于系统正确行为的信心，并有助于检测所考虑的输入之间的差距。

表 3.1 对于驾驶员从停车至行驶请求决策的需求

表 3.1 fArbRequestFromPark (eDrvrRequest: enum, bUnlocked, bFaulty: bool): enum=

条件		结果 eArbRequest
bFaulty		cPark
¬bFaulty	bUnlocked	eDrvRequest
	¬bUnlocked	cPark

3.3.5 需求规范编制者

理想情况是领域专家编写需求规范而无须软件工程师的帮助。但此情况很少发生，通常是软件工程师根据与领域专家的交流编写需求规范。领域专家的知识对于需求规范非常有用，而软件工程师知道如何精确、简洁地明确需求。正确地获取需求需要领域专家和软件工程师之间持续沟通，但由于双方经常使用"不同的语言"而导致沟通是断续的。明确需求以便于领域专家理解，使用符号（如前所述的表格形式）表达，对于高质量的需求开发是不可或缺的。诸如 Simulink/Stateflow 等

MBD 表示方式对于领域专家与软件工程都是可理解的，已被证明在需求开发方面是非常有用的。

3.3.6 需求规范的内容

文献[20]已对需求规范的结构和内容进行了全面调研，提供了多个标准与模板。通常，需求规范至少包括以下元素。

（1）目的。明确说明系统研制的根本原因，提供对系统的基本理解及其必要性。

（2）范围。它包括对待开发系统的简要概述，明确构建系统的目标及优势，明确目标实现的边界。准确的范围定义非常重要，因为项目经理通常基于此来确定时间安排和预算。

（3）功能需求。功能需求明确了软件系统需要包括的行为或特性，使得系统符合目标。表 3.1 是功能需求的实例。

（4）非功能需求。非功能需求描述了软件系统应具备的属性和质量，用于判断其操作。非功能需求通常明确软件系统的性能、安全性和可用性等。

软件需求规范还应包括对于输出精度容忍的规范，以合理判断需求存在的原因（或其他考虑）、接口规范用于说明软件如何与环境交互，以及对当前需求的预期更改记录，从而使其能够更好地适应最终设计。

如果领域专家和其他利益相关方针对初步的需求规范集合达成一致，那么，我们对系统应该做什么就形成了共识，就可以开始考虑系统该如何去做。值得注意的是，需求规格是一个迭代的过程，需在后续阶段持续进行。

3.4 设计：软件将如何去做

软件设计与其他工程领域的设计类似，是确定系统如何执行其预期功能的过程。软件设计过程通常分为两个阶段：架构设计和详细设计。设计是从确定软件架构开始，是从高层级将系统分解为主要组件、接口以及组件之间的交互。随后，软件架构将逐步细化为模块和算法的详细设计。在 MBD 中，软件设计是采用 Simulink/Stateflow 等语言进行软件建模，并将模型作为软件实现的蓝图，最终通过自动代码生成完成。

3.4.1 设计与需求的区别

设计是由前期获取的需求所驱动。创建模型并不断修改直至满足所有需求。需强调的是，虽然需求与设计紧密相连，但两者并不相同。正如前所述，对 MBD 而言，这是最为普遍的误解之一，而 MathWorks 最近也延续了这一观点[21]。需求和设计应被视为独立实体，在3.2.3节中将采用汽车的例子来准确说明。

表3.1明确了需求，表3.2与表3.3提供了满足需求的两个详细的Stateflow设计。Stateflow真值表分为两部分，上层的子表定义了需检查的条件。如果条件评估结果为列中给定值（1、0或×，分别表示真、假或“无关”），则执行对应列中由下层子表所定义的操作。由于包含额外的设计细节，精准定位设计中的需求明显非常困难。此外，这个实例也表明多个截然不同的设计可用不同方式实现同一需求。因此，将需求文档与设计分离非常必要。通常，在工程方面，选择某一设计而非其他的原因在于其满足了另外的需求或能适应约束条件。例如，如果包含由表3.1需求实现设计的组件具有严格时间限制，就可能采用第二种设计，因为其条件检查更高效。但如果对于包含此组件的不同但类似的软件版本，可维护性是优先考虑的因素，就可能选择第一设计，本章后续部分将详细说明。

表3.2　Stateflow设计真值表（一）

表3.2　fArbRequestFromPark（eDrvrRequest: enum, bUnlocked,bFaulty:bool):enum=

序号	条件	1	2	3	4	5	6	7	8	9	10	11
1	请求==停车	1	0	0	0	0	0	0	0	0	0	X
2	请求==倒车	0	1	0	0	1	0	0	1	0	0	X
3	请求==空挡	0	0	1	0	0	1	0	0	1	0	X
4	请求==前进	0	0	0	1	0	0	1	0	0	1	X
5	未上锁	X	1	1	1	X	X	X	X	X	X	X
6	组件损坏	X	0	0	0	1	1	1	X	X	X	X
行为		停	倒	空	前	停	停	停	停	停	停	停
注：0为假、1为真、X为状态未知												

表3.3　Stateflow设计真值表（二）

表3.3　fArbRequestFromPark（eDrvrRequest: enum, bUnlocked,bFaulty:bool):enum=

序号	条件	1	2	3
1	组件损坏	1	0	0
2	未上锁	X	1	0
行为		停止执行	执行请求	停止执行

3.4.2 软件设计的重要原则

在软件工程中，众所周知的是，良好的设计产生高质量的软件系统。除简单系统外，必须将系统分解成可管理的模块，以便提升其可用性、克服复杂性并进行分工。分解系统通常有几类典型方法，而系统分解原则对于设计质量至关重要。软件设计最重要的原则之一是变更设计[22]，要求开发人员能够预见系统可能发生的变更，并设计能够适应变更的软件。例如，在设计动力传动软件时，工程师需要预测未来可能支持的动力传动系统配置，从而设计软件，使得即使发生更改，也能尽量将其影响控制在局部范围。与变更设计和变更预期原则密切相关的是软件产品线的概念。产品线需要具有跨越不同配置的通用功能的核心体系结构，同时，需要具备变更能力以设计生产线的不同产品。例如，电力传动系统软件中大部分可重用于不同的动力传动配置。与不同动力传动配置相对应的所有软件版本，构成了整个产品线的产品。另一实例是开发表 3.2 所列模型以满足表 3.1 的需求，也同样遵循软件生产线方法设计，其实施逻辑与各类交通工具仅有细微差别。更确切地说，对于产品线的每个产品，表 3.2 的第一张表中所列的条件都相同，而这些条件的行为集合是不同的设计部分。粗略地说，行为被编码为校准，易于更改与维护。校准实际是用于实施软件产品线内跨产品的可变性。

软件工程中实施更改设计原则的关键机制是信息隐藏[22]。信息隐藏就是尽量分解系统，使模块各自隐藏可能会变化的需求或设计决策，即模块接口不暴露其内部工作机制。设计决策通常就隐匿于模块接口，使其具备上下文属性，不易于修改或不可重用。设计决策通常与硬件行为对应，而软件设计决策在未来更可能更改，将其细节隐藏在模块中，使其更易于未来更改。继续以前述电力传动系统软件为例，将传动系统架构与其他软件部分隐藏的模块表示硬件隐藏模块。但信息隐藏原则在传统的软件开发范例中已不再用，在 MBD 中可能也无用或不适用。当前，正在研究信息隐藏在 MBD 中的作用。

3.4.3 Simulink 对于软件工程原理应用的支持

对于 MBD，Simulink 支持引入不同级别的层级结构，以便将系统分解为不同级别的抽象。但 Simulink 所面临的一大挑战是理解如何进行信息隐藏、设计如何由此优化，以及如何将系统分解为可重用模块。子系统是可接受的 Simulink 等价模块，但其不可重用、不能有效封装内部设计。可重用等级可通过库、模型引用、函数调用子系统、代码重用子系统和 Simulink 函数等其他机制获取，但都不能封装内部数据流[23]。例如，数据存储内存块能够旁路典型的子系统 I/O 接口，而直接从子系统中读/写数据。增加明确的接口，包括数据内存块等如文献[23]所述机制，能够缓解这一问题。但需研究 Simulink 语言新的块机制，限制隐含信息流从而有效封装数据，以便于在模块的多个位置重用。目前缺乏这种机制，使得在 Simulink 设计中进行信息隐藏也成为一项挑战，因此需要开展此类机制研究。

此外，Simulink 缺乏命令式编程语言中的自文档化能力，如 Simulink 没有类似 C 语言头文件中定义的模块接口[23]。

3.4.4 指南的作用

为实现良好的设计，大多数编程语言都有编程约定及指南，以提供需遵循的最佳实践。同样，为达到期望的模型质量（多数是可读性），Simulink/Stateflow 也开发了文献[24–25]所述标准。与在文本语言中使用空白和换行等方式类似，采用合适的块颜色和位置使得模块可读，但对于需达到的可修改性、可维护性等质量指标是有一定影响的。

但在使用来自 OEM 的工业级模型及所提供的指南时，发现其在说明模块化等实际设计原则方面的缺陷。例如，在传统编程语言中使用全局变量被认为是较差的实践，因为全局变量影响模块的封装性、重用性及可理解性。Simulink 模型指南通常并不反对类似用法，如处于模块顶层的数据内存块同样被申明为全局变量，或超出其所需范围。例如，文献[26]所示，采用下推数据存储工具，能够快速构造并自动化实现此类推荐方式。通常，需要更多指南和支持工具以增加对于其他重要软件工程原理的使用。

3.4.5 软件设计文档

与其他传统开发方法一样，MBD 设计应有适当的文档记录。软件设计说明（SDD）用于记录软件系统设计，描述为满足需求如何进行软件构架。软件设计说明将由 SRS 描述的需求转换为软件组件、接口及数据来表示。文献[27]中提到了通常使用的模板，描述了编辑 SDD 的内容和形式。软件设计说明通常包括以下要素。

（1）目标。明确说明系统最终需实现什么，增强对于开发本系统的必要性的理解。

（2）依据。为所选设计提供依据，通常包括在模块开发过程中对设计决策的描述及选择原因的陈述，备选方案列表及其不足。

（3）接口设计。从外部视角描述模块的预期行为，其他实体可与模块交互而无须了解其内部设计，通常包括任何导入的模块、输入、输出及其类型、范围等。

（4）内部设计。描述模块内部的结构，包括子系统、算法、内部变量/数据及常量。

（5）预期更改。提供模块预期更改的列表，为模块开发的未来方向提供指导，使得在系统需求变化时只需适度更改设计，而无须彻底更改。

虽然工业界已认识到需要对 Simulink 模型进行文档化，但据我们所知，目前尚未有关于如何开展的研究。经验表明，传统软件工程软件设计说明同样适用于 Simulink 模型文档，我们一直致力于为 Simulink 模型软件设计说明开发模板。

3.4.6 模型文档

MBD 中经常有“模型即文档”的错误说法，因此，我们相信在采用 MBD 的企业中普遍缺乏正确文档的情况将长期存在。但是对于负责维护企业级 Simulink 模型的工程师众所周知的是，如果缺乏 SSD 中所记录的附加的模型信息，则 Simulink 模型难以实施逆向工程或维护。例如，Simulink 缺乏明确表述模型/子系统的输入/输出接口的工具。这些问题和建议在文献[23]中有所论述。模型并不包括对于设计决策的合理性说明。但由经验可知，文档化的合理性说明对于软件开发和维护至关重要。

下面将通过与工业伙伴合作的一个实例来说明良好软件设计说明文档的重要性。一位新入职的工程师负责维护本专业领域的 Simulink 模型实现算法。尽管该工程师非常熟悉模型算法和应用，但由于缺乏需求规格说明，特别是模型设计文档，理解模型仍然耗费了 2 个月时间。为此，模型的每个部分都必须人工检查和理解。完成模型的逆向工程之后，该工程师请求我们的帮助以形成模型文档，从而极大地降低后期维护的工作量。这并不是我们所见的唯一实例，也说明了即使是一位具有丰富专业背景知识的领域专家，在缺乏文档时其工作仍将极大受阻。这也说明，Simulink 模型本身并不是需求或有效文档。

3.4.7 当前软件设计文档存在的问题

通常认为，软件设计说明（SDD）对于嵌入式软件系统部署并不重要。在 Simulink 中开发和维护大型复杂的嵌入式软件系统的公司，同时也开发和维护大量的 SDD 文档。例如，我们曾合作的一家公司，用 SDD 记录了所有软件特征（即大型 Simulink 模型）。为了提高文档质量，开发了定义 SDD 格式和内容的模板，分发给负责模型维护的开发者。然而，模板未精确定义 SDD 的内容，部分原因是使用了未定义的术语，开发者主观地解释了模板，导致针对同一软件各类特性的不一致文档，SDD 也因此是模糊和不完整的。未良好定义的文档内容（不仅 SDD）是软件文档的普遍问题，最终可能导致文档失去意义。文档模板应该定义文档结构，使用良好定义的术语（包括所有相关术语的解释），以及关于所需内容的开发者指导。由于改进文档模板不是一项短期工作，管理者认为，这对于资源已然受限的软件开发/维护过程是一项负担。我们认为，编制和维护适当的文档，其优点将远高于成本。

此外，我们所面临的挑战是，尤其在快速开发周期的行业中，SDD 并不总是实时更新。我们坚持认为，任何一个模型更改都有必要同步修改相关文档。理想情况下，变更管理应该集成到有版本控制的软件开发环境中，并制定规则，要求在没有更新 SDD 的情况下不允许更改模型。

3.5 实现：生成代码

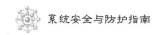

3.5.1 代码生成对于MBD的成功至关重要

MBD 过程中的代码自动生成对于开发成本效益至关重要。与由需求或模型进行人工编码相比，减少了从设计到代码实现的工作量，加速了开发过程、降低了错误率。例如，通用汽车将雪佛兰 Volt 的成功研发归功于代码自动生成[28]。代码由设计自动生成，其可追溯关系也将自动生成。已经有很多由 Simulink 模型自动生成代码的工具（Mathworks 嵌入式编码器、DSpace 目标连接器等），并已在业界广泛使用。代码自动生成之后的任何手工修改都不推荐，这将极大可能引入错误并导致可维护性问题，手动修改将在代码重新生成时被覆盖。

虽然对于实现 Simulink 设计的代码验证仍是必要的（如通过背靠背测试①来实施，当前工具已经较好地支持此类测试），但通过使用商业生成工具背后的“实践证明”论断，通常能减少验证工作量，而此类工具都已在不同应用中成功使用了相当长的时间。有些行业甚至已经认证代码生成器，而且减少了验证设计代码所需的工作量。

自动代码生成支撑 SiL、PiL、HiL 等多种应用和快速模型。它可由 Simulink 控制器实现快速生成代码，用以在台式机、指令集仿真器或目标（微处理器）中部署代码。此外，对于 HiL 开发模型，工厂模型（无论来自 Simulink 或其他更适用于工厂模型的物理建模工具）也可编码为 C 语言并实时使用。ECU 嵌入式代码生成也应该实时运行、满足效率要求（速度、内存使用），并整合已有代码需求。

3.5.2 代码生成的限制

代码自动生成工具并不是支持所有的 Matlab 语言及 Simulink 结构，而且虽然模型生成代码的效率可与手工编码②相当[29]，但经验丰富的嵌入式开发人员开发代码时，由于深知采用适当的数据类型、内存分布等的重要性，手工编码通常能够提高代码效率。因此，如果代码量、RAM 使用或执行速度是主要考虑的因素，开发者可能考虑手工编码系统核心部件。现有工具支持手工代码与其他遗留代码或自动产生代码的集成。经验表明，基于其成本效益考虑，任何时候都强烈推荐自动代码生成。

---

① 背靠背测试是对相同的输入检查模型和代码的输出是否一致。

② 实际上，模型产生的代码能超过手工代码。

3.6 确认与验证：如何确知软件有效

虽然验证与确认（verification and validation，V&V）两个词通常交叉使用，但二者差异显著。验证是回答“是否正确的构建系统”，而确认是回答“是否构建了正确系统”。通常，验证与确认行为分为测试与分析两大类，其中测试是动态的、分析为静态的。

领域专家通常需要参与许多 V&V 活动。例如，领域专家通过手动检测或仿真验证（如果需求可执行）需求规格说明参与需求验证。他们可能进一步参与不同软件级别的测试用例开发。但领域专家可能缺乏对自动生成测试及其对软件质量影响的理解。此外，他们可能对于整个开发过程中的 V&V 测试缺乏清晰的了解。本章致力于对传统软件工程中使用的 V&V 测试进行简要概述，特别说明如何映射并影响 MBD 实践。

本章后续部分将不再区分验证与确认。

3.6.1 为何早期验证非常重要？MBD 是否有用？

在系统开发过程中，发现软件缺陷的时间越晚，其修复成本将大幅增加。与需求或早期设计阶段发现并修复软件缺陷相比，在软件发布后的修复成本是前者的 100 倍以上[30]。成本效益是 MBD 在实践中被广泛采用的主要原因之一。MBD 使得相当一部分 V&V 行为从代码后阶段转移至设计阶段，从而显著降低开发成本。例如，由于 Simulink 模型所表示的设计都是可执行的规范，可在代码级测试之前进行模型级测试（MiL 测试）。实际上，本章将讨论的是，MBD 能够使用计算机科学研究中最有前途的验证技术，而此前仅有限应用在传统软件开发中。

3.6.2 测试软件与测试其他工程产品的区别

测试软件与测试其他工程产品差异巨大。这是由于软件缺乏连续性：如果函数输入略有变化，其输出可能产生巨大变化[31]。由于对任何系统都不可能测试所有可能的输入组合和输入序列，这也意味着对任何重要软件都不可能进行穷尽测试。因此，软件测试不能表示没有 bug，只能表示存在 bug。

3.6.3 如何选择测试，何时停止测试

令人遗憾的是，何时停止测试仍是软件工程中最为重要的开放性问题之一。但有策略地用于指导精巧选择测试输入，从而可增强信心以执行足够多组的系统

行为表示。领域专家和软件工程师基于其专业开发技能与角色，确定合适的测试用例[①]。领域专家通常基于其个人的应用知识手工开发测试用例，而软件工程师习惯基于需求和/或模型/代码，使用工具生成测试用例。这些工具使用软件测试方法作为标准，以最大可能覆盖系统行为表示。覆盖标准的想法首先应用于传统编程语言的测试程序，随后修改应用于 Simulink/Stateflow，与传统开发范例中一样，在代码级测试之前进行设计级早期验证。

例如，Simulink/Stateflow 的决策覆盖目的在于 Simulink/Stateflow 模型中的所有决策点（如 Switch、If、While 模块，触发/使能的子系统，以及 Stateflow 中的转换）以执行每个决策，即评估为真或假。对于表 3.2 所列设计，将生成其中每一列对应的测试用例。

目前有很多较好的商业测试工具，可对 Simulink 模型和 C 语言生成自动化测试。例如，Reactive 系统开发的 Reactis 工具可测试 Simulink 设计，基于多个覆盖标准对需求和设计进行最大化覆盖，而 Simulink 中明确的需求可用作测试 oracle——对于每个测试用例定义预期输出的方法。在此强调了形式化需求的重要性，采用精准定义语义和语法的符号去明确需求，以便于通过计算机检查。

但在涉及支持各种 Simulink 结构时，测试工具也存在局限性。例如，如表 3.2 和表 3.3 所列的 Sateflow 真值表，Reactis 目标不是执行表中的决策行为，而只是不止一次地执行列表。

3.6.4 MBD 中的其他验证技术

与任何传统工程一样，MBD 依靠专家手工检查相关组件（需求、设计规格说明等）。例如，软件需求规格通常由软件工程师编写，由领域专家复审。因此，正如前文所述，选择领域专家可读的表示非常重要。同时，也需评审规格说明的一致性和完整性。例如，对表 3.1 的需求规格进行简单的人工检查，表明该规范是完整而一致的。鉴于表 3.1 的表示是形式化的（具有精确定义的语义和语法），完整性和一致性检测能够自动化实现。实际上，Simulink 工具箱中可将表格表示应用于 Simulink 设计，只需简单按键即可实现完整性和一致性检测[19]。

MBD 使用了很多工具，采用与人工评审类似的方式进行模型/代码检测。例如，如 3.4 节所示，自动化静态测试可应用于模型和代码，以检测建模和编码是否符合相应的规范要求。此外，MBD 使用很多工具发现模型和代码级的运行期错误，如除零、溢出、数组越界等。形式化验证采用数学来验证软件。例如，MathWorks 公司的 Simulink Design Verifier（SDV）可用于发现模型级的运行错误，PolySpace 工具可用于发现代码级的运行错误。此类工具均采用了形式化验证。

① 测试用例包括输入的测试序列和相应的输出。

模型检查这种形式化检测技术已经成功应用，如 MatheWorks 的 SDV 用此项技术证明 Simulink 设计满足 Simulink 中所确定的需求[①]。采用 Reactics 工具和 SDV 验证 Simulink 设计的巨大差异在于，Reactics 是基于测试，而 SDV 是采用数学方法进行验证。但模型检测会遇到可扩展性问题，对于非常大的系统通常是不可用的。尽管如此，模型检测仍然可以用于工业模型，特别是设计的安全可靠关键部分。我们也注意到，“模型检测”这一术语在 MBD 中未能正确使用，即用于检测模型是否符合模型指南，或模型是否与其需求规范相符合。随之而来的问题是：如果模型已经被完全验证过，那么，是否还需要测试。答案是肯定的，因为形式化验证是在系统模型而不是实际系统上实施。

3.7 小结

随着 MBD 的出现，嵌入式软件工程中的领域专家角色发生转变。尽管没有接受过专业的软件工程培训，但领域专家通常自己创建模型，并由此可生成代码，从而极大地促进软件开发的设计和编码工作。目前，MBD 并不能完全减轻软件工程师的工作，他们必须了解软件原则以开发安全可靠的系统。因此，领域专家采取正确的软件工程实践对于系统的安全可靠非常重要。

本章讨论了领域专家在 MBD 中进行软件工程实践时的常见错误理解。同时，致力于阐明软件工程中最常用的原理，并将其与 MBD 中众所周知的概念进行关联，但在某些案例中并未说明如何将良好构建的软件工程原则应用于 MBD。例如，MBD 中的信息隐藏原则的有效性仍有待研究。

期望本章所提供的指南能够提高领域专家与软件工程师之间的沟通效率，这对于软件密集型、安全可靠关键的嵌入式系统的成功开发和运行至关重要。虽然本章主要围绕在 Simulink 中开发安全可靠关键的汽车嵌入式软件，但指南也适用于其他通用嵌入式软件的 MBD 设计。

参考文献

[1] Lnternational Organization for Standardization(lST/15), ISO/ IEC / IEEE 24765: 2010, 2010.

[2] D. J. Dvorak, NASA study on fight software complexity, American Institute of Aeronautics and Astronautics, Reston, VA, 2009.

① SDV 也支持可选的、C 类似语言，用于定义需求。

[3] M. Broy, I. H. Kruger, A. Pretschner, C. Salzmann, Engineering automotive software, Proc . IEEE95 (2) (2007) 356-373.

[4] P. Koopman, A case study of Toyota unintended acceleration and software safety, < https:// users.ece.cmu.edu/~koopman/pubs/koopmam4_toyota_ua_slides.pdf> in: Presentation, 2014 (accessed April 2016).

[5] N.G. Leveson, Role of software in spacecraft accidents, J. Spacecr. Rockets 41 (4) (2004) 564-575.

[6] N.G. Leveson, C.S. Turner , An investigation of the Therac-25 accidents, Computer 26 (7) (1993) 18-41.

[7] R.N. Charette, This car runs on code. <http://spectrwu.ieee.org/ transportation/systems/ this-car-runs-on-code >2009 (accessed February 2016).

[8] P.G. Neumann, Computer-Related Risks, Addison -Wesley, Boston, MA, 1995.

[9] W.E. Wong, V. Debroy, A. Restrepo, The role of software in recent catastrophic accidents, IEEE Reliability Society 2009 Annual Tec hnology Report 59 (3) (2009).

[10] R.E. Cole, Killing innovation softly: Japanese software challenges, Manufacturing Management Research Center (MMRC) Discussion Paper Series, 2013.

[11] International Organization for Standardization/Technical Committee 22 (TSO/TC 22), TSO 26262-6:2011, Geneva, Switzerland, 2011.

[12] M. Broy, S. Kirstan, H. Krcmar, B. Schätz, J. Zimmermann, What is the benefit of a model-based design of embedded software systems in the car industry? Software Design and Development: Concepts, Methodologies, Tools, and Applications, IGI Global, Hershey, PA, USA, 2014 (Chapter 17), pp. 310-334.

[13] A. Hunt, D. Thomas, Ubiquitous automation, IEEE Software 19 (I) (2002) 11.

[14] M. Bialy, M. Lawford, V. Pantelic, A. Wassyng, A Methodology for the Simplification of Tabular Designs in Model-Based Development, in: 3rd FME Workshop on Formal Methods in Software Engineering (FormaliSE), IEEE Press, 2015, pp. 47-53.

[15] N.G. Leveson, Software safety: why, what, and how, Acm Cornputing Surveys (CSUR) 18 (2) (1986) 125-163.

[16] D. Jackson, Why is software so hard? And what can we do about it? Slides of a talk given at Accenture's India Delivery Center, November 29, Bangalore, India, 2007. <https://people. csail.mit.edu /dnj/talks/accenture07/accenture-india-07.pdf > (accessed April 2016).

[17] A. Murugesan, M.P. Heimdahl, M.W. Whalen, S. Rayadurgam, J. Komp, L. Duan, et al., From requirements to code: model based development of a medical cyber physical system, in: Proceedings of the 4th International Symposium on Foundations of Health Information Engineering and Systems (FHIES) and the 6th International Workshop on Software Engineering in Healthcare (SEHC), Washington, DC, USA, 2014.

[18] Y. Jin, D.L. Parnas, Defining the meaning of tabular mathematical expressions. Sci. Comp. Program. 75 (11) (2010) 980-1000.

[19] C. Eles, M. Lawford, A tabular expression toolbox for Matlab/Simulink, in: M. Bobaru, K. Havelund, G.J. Holzmann, R. Joshi(Eds.), Proceedings of the 3rd NASA Formal Methods Symposium, vol. 6617 of LNCS, pp. 494-499. Springer, Berlin/ Heidelberg, 2011.

[20] IEEE, Systems and software engineering—life cycle processes—requirements engineering, in: ISO/IEC/IEEE29148:2011 (E), 2011, pp. 1-94.

[21] P.A. Barnard, Software development principles applied to graphical model development , AIAA Modeling and Simulation Technologies Conference and Exhibit, American Institute of Aeronautics and Astronautics , San Francisco, CA, USA, 2005.

[22] D.L. Parnas, On the criteria to be used in decomposing systems modules, Commun ACM 15 (12) (1972) 1053-1058 .

[23] M. Bender, K. Laurin , M. Lawford, V. Pantelic, A. Korobkine , J. Ong, et al., Signature required: Making Simulink data flow and interfaces explicit, Sci. Comp. Program. 113 (Part I) (2015) 29-50. Model Driven Development (Selected & extended papers from MODELSWARD 2014).

[24] Orion Crew Exploration Vehicle Flight Dynamics Team, Orion Guidance, Navigation, and Control MATLAB and Simulink Standards, fifteenth ed., 2011.

[25] The MathWorks, MathWorks Automotive Advisory Board (MAAB): Control Algorithm Modeling Guidelines Using MATLAB, Simulink, and Stateflow, Version 3.0, 2012.

[26] V. Pantelic, S. Postma, M. Lawford, A. Korobkine, B. Mackenzie, J. Ong, et al., A toolset for Simulink: improving software engineering practices in development with Simulink, in: 3rd International Conference on ModelDriven Engineering and Software Development (MODELSWARD). IEEE, 2015, pp. 50-61.

[27] IEEE, Standard for information technology—systems design—software design descriptions, in: IEEE STD 1016-2009, 2009; pp. 1-35.

[28] T. Liang, Automatic code generation for embedded control systems, Slides ofa talk given at MathWorks MATLAB Conference 2015, May 19-June 3,Australia and New Zealand. <https://www.mathworks.com company/events/conferences/ matlab-conference australia/2015/ proceedings/automatic-code-generation-for embedded control-systems.pdf> 2015 (accessed April 2016).

[29] S. Ginsburg, Model- based design for embedded systems. Slides of a talkgiven at the Embedded Computing Conference, September 2, Winterthur, Switzerland. <http://www.embeddedcomputing-conference.ch/download_sec/3B-Ginsburg.pdf> 2008 (accessed April 2016).

[30] B.W, Boehm, Software Engineering Economics, vol. 197, Prentice Hall,Englewood Cliffs, NJ, 1981.

[31] C. Ghezzi,M. Jazayeri, D. Mandrioli, Fundamentals of SoftwareEngineering, second ed, Prentice Hall, 2002.

第二部分　安全与防护观点

第 4 章　进化的安全

4.1　信息物理系统的安全需求

安全需求始于 4 个简单问题。

（1）声明者是否是其所声明的人？

（2）声明者是否被允许做他们想做的事？

（3）数据在传输中是否发生改变？

（4）除了目标方之外，数据是否对所有人保密？

这 4 个原则通常分别称为认证、授权、完整性和机密性，是为“安全”设计奠定基础工作的良好起点。对于信息物理系统（CPS），问题始于同一起点，除了两个终端可能是机器–人、人–机器或机器–机器之外，系统中还存在机械、液压、气动、核能、电气等非数字元素。可作为 CPS 系统的一个重要方面，是后来由 Needham 和 Price[1]从可靠性工程领域引入的。可用性与容错性和故障鲁棒性极大相关。任何良好的分布式系统都设计为在出现故障时仍高度可用[2–3]，或如果不能持续可用则回退至故障安全状态，在此过程中有或没有系统安全防护。因此，可用性归因于安全防护的部分是入侵容忍和流量控制（主要见于拒绝服务攻击）。

CPS 最初旨在成为通过计算实现不同级别自动控制的物理系统，可直接控制或通过控制器网络实施远程控制。随着网络组件的出现和物联网（IoT）的广泛连接，远程控制真正成为长远距离（异地）的控制。这种转变是使 CPS 更高效、低成本、易于访问和可控的主要推动力，但显然也影响了安全需求。前述问题变得更为重要，需要重新评估甚至重做说明。除了端点安全性、信任验证和控制数据完整性之外，还需确保没有插入、伪造或合法命令的重放。这一方面未能被前述 4 个问题所覆盖，因为它恰好是系统正常和正确运行的一部分。但缺乏此类检查可导致对 CPS 所属资产控制权的损害（图 4.1）。

安全破坏（Breach）似然是对威胁能力和系统漏洞的概率决策。威胁能力是指可访问性的功能，包括对更复杂的开源和定制工具、功能更强大的低价硬件，以及通过使用更多开源软件而对系统更深入的了解。虽然可能潜在其他因素影响威胁能力，但我们认为上述 3 个因素对于黑客能力具有最大的直接影响，因此影响破坏似然。脆弱性与系统复杂性直接相关[4]。代码行数（即 KLOC，以千行为单位）是衡量项目规模和软件系统复杂性的良好措施。例如，一辆现代汽车的实现代码大概有 8000 万～1 亿行[5]。当前多数 CPS 都有“软件定义”前缀，如软件定义网络、软件定义无线电、电子线控（x-by-wire）等。其目的是降低成本、减少机械故障、易于维护（与硬件维护相比），甚至轻量化（成本和燃料效率优势）。越来越多的机电系统被软件替代，而系统也随之愈加复杂。遗留软件通常未被删除，模块代码逐步更新，而缺乏对整个系统的测试或与其他模块交互关系的了解，测试也变得非常复杂和昂贵。采用缺陷密度（每千行软件代码中的缺陷数）来度量软件质量，对于已知系统，如 Microsoft Windows 10 是 5 个缺陷/KLOC，NASA 的 Goddard 飞行系统（flight systems）执行非常严格且昂贵的软件测试，其缺陷率是 0.1 个缺陷/KLOC[6]。缺陷主要由设计或实现导致，能够通过严格测试使之减少，经常会由于匆忙发布软件版本而未按要求进行严格测试。防御者需要发现并定位多数缺陷，而合格的攻击者通常只需利用其中一个缺陷（漏洞）即可发起攻击并渗透入系统。

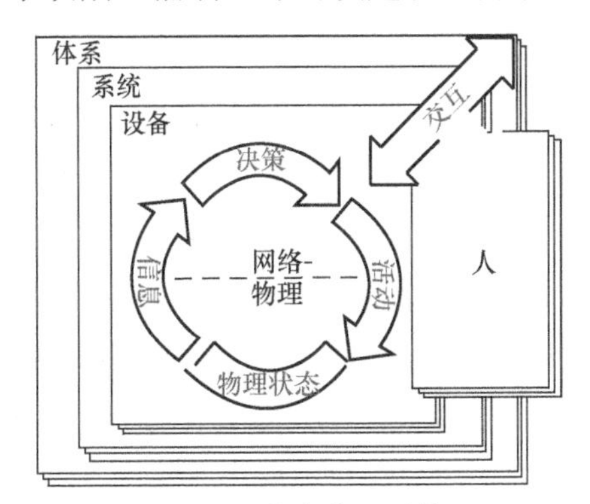

图 4.1　信息物理系统

4.1.1　黑客能力和系统复杂性

图 4.2 描绘了过去、现在和未来的黑客能力与系统复杂性之间的关系，以表示发展趋势。如前所述，系统复杂性和黑客能力都随时间而分别提升。

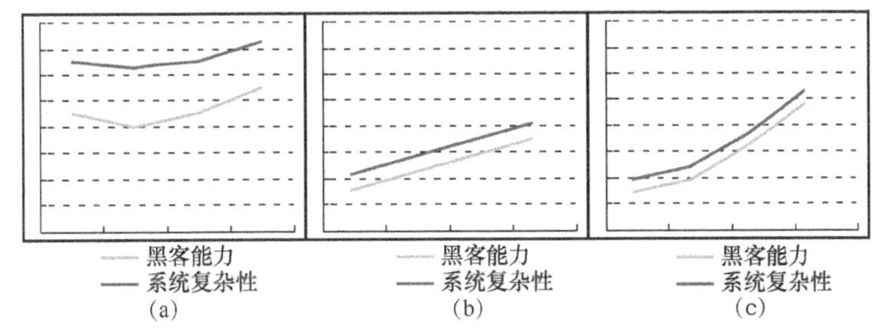

图 4.2　过去、现在和将来黑客能力与作为防御机制的系统复杂性的趋势比对

（a）过去；（b）现在；（c）将来。

导致系统复杂性增加的因素包括：①能力增强；②系统扩展；③安全性增强；④用软件等效替代机械和硬件功能；⑤与遗留代码相关的递增的开发和软件复杂性，以及经常遵循的次优软件工程实践。如上所述，系统复杂性与漏洞数量直接相关，而漏洞的减少只能通过严格测试来实现。

4.1.2 增强系统安全性

下面以 CPS 深度防御模型为例进行说明。调查发现，多数情况下，汽车领域中系统漏洞从线性增长变为指数增长是由于实现的复杂性，可通过软件代码行数的增加来测算。虽然每个漏洞可能不会直接导致系统破坏（访问核心关键功能），但总体上存在更多脆弱点。单一漏洞不会导致系统破坏的唯一原因是深度防御模型每层之间的“间隙”没有直接一一对应。一些漏洞深藏在层内而未对外暴露，但如果攻击者渗透每一层，获取访问和控制每层系统资源的权限，随后在系统中恣意移动，就能发现并暴露下一个漏洞，从而继续深入破坏系统。需重申的是，攻击结果与攻击者的能力、对复杂工具的利用以及对系统逐渐增长的了解（这是最大优势）极大相关。例如，当攻击者获得 shell 访问和控制权限，并知道是常见开源系统时，可能会发生什么？根据上述图表可得出结论，简而言之，安全系统设计的目的应是确保系统防御始终超前于黑客能力。

4.1.3 风险与资产余额

CPS 系统之间以测量、控制和交易为目的的互连愈加紧密，需重新审视传统的安全思想和机制。显然，伴随这种改变出现了新的成本，其范围包括附加组件成本、时间延迟、处理中断等，直到新的机制流程化加入。即使有了新机制，也会有新的测试和验证阶段。因此，至少会产生额外的时间、金钱和运营延迟，或交替出现的研发 CPS 系统时的上市延迟。为了最大限度地减少中断和递增的流程成本，必须对此优先考虑。必须从风险与资产的角度重新评估安全，同时考虑新的互连和子系统之间的相互作用。缺乏资产，重估和再演进将是无效的。从风险角度应该这样提出问题。

（1）必须始终保护的资产是什么？

（2）资产需要何种“保护”（认证、授权、完整性、保密性）？

威胁评估始于识别真实资产及其保护需求，必须落实包括 6 个问题，即初始的 4 个问题和随后增加的 2 个问题。理解这点之后，鉴于所有互连性和之前通常未呈现的资产可达性，必须评估实际风险因素。这种新的可达性通常称为“矢量”（Vector），是采取特定方法的特定策略方向，使用特殊路径从外部直接进入或通过其他子系统和组件进入。

矢量的输入点称为入口点（Entry Point）。沿逻辑或物理表面的所有可利用入口点的集合称为攻击面（Attack Surface）。以下章节将更具体地重新审视此定义。例如，将汽车作为 CPS 的示例。外部攻击面将是车辆的外围所有易受攻击的通信入口点。第二个攻击面将是驾驶室内的攻击面，是汽车 CPS 的外部但物理上仍在车内。第三攻击面在 CPS 内部，可以是非关键系统与关键系统交互的级别，如在网关处实现 CPS 子系统间的通信。

进一步的安全演进是，由于各种原因需重新评估对手模型。系统演进已超越了单一独立系统；远程监控、指挥控制以及提高生产力成为了增强多个系统之间自动化和互连等级的主要因素。传统对手模型未考虑这些复杂交互。例如，传统模型包括以下几方面。

（1）拜占庭故障（随机故障）。

（2）自然故障。

（3）人为错误。

（4）经济间谍（出于经济动机的网络犯罪分子）。

所有这些模型都是对手和系统之间的非自适应交互，也都不是要对由外部触发器引起的级联故障进行建模。多数拜占庭故障的应对方式都是让系统恢复到故障安全模式。这种模式是为每个独立的子系统创建，而很少针对整个系统。假设“隔离”为：设计的理念是系统在故障安全模式下不会危及相邻系统。现在发现此假设非常不恰当。因此，当前系统应设计为针对故障、入侵和任何类型异常的响应模式，同时，考虑事务、交互和系统响应。聪明的对手可以利用这些事务进入更强大、更难以检测的攻击。实质上，通过设计可将系统功能用于攻击系统自身。当前的对手具有更强动机，目的是破坏系统的关键故障点，并导致其他依赖系统的级联故障。现在最聪明的对手旨在采用与系统设计和功能一致却具有破坏意图的方式利用系统。现在已经出现此类实例，包括网络罪犯、新手黑客以及主权国家，采用系统设计者所不期望但与系统功能完全一致的方式利用系统内置特性。powershell 控制、通过开放端口访问和获取 root 权限是对手最初进入系统的一些手段。例如，重放合法消息将系统状态调到故障点是另一种恶意利用合法功能的方式。所有这些均有可能发生，这是由于系统设计者未能在设计之初提出正确问题，或者是在系统通过新的连接入口点进行增量更新时，未能重新评估安全模型。

现在应该足够清晰为何应该对设计和评估 CPS 网络安全的对手模型进行重新构建，即重新考虑并再次建模。这对于包括金融网络和系统在内的所有电子系统都普遍适用，但对于 CPS 系统尤其重要，因为其中的数字电子设备与电气、机械、气动、液压系统和具有动力学组件的系统相互混合。传统的隔离系统也需重新考虑，因为隔离是在一个维度（机械、数字或气动），而在另一不同维度仍可能渗透。

后续章节将重新审视对手策略并建模。从风险概率角度进行攻击面建模，为攻击向量路径设置概率风险值，从而形成每个攻击向量的复合风险值。然后，通过权衡该资产的风险值来确定互连系统的整体风险状况。最后，将互连系统中风险最高的核心资产置于“安全设计”之中。至此，后续设计将非常灵活。当附加系统功能（和连接点）随时间加入时，设计框架将是灵活且易于重新评估的。现在已经创建了一个不断演进的安全模型。

4.2 新的对手模型

多数 CPS 系统通过闭环控制系统和/或冗余构建显著的容错能力。这使得单一消息对手难以成功。我们所见的多数成功策略都涵盖相互依赖的多条消息，或使攻击能够渗透系统防御的上下文信息。

为了对这种对手进行建模，作出以下假设。

（AO）对手是自适应且“在线”的。

在深入研究对手战略之前，必须回顾我们所考虑过的对手类型。

（1）易被忽略或无国籍的对手。这是对手模型中最弱的类型。此类攻击者能简单地向系统发送消息（攻击数据包），但对系统如何响应一无所知。每条消息都与下一条无关，不会形成消息序列。从这个意义上说，此类对手具有最弱的优势。

（2）适应性在线对手。这类对手了解系统及其响应，能制作传输一系列消息，或上下文相关的多个消息组成的全面攻击策略，能够从时间和格式上模拟真实消息。此类对手可假定为“在线”，因为必须实时执行系统响应之前所做的决策。下一决策可基于之前的决策或系统响应。从这个角度讲，此类对手具有中等优势（大于易被忽略的对手，但小于自适应离线对手）。

（3）自适应离线对手。此类对手不仅能像其他对手那样构建和发起复杂的多消息攻击，还能够离线构建所有策略。其隐含前提是：为达到这个目的，攻击者能够访问系统数据字典、任何和所有相关的加密基元生成器，以及所有时间/格式信息。从这个意义上讲，这是非常强大的对手。多数内部攻击者和国家攻击者都属于这一类。

适应性离线对手不大可能成为我们主要和最可能的对手。易被忽略的对手也同样不太可能，此类对手需花费相当大的资源进行防御。

（4）中等对手，即自适应在线对手最常遇到，也最可能对互连的 CPS 系统形成威胁。

本章其余部分将基于自适应在线对手开展工作。但将展示对于面临国家威胁的最关键场景（如电网），如何修改适应性离线对手模型。

如果 M_1 是适应性在线对手策略 S_1 中的第一个消息序列，R_1 是第一个对手消息序列的第一个系统响应序列，那么，可以清晰地描述策略和因果链。对手和系统之间的一般交互具有以下形式。

交互：I：$M_1R_1M_2R_2\cdots$ （4-1）

因此，对抗性交互的一般形式是：对手发送的消息序列，随后是系统响应序列，然后又是对手发送的消息序列、系统响应序列，以此类推。

例如：

$$M_1 = m_1 \cdot m_2 \cdot m_3 \cdot \cdots \cdot m_n \tag{4-2}$$

也就是说，M_1 包含在系统响应 R_1 之前发送的所有消息 $m_1 : m_n$。

类似地，R_1 可以是单个消息响应 r_1，也可以是一系列响应消息 $r_1 : r_n$。

注意：因为 M_2 依赖于 R_1，因此 R_1 成为对手策略 S_1 的一部分，是在线依赖。

攻击者可以创建多种策略，包括让系统响应（R）并将该响应作为攻击策略中对手的下一步。在模型中每个攻击消息及其响应都具有与之关联的概率风险值。这些用于“累加”与攻击策略相关的风险概率，最终用于建立适当的防护策略。

4.2.1 攻击面

对于每个威胁，存在多个攻击面，每个攻击面具有多个入口点。每种类型的入口点都是一个攻击向量。如果对其中的每一个都进行建模，那将会是一项很繁重的任务。但可以概括和创建经验法则，以利于理解系统如何受到攻击向量的影响，而且也便于评估与给定入口点相关联的风险，并说明互连系统、模块或软件程序之间的交互如何增加/降低风险。最后，用于建模说明互连性对于风险的影响，如图 4.3 所示。

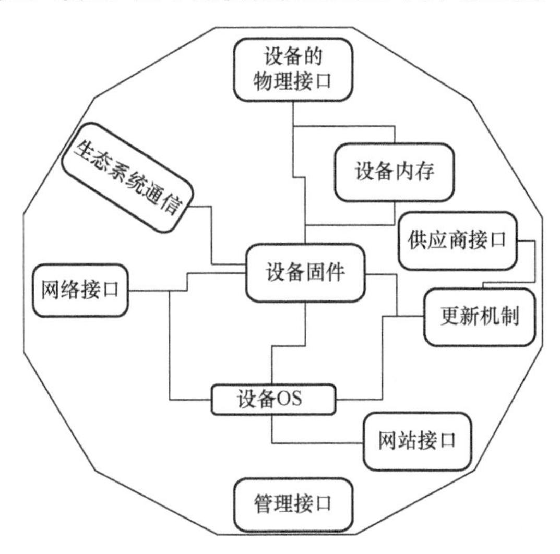

图 4.3　攻击面和典型的入口点

4.2.2 攻击面加权

在一般意义上，外部攻击面指的是 CPS 系统整体的外部可穿透边界，对手可直接连接的边界。控制关键功能的组件不一定与外部界面有显性连接，却存在与故障或组件的任意故障相关的风险，这可能导致灾难性的损失。多数风险评估测试很好地捕捉了这一风险因素。但必须考虑的是，这些关键组件与其他组件连接并交互，因此，一定会有某些风险与组件的交互相关从而可能导致故障。换言之，这将成为内部组件的“攻击面”。进一步推断出，我们看到有人可能仅通过毅力就能发现从外部攻击面到关键组件的内部攻击面的路径，但通常是通过大量已知漏洞，并从外部利用从而进入。通常，由外至内存在通过不同组件的多条路径。

因此，真正的风险评估应能捕获并计算隐藏在系统中的组件外部攻击面所导致的风险。这种风险评估应能捕捉进入内部系统可能采取的不同路径及其“渗透性”。

4.2.3 攻击入口点

对于每个攻击面和给定威胁向量，列举每个入口点。一个 CPS 开始于可与对手交互的每个入口点，而与访问控制无关。在软件级别，转换为可通过全局标识符、处理程序、输入字符串和公共方法访问的入口点等。在网络级别、开放端口、套接字标识符、其他通信句柄是该模块的主要入口点。这些入口点将允许攻击者获得与其访问权限相称的访问权限。

与攻击面相关的攻击入口点可在形式上列举为序列 $e_1 : e_n$，其中每个都是 E 中的一个元素，即所有攻击入口点的集合。

4.2.4 基于角色的访问

当前多数系统都有不同等级的访问控制。多用户系统的访问控制是用于限制用户访问系统所有组成部分的能力。如前所述，对于 CPS 系统而言，用户可以是人、机器、进程间通信程序等。基于角色的访问控制降低了入口点的广度，但增加了互连系统每个入口点的深度。因此，角色（访问控制）是风险评估函数中的一个重要参数。同样，可通过入口点访问的资源（依赖于基于角色的访问）是风险评估中的第三个重要参数。

如果任何入口点 e_1 受访问控制（仅基于角色）的限制，则为其分配权重 w_1，该权重所具有的概率成分是通过检查基础系统来确定。对于距外表面大于一跳的系统，计算每个入口点的权重 w，并与上游部件/系统的概率风险因子相结合。这些计算可根据需要和相关性从系统级至组件级来完成，即

入口点向量：

$$e_1 = e_{1j} \cdot w_{1j} \tag{4-3}$$

如果存在多种方式进入同一入口点（如蓝牙堆栈或车辆 OBD-II 系统），那么，有

入口点风险：

$$R_i = \sum e_{ij} w_{ij} \tag{4-4}$$

式中：第二个索引 j 表示向量来源的子系统。因此，双索引入口点表示该点处于 CPS 内部但在子系统外部。如前所述，通过多个入口点可以到达内部入口点（通常是关键系统）。即存在多个到达内部入口点 $\boldsymbol{e}_k$ 的向量（其中 k 属于所有 n 个子系统）。然后，$\boldsymbol{e}_k$ 是所有导向它的向量的总和，如图 4.4 所示。

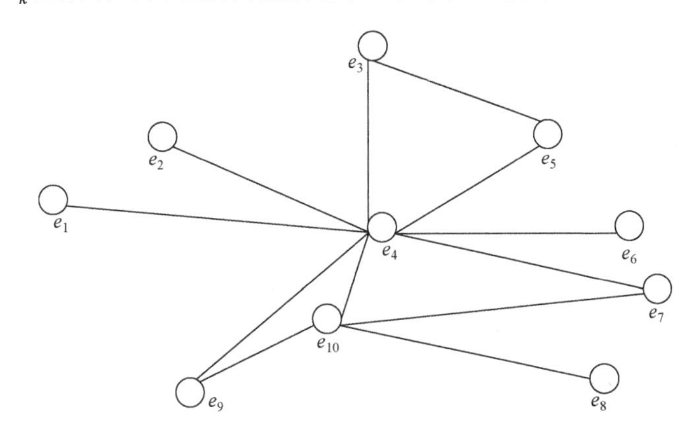

图 4.4　连通的子系统图

然后，风险为

$$e_{10} = e_4 w_4 + e_7 w_7 + e_8 w_8 + e_9 w_9 \tag{4-5}$$

而

$$e_4 = e_{1:3} w_{1:3} + e_{5:7} w_{5:7} \tag{4-6}$$

以此类推。

需解析循环图并对方向性单独进行加权区分（如果有）。这个主题可自成一门课程，如果读者感兴趣，可采用几种图论概念来降低 e_4 和 e_{10}（通常所考虑的任一系统）的风险。由于内容深度超出本章范围，建议读者独立探索。

4.2.5 资源访问

必须标识对手可从每个入口点访问的资源。对 CPS 而言，资源可以是数据、数据库、密码系统、访问控制库、元数据、服务、计算能力、内存、网络通道、用户特权信息、凭证等。所有资源都必须具有优先级值，用以表明资源失控时所导致的损失。资源失控将是对手的收获，他可能利用所获取的资源并进一步渗透系统并造成更大的破坏。显然，对于互连的系统，随着攻击者逐步渗透系统，资源风险会

成倍增长。同样，如果存在从外表面到资源的路径，即穿透内部攻击面、自适应访问控制和自适应资源捕获的组合，那么，连接性将加大资源风险。

资源可形式化表示为$g_1:g_n$，其中 G 是整个系统（作为资源）。对手的目标是获得梦寐以求的资源，而系统安全专家的目标是保护这些资源。被觊觎的资源具有更高风险，系统和资源都可能被获取。但是，所获取的资源能够减少后续系统捕获所需的渗透工作量（适应性策略）。

因此，竞争对手的整体博弈变成：如何制定策略，使系统资源的整体收益最大化而工作量最小化（最优投资回报率（RoI））。策略的一部分是选择合适的入口点，以最短/最快的向量到达具有收益资产的节点。为了实现这种攻击策略，一旦选择了潜在的入口点，并且攻击者建立了对向量路径的最佳估计，攻击者将构造合适的消息，分解响应并构建攻击策略 S。

这就是如何连接到目前为止所布置的所有概念。

网络安全从业人员和系统设计人员的主要工作是使入口点访问难度提高（增加对手工作量而降低 RoI），降低每个系统的渗透可能性，延长攻击向量路径以增加对手成本（如通过增加系统之间的分区），并最大化关于有收益资产的防护策略。可通过软硬结合的安全技术命令实现。混合硬件（甚至是物理上派生的基元）可能成为一种非常高回报的对抗手段，因为现在的对手必须找到一种方法来填补数字和物理系统之间（或数字网络和数字安全硬件之间）的差距。

4.3 “互连”系统安全建模

既然能够明确系统组件、入口点以及通过入口点的渗透可能性，就能开始构建互连系统模型。

目前，已有两个互连系统的实例。图 4.5 说明了通过数字化连接的子组件来传递数据和控制。图 4.6 展示了通过一种物理介质进行隔离的互连组件，能通过另一种物理介质连接。可使用之前的图来对互连系统的安全进行建模。

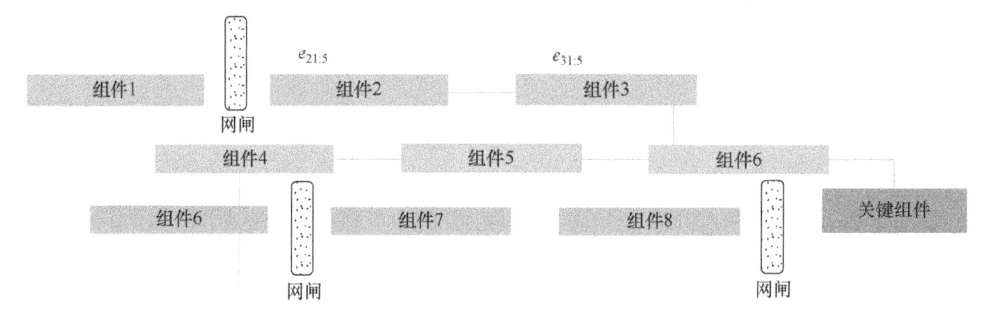

图 4.5　互连的网络–物理系统

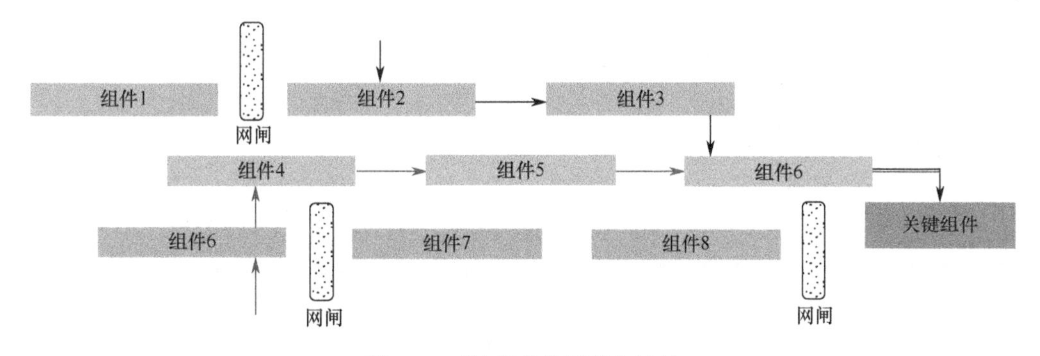

图 4.6 互连组件的隔离与连接

最好的起点位置是没有上行而只有下行连接至所考虑的系统。通常，这些都是面向外部的节点，而且显然是潜在的攻击入口。可见，e_1、e_2、e_3、e_7、e_8、e_9是面向外部的接口。

计算每个入口点的渗透可能性。作为一种安全分析操作，能够发现这种可能性遵循 Pareto 分布。设符号 w 表示每个渗透可能性。

因此，e_4的风险可表示为

$$\mathscr{R}e_4 = e_1 w_1 + e_2 w_2 + e_3 w_3 + e_5 w_5 + e_6 w_6 + e_7 w_7 \tag{4-7}$$

假设e_4有资源，如果对手入侵并获取e_4，就能访问e_4拥有的全部资源。e_4的集体共享资源和私有资源是 g_4。例如，e_4与e_5和e_{10}共享内存资源，因此 g_4 的一部分来自于e_5和e_{10}的资源。

对手的目标在于最大限度地获得增益而最小化获取 g_4 所耗费的代价。换言之，对手需要在e_1和e_9之间找到到达e_4的最短且阻力最小的路径。

现在，当渗透自身具有成功的可能时，攻击者选择什么入口点用的什么技术并不知道，这是评估之后所作的深思熟虑的判断。因此，采用 Wald 最小最大模型[7]（min max model）进行决策，并创建攻击者为使系统失效而采用的策略。需要注意的是，我们采用自适应在线对手模型，攻击者通过选择消息构建策略，使得系统响应，并基于响应构建策略。Wald 最小最大模型非常适合自适应在线对手模型，因为它是一种非概率鲁棒决策模型，其最优决策（最优 RoI 的总体意图）是最坏结果至少与任何其他场景所产生的最坏结果相当。

数学上，可知

$$f^* = \max_{s \in \varphi} \min_{M \in \rho(S)} f(s, M) \tag{4-8}$$

式中：φ 为一组备用决策、行为或策略；$\rho(S)$ 为与可操作消息 M 相关的状态集；$f(s,M)$ 为在状态 s 下的策略返回值。

以此方式攻击者选择和执行包括可操作消息 M 的策略 S。

在下一个节点，对手的优势显而易见：

$$f^{*}=\max_{s\in\varphi}\mathrm{g}_{n=4}\min_{M\in\rho(S)}f(s,M) \tag{4-9}$$

换言之，对于互连系统，随着攻击博弈的发展，攻击者成功的可能性会随其收集资源（收益）的增加而增加。

4.4 定向威胁评估

到目前为止，我们一直关注外部攻击面和攻击者穿透外部表面进入关键系统（或组件）的可能性。但大多数情况下，系统设计人员忽略了一个事实，即攻击者可在系统内部，由内至外实施攻击。他们可能由于物理安全失效而进入，或者开始就是内部人员。这是最近所见的绝大多数成功且著名的 CPS 攻击的主要操作方式[8-11]。即使系统对于外部威胁具有非常强大的防御能力，而对于由内至外的攻击却几乎毫无阻力。因此，威胁向量在方向上是不对称的，在由内至外的渗透方面所需工作量要少得多。

由于这种不对称性，威胁评估应是面向方向的。

由于我们全面处理安全演进、测量 CPS 网络安全风险，用以确定优先级、分配资源并设计对应的风险对策，因此，也必须考虑此类攻击。此外，内部人员攻击和 IoT 攻击也属于这类，它们都是当今最常见、最具破坏性的攻击类型。毋庸置疑，大多数系统都缺乏针对内部人员攻击和 IoT 攻击的防御。

4.5 主要的 CPS 系统——物联网

本章介绍的方法是新型在线对手建模，将系统建模为互连节点图，包括可获得和利用的个人资源和能力，具有一定专业知识，可应用于不同层次的抽象。在本章中，将其应用于单个 CPS 系统（如汽车或 scada 系统），在单一系统级别，对交互、入口点、被破坏的概率以及序列策略等进行建模。通过将抽象级别由单一系统视角更改为更大的系统视角，能够对高度多样化的系统（如典型的物联网生态系统）进行建模。物联网中任何事物都是一个 CPS 系统。因此，通过将给定系统抽象为更大的物联网系统，然后将其分解为单独的 CPS 系统，可采用本章所示方法对物联网安全性进行建模。可以建立物联网对手策略和动作模型，当成功实现自动化对抗策略时，可以建立自动化的物联网防御机制。

4.6 小结

本章从安全基本原则开始进行了坦诚讨论，并说明了其如何由适用于封闭系统发展至适用于互连的信息物理系统。提出了准确的问题用以在系统边界可视化系统行为并构建离散交互模型，从而能够在各种攻击面上形式化定义高度复杂的系统。正确认识能力和智能比典型线下对手更强大的演进对手，使我们能够形式化建模和分析演进对手所能发挥的全部破坏。同时，在清晰了解系统能力、漏洞和可用资源的基础上，能够认识目前所需的全部防护措施及其部署位置，以获得最大程度的保护及投资回报率（ROI）。采用图论的新型组合，对系统、子系统连接以及可被利用的资源进行建模，而这些也能通过基于强大博弈论的攻击和防御策略建模拥有和获得，从而使防御过程自动化。随着攻防博弈的深入发展，我们的防御能够在不断变化的环境中，智能地计算对抗中失控的资源并实施最佳战略行动以构筑防御。换言之，可创建能够全面检测高级持续性威胁的自主防御系统，全力进行攻击自动响应与恢复，即实现从静态认证系统和加密系统到能够自动防御的完全自主计算系统的演进。未来只是实现更加自动化、更加自主的智能系统安全。

参考文献

[1] Geraint Price, The interaction between fault tolerance and security, Technical Report Number 479, UCAM-CL-TR-479, ISSN 1476-2986 Cambridge, UK, 1999.

[2] T Anderson, PA. Lee, Fault Tolerance: Principles and Practice, Prentice-Hall International, Englewood Cliffs, N, 1981.

[3] T. Anderson, P.A. Lee, S.K. Shrivastava, A model of recoverability in multi-level systems, IEEE Trans. Softw. Eng SE-4(6)(1978)486-494.

[4] V Mishra, H. Dion, Y Bar-Yam, Vulnerability analysis of high dimensional complex systems, in: S. Dolev, Cobb, M. Fischer, M. Yung (Eds)，Stabilization, Safety, and Security of Distributed Systems, Springer-Verlag, Berlin, 2010.

[5] Battelle, NEM-Automotive Intrusion detection system, Columbus, OH. <http: //www. battelle. org/newsroom/press-releases/new-system-detects-and-alerts-to-automobile- cyber-attacks>, 2014.

[6] R. Stephens, Testing, Beginning Software Engineering(Chapter 8), John Wiley and Sons Publishing, 2015, P. 174.

[7] A Wald, Statistical Decision Functions, Wiley, New York, NY, 1950.

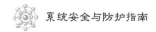

[8] T. Maiziere, The IT Security in Germany in 2014 Publication, in: *Die Lageder IT-Sicherheir in Deutschland*, December, 2014.

[9] R. Lee M. Assante, T. Conway, German Steel Mills Attack, in: SANS ICS Defense Control Use Case, Case Study 2, December 2014.

[10] D. Kushner, The real story of Stuxnet, IEEE Spectrum 50(3)(2013)48-53.

[11] A. Greenberg, Hackers remotely kill a Jeep Cherokee on the highway-with me in it, Wired Magazine(Online edition) (July 2015).

第 5 章　安全业务

5.1　系统安全简介

本章从系统生产者的角度讨论系统安全性。以汽车工业的系统安全为例说明产品或系统安全实践。汽车是社会中最广泛使用、最复杂的系统之一，虽然驾驶员只需最少准备或训练就能操纵，但其系统复杂性日益增加。目前，部署互联自动驾驶汽车的计划只会增加对驾驶员和系统安全负责人的挑战。

本章标题“安全业务”旨在说明这里将要讨论的几个问题，如什么是系统安全，它由什么构成，在此“业务”中人们做什么，他们的基本行为和关注点是什么，他们在其自身的业务中需做什么，他们实际生产了什么，与生产整个产品所需的其他活动有什么关系。

本章从生产商的角度考虑了汽车整个供应链的每个环节。每个环节都各负其责，以确保为公众生产的汽车的安全性。本章从安全产品生产负责人的角度讨论安全问题，完全不同于购车者、监管者、咨询和建议者的观点。但每个人都理解生产者的观点是非常重要的，因为这种观点决定了产品安全。

至此，生产者需满足客户包括最终用户的期望。任何领域的客户都希望产品能持续改进，包括安全性。业务推动产品的差异化，并确保尊重通常所理解的安全相关技术水平，这已经得到了监管的部分支持，但实质上监管必须滞后于科技水平。汽车制造商和一级供应商推动先进技术的使用，同时确保满足法规要求，因此，安全由生产者驱动。

显然，存在安全需求，导致安全差异化的产品消费，这是值得信赖的。这种信任基于历史、经验、监管和形象。我们需要安全且值得信赖的产品，而生产者竞相满足这种需求，这是一项业务。

5.2　安全生命周期

5.2.1　安全的定义

“安全”一词在不同领域有不同内涵，甚至在汽车生产商领域也是如此。有时，安全被认为是对人绝对无害，甚至不管是否对人有害，都不会发生事故。这个定义可以带来有用的分析和结果[1]。由于有事故发生，因此，根据此定义，现在的产品是不安全的。即使生产商付出了最大努力，驾驶员仍可能造成事故，生产商正努力防范这种情况发生。

还可以将安全定义为无关于不可接受的风险[2]。在此定义中，安全不是绝对的。风险的概念已在前文介绍过，风险可能是主观的，但为了能够确定安全性，通过规则或风险量化进行风险等级评估。灾难严重性是量化的，通常是基于潜在损失的程度。这种损失可能被限制为对人的伤害，同时也与可能导致事故的事件频率有关。为了安全起见，风险必须是可容忍的。这通常取决于社会规范，需结合社会环境。

本章采用目前常见的定义，将安全定义为不存在不合理的风险[3]，同时也引入了与之前类似的风险的概念。全面考虑了灾难导致某种程度损害的概率、规避损害的能力以及暴露于可能导致灾难的环境等因素，而对于可接受性的判断则未考虑。所涉及的风险是否合理，可由预防灾难所采取的措施来确定。参考文献[3]中讨论了许多措施，也可采取其他措施。这样的结果是“没有不合理的风险”和安全，在上述意义上实现了安全。

5.2.2 产品的安全生命周期

每个产品都有其生命周期，从开始到结束。但产品的安全生命周期各有差异。将电厂作为产品，安全可能最终由工厂实现，而工厂随时间推移逐步成熟而变得安全。首先，设计和建造工厂，然后增加安全机制以降低风险并确保安全，之后工厂才开始运作。

汽车产品具有不同的安全生命周期。商业活动自身需要差异，用以区分产品并吸引买家，因此开发了不同的概念，产品必须在概念上是安全的。在实现初始产品概念之后开展产品设计，应考虑安全措施，产品设计上必须是安全的。随后根据设计进行制造，制造过程也必须安全。而后应考虑消费者如何使用，确保产品使用安全。所有汽车产品都可能需要维护，必须确保产品维护中的安全。最后，产品生命周期结束，其处置过程中也必须安全。

5.2.3 评估风险

要确认安全必须先确定风险。在此考虑的风险是指对人伤害的风险。在确定产品对人伤害的可能影响时，要充分考虑产品的权限。如果产品是一个系统，就应该从分析作为系统整体所包含的任一功能开始，分析其驱动作用。当出现所谓的故障行为时，通常的指南用于系统性的确定系统功能会带来什么危害影响。例如，对于每个系统功能，如果存在以下潜在故障，则考虑其是否会造成伤害。

（1）过多。

（2）过少。

（3）错误时序。

（4）错误中。

（5）无。

将给定系统功能的故障上联至车辆，以确定是否可能导致伤害。例如，对于汽车转向传动装置，在驾驶员未提出请求或在正确使用自动转向功能时，如果转向传动装置提供错误的转向辅助，如“在错误方向转向”，则可能导致车辆转向错误方向，并导致车辆偏离其行驶车道。偏离车道可导致各种类型的事故，如与邻车侧面碰撞、正面碰撞或追尾碰撞，可能会造成严重伤害。然后，针对列表中的每个指南都反复推理。

为了进一步确定风险，还需考虑系统通信，包括车辆子系统之间、车辆与驾驶员之间的通信，以及未来互联汽车的车辆系统与其他车辆或基础设施之间的通信，其中包括发送和接收的消息。再次系统分析这些通信，例如，考虑以下任一通信故障是否导致伤害。

（1）无通信。

（2）通信错误。

（3）通信时序错误。

① 过迟。

② 过早。

③ 频率。

再次将其上联至车辆级别，以转向系统为例，该系统提供转向角度信号给稳定控制系统使用。基于接收系统的诊断能力，评估发送系统的“健康”程度为错误或故障，可能引起稳定控制系统的干预，导致车辆偏离车道。与前一个例子一样进行同样评估，可能会造成伤害。与前述实例相同，随后针对通信故障的每个指南都反复推理。

5.2.4 面临风险

在不同驾驶情况下评估潜在危害，如高速公路驾驶、乡村公路驾驶、停车和其他情况。参考文献[4]中对这些情况和注意事项进行了描述。潜在危害的量化可通过多源交通统计数据确定。参考文献[3-4]中有所提及。将风险与其暴露的可能性相关联，有助于量化风险。

参考文献[3-4]并未讨论所有风险。考虑由于火灾、烟雾和毒性等所导致的危害也很重要。通常选择产品材质时考虑毒性。对于火灾和烟雾的考虑，分为车辆被占用和未占用时两种情况。车辆被占用时，考虑其控制能力，根据系统在车厢内或在车厢外而有所不同。车辆未被占用时，火灾和烟雾导致的伤害由能源供给的系统能力控制。外部切换可将其概率降低到合理水平，而无须系统内部的深度考虑；否则，可能需要保证深入考虑。这种危害可能是灾难性的。

在确定风险时，还考虑了暴露于导致产品可能产生危害的环境下的持续时间或频率。例如，如果潜在的产品故障导致每次曝光都可能触发危害，那么频率就很重要；否则，考虑持续时间（如在雨中驾驶）。参考文献[4]对此进行了深入讨论，之后，可区分风险优先级别。例如，对于故障，可采用文献[3]所述的系统功能的汽车安全完整性等级(ASIL)。对于文献[3]之外的情况，可采用类似的优先级排序。可基于同样原则系统地完成。

5.2.5 降低风险

为了把风险降低至可接受等级，明确了每个生命周期阶段的安全需求。例如，为了保证概念的安全性，定义了概念的安全性要求。每个阶段都重复此过程，然后验证需求。

5.2.6 概念

为了确定概念的需求，将概念表示为体系结构，其中功能需求可理解为对应每个功能模块。然后，系统分析该框架以确定安全需求，从而确保需求的完整性。系统分析主要包括以下几方面。

（1）故障树分析（FTA）。

（2）事件树分析（ETA）。

（3）诊断覆盖率。

（4）来自其他系统的需求。

通常都会考虑来自所有其他系统的需求。FTA（故障树分析）在模块级别非常有效，用于确定哪种失效组合可能导致危险。如果单个故障可能导致危险，必须确定此故障概率是否足够大，如在众所周知的技术中有足够设计余量时的机械故障。例如，考虑齿条齿轮式转向系统中齿条的强度。如果单个失效概率不够小，则可能引发构建冗余的需求。

ETA 在确定功能失效的影响方面特别有效。每个模块的每个函数都可能被评估，如考虑其运行失败、运行错误或时序错误。如果可能产生危险，就需要一种安全机制进行独立的防范。这种独立性是必需的，这样故障就不会使安全机制失效。

诊断覆盖率是相似的。如果故障可能导致不安全或危险的失效，就需要执行特定诊断以检测故障，并通过实现运行的安全状态以防范不安全的失效。诊断类型提供所需的覆盖率，从而产生特定需求。

我们相信，在系统分析完成时，安全需求是完整的。需要对分析进行审查，可能通过独立的同行评审或采用另一种方法，即通过模拟需求和对所插入故障的响应以确定是否正确管理故障。

然后将安全需求分配给表示系统功能需求的体系结构模块。每个安全需求都是唯一标识的、原子的和可验证的。为避免复杂性，安全需求和体系结构是分层的，较低层次的安全需求满足父安全需求。安全需求分为硬件和软件安全需求，而且，安全需求也被分配给其他系统，以记录关于实现安全的系统行为的假设，这支持后续验证。

5.2.7 设计

设计与体系结构一致，使得设计能够直接满足安全需求。然后，可跟踪的硬件安全需求可由架构需求导出，以支持基于需求的详细硬件设计。可开展更深入的硬件安全分析，以获取所选设计中进一步的安全需求。此类分析可包括单点故障和双重故障的分析，如文献[3]所述。

同样，可跟踪的软件安全需求可由架构需求导出，以支持基于需求的详细硬件设计。可开展更深入的软件安全分析，以获取所选设计中进一步的安全需求。正如前文概念讨论中所述，ETA 是有效的潜在分析方法，有助于引出安全需求，以应对软件对硬件故障异常的反应。可改进设计以满足这些安全要求。系统的软件错误可通过遵循成熟的软件过程来控制。在此不讨论这个问题。有时会使用不同的软件。

设计完成之后，需要进行验证以满足安全要求。可选择适当的验证方法，例如，如果采用文献[3]，就可基于汽车安全完整性等级来选择方法。实际的验证细节（如测试用例）是针对每个安全需求来确定的。运行验证方法，由底至顶分层验证。检查每个验证方法的执行结果，以确定是否满足通过标准，并记录检查结果。解决所有不一致的问题。为了确保验证完成，对所有需求状态的系统进行审查并执行验证。有时自动化可帮助确认状态，简化了审查过程。

5.2.8 制造

在制造过程中，安全的目的是在部件生产和组装的全过程保持所设计的安全，并在制造时将其融入产品。为获取安全需求的全集，进行了系统的分析。这些包括设计失效模式和影响分析（dFMEA）与过程失效模式和影响分析（pFMEA）。设计失效模式和影响分析可导出制造中所需控制的关键特性。实施适当的过程控制以达到关键特性。过程失效模式和影响分析列出了安全要求，以减少任何可能影响安全的过程错误。同样，过程控制也得到了缓解。如果不能满足这些要求，制造组织会向产品设计组织提供反馈，从而实施适当的更改。

记录制造安全需求并在制造过程中进行追踪。例如，包括任何可配置的软件。

当提出制造过程变更时，需要考虑这些安全需求，从而确保改进的过程与其所替代的过程同样安全，而未引入不合理的风险。

5.2.9 维护

在考虑维护的安全性时，也要考虑用户手册和维护手册。警告包括潜在的误用和预期的维护。例如，对于自适应巡航控制之类的便捷系统，需要说明诸如天气或固定目标检测等任何限制。这将校准用户期望，或者适当地设置用户期望。这种校准可通过汽车的消息中心进一步加强。然后，适当的消息适时重复出现以有助于用户理解。

维修说明书考虑安装时的安全。对于某些系统，未能精准安装可能导致潜在危险，其维修说明书可包括警告和指南。同样，如果作用于转向中间轴螺栓的扭矩是关键，则其维修说明书可包括警告和规范。维修说明书可根据需要涵盖诊断测试或消息等相关信息。如果更换的目的是安全而不是维修，就明确需要此类信息。同样，对于某些可预见的维护异常可能需要指南，如在系统意外停止时的处理指南，说明是否可能检查损坏情况，是否可用。

在保障系统的安全之外，还需要考虑维护人员的安全。例如，对于任何类型的储存能量，都可能需要采取措施以确保维护人员不会因其释放而受到伤害。因此，维修说明书可包括警告标签和维护操作警告。此外，也可考虑意外的运动，如在提升机上与电池连接的电动转向系统的运动，可推荐断开连接。

对于持续改进，维修现场的数据可能是有用的，对于新系统的初始引进阶段尤为重要。维修说明书可包括记录和返回何种数据的说明，从而支持对指南和产品的改进。

5.2.10 处理

处理通常是产品生命周期的最后阶段。上述关于维护的许多说明也适用于处理。对于储存的能量，处理时最好释放能量。在处理车辆时，可释放安全气囊。系统可能作为已使用设备进行回收再利用，可考虑任何安全要求，如为防止由于另一车辆的校准而不恰当安装的安全要求，可提供设计措施。此外，还可以说明有用的生命周期，并包括警告。

5.3 功能安全管理

5.3.1 目的

为了确保在整个产品中正确考虑安全问题，需要仔细考虑生命周期。为此，建立了系统的过程，然后管理此过程，明确任务、配置资源并执行。此过程产生了其被遵循的证据，如工作产品。证据与安全论断一起成为安全案例：安全要求被引出的证据和遵守的证据。没有证据就没有案例。

5.3.2 安全过程的重点

安全过程可以有 3 个重点：策略、审计评估、实施，这些可以独立构建。例如，评估与执行的互相独立有助于确保仔细考虑。这种独立性在文献[3]中被推荐。

全面的组织策略有助于确保一致性和统一的考虑，并有助于确保在整个组织内进行最佳安全实践的适应性调整。最佳安全实践可包括导出安全需求的分析方法和需求跟踪方法。此外，全面组织安全策略还可阐明其如何将安全过程集成至开发过程。这种集成对于开发人员非常重要。在开发生命周期结束时，开发人员将完成他们所遵循的任何过程。因此，考虑所有问题非常重要，因为在结束时缩小差距是不可能的，尤其对于安全。安全应从概念阶段开始考虑，然后实施。

审计评估独立于实现程序的开发人员。文献[3]中还包括独立于产品发布组织。审计是为确保开发人员在整个组织安全策略中遵循流程。随后，与策略不一致之处可独立提升到执行管理以采取措施。这种审计确保审慎考虑。

评估的执行是基于过程被遵循的证据，如工作产品。这些工作产品表明，已经系统地提出了安全要求。文献[3]中单点故障度量作为一个实例，旨在包含所有与安全相关的硬件，并具有适合汽车安全完整性等级的诊断措施。独立评估再次确保了审慎考虑。

为了控制遵循此过程，有助于度量预期。期望过程交付产出物，表明安全生命周期的各个阶段都提出了安全需求。期望在安全生命周期的各个阶段合规性都得以证明。对于文献[3]所涵盖的需求，每个阶段的安全工作成果都在该文献中定义。对于文献[3]未涵盖的安全要求，可由组织开发过程的工作成果来满足。为遵循安全过程，可开发度量指标以说明在需要时能够实现，从而有信心或有保证：产品将是安全的。注意：不遵循这个过程并不表明产品有缺陷，这种情况下可能缺乏证据。良好的度量可提高对产品安全的信心，证明审慎考虑了。

为了实施安全过程，将向公众发布产品的项目，都包括实施安全过程的计划。生产安全过程所需的有意义工件的任务由安全生命周期的各阶段确定。随后，对于任务充分配置资源并计划按时执行。这就要求确定工作范围，如使用变更影响分析来确定计划对基线产品进行何种更改，以及产品安全是否受到影响。然后，针对影响安全生产的各阶段进行任务规划。建立实施变更的支撑环境，包括变更控制和文档，并支持需求管理。

对于受影响的生命周期阶段，开展拟提出安全需求的分析。例如，如果计划对软件进行可能与安全相关的更改，对其所涉及的软件模块可执行 ETA。对此分析进行独立评估。为了验收，可对分析进行必要的改进。可明确此类软件模块、其他软件模块的安全需求，或硬件、系统或其他系统的安全需求。捕获需求以便其能包含在设计中。然后执行设计任务。执行验证任务以确保设计符合已确定的安全要求。进行验证报告的复审，解决任何不一致性，并记录结果。

以此方式实施项目需要一种安全文化。整个组织都认可产品开发过程中安全的重要性，包括批准资源的执行管理、计划和分配资源的项目管理以及开发人员。获取这种认可需要管理的支持。当支持是显而易见时，就会提供培训，并接受培训，其中包括管理培训。

5.3.3 组织

对于成功的安全组织有以下 5 个关键要求。

（1）组织必须具有执行安全任务的能力。

（2）安全必须集成至产品工程中。

（3）对于安全人员，必须有职业道路使其能够留在安全岗位上。

（4）安全过程必须归项目管理所有，以便于任务的计划、统筹和执行。

（5）需要定期进行执行评审，以确保遵循流程。

有不同的组织实施方式以满足上述成功安全组织的 5 个要求。每个组织实施方式都各有其优缺点。考虑集中式组织。在组织实施方式中，安全主管是管理员或安全审计员。安全审计员核查项目，以确定其是否遵循安全流程。安全评估员可向安全审计员报告。安全评估员确定安全过程所生产的产品是否符合其目的并按时完成。为此，安全评估员收集安全过程一致性度量所必需的数据。安全管理员和工程师可向安全评估员报告。安全管理人员和工程师部署到工程项目中，参与产品开发过程、计划，并帮助创建危害和风险分析等安全构件。

集中式组织具有优势。各层次的管理都擅长安全，从而有助于培养技术能力。具有清晰的职业通道可留住安全人员承担安全角色，其中可包括管理或设计为纯技术路径。由于是集中式，具备结构基础用以遍及其开发中的不同产品，支持安全过程实施的一致性。可通过轮岗促进实施。产品之间也可能存在负载均衡，有助于一致性。

集中式组织也具有劣势。即使部署资源来支持工程，但工程的其他部分可能倾向于对安全过程实施承担更少的责任。推出产品必须要有多个任务，产品工程可能优先考虑未得到集中式安全组织支持的任务。由于存在不同的组织，沟通途径可能不能较好地建立。这一点对于迅速评估安全相关的变更非常重要。此外，安全要求也需要进行有效沟通。

分布式组织也可以实施成功安全组织的 5 个要求。在分布式组织中，安全审核员和评估员是从产品开发工程角度独立组织。这是实现要求的独立性所必需的。安全经理和工程师由产品工程分配与管理，并直接向产品工程报告。分布式组织的优势是安全人员直接集成至产品工程组织而无须“部署”。由于集中的工程经验，领域知识随产品正常推进而逐步增加，并可建立组织的沟通。

这类情况也存在缺点，需建立职业通道以留住安全人员，否则，将导致人员流失。可建立安全技术职业通道（或进阶）、产品工程安全管理路径或二者结合。产品工程负责安全人员的管理，在安全管理和分析方面可能没有安全人员擅长。需采取措施对管理人员和安全人员进行持续培训。可来自内部评估人员或外部评估人员。需建立独立的审查和提升路径，可使用内部或外部评估人员，通常也应包括高管。

5.4 小结

本章所采用的安全定义是“无不合理风险的状态”，即任何活动和产品的使用都存在风险，其中包括危害人类的风险。产品安全的真谛是其风险是递增的。产品风险不会由于引入产品而增加，从而超越产品更换的风险。如果将产品更新或更换的风险视为合理，则引入产品的风险也应视为合理，该产品可能被认为是安全的。这种观点依赖于风险度量能力和对风险变化的敏锐感知。随时间推移，从总体上讲，社会容忍的风险越来越少，政府和专家定期将递增的风险不容忍要求写入法规，旨在对安全等问题实施更高标准。

通常，产品安全不能得到绝对证明。但安全决心或保证可以并确实考虑安全的证据和论断。证据是为证明已正确导出安全要求并符合这些要求。通过系统的分析和一致的标准指导，提升对需求完整性的信心。这就是安全论证的内容，独立评估增强了的信心。

此证据和论断能够理解整个产品生命周期。在构思和开发产品时，系统地汇编证据，导出概念、设计、制造、使用、维护和处理等各个生命周期阶段的需求。实现并验证需求，两者在安全论证中都至关重要。

建立安全过程和组织，用于管理满足安全要求所需的资源。期望和要求所有产品都是安全的，而业务最终就是满足此类产品需求的竞争。

参考文献

[1] N.C. Leveson, Engineering a Safer World, MIT Press, January 2012.

[2] IEC 61508 (all parts), Functional Safety of Electrical/Electronic/Programmable Electronic Safety-Related Systems, International Electrotechnical Commission,April 2010.

[3] ISO 26262 (all parts), Road Vehicle—Functional Safety, International Standards Organization, November 2011.

[4] SAE J2980, Considerations for ISO 26262 ASIL Hazard Classification, SAE International, May 2015.

第6章　网络安全的商业价值

大多数高级管理团队和董事会开始了解网络攻击对其业务会有何巨大损害。网络诈骗/犯罪可导致公司数千万甚至数亿美元的损失。个人敏感信息泄露会使客户深感不安，某些情况下还可能导致公司收入缩减，并引发大量法律和监管问题。知识产权的流失会使数十亿美元的研发投资价值极大缩水，敏感商业计划被窃取可能会颠覆关键的定价或谈判策略。对于大多数公司而言，不访问核心系统就无法运作，因此破坏性攻击可能危及企业生存。

任何公司都不会独自应对此类风险，公司与供应商共享诸如生产计划和产品规格等敏感数据，并接收客户的敏感数据。众所周知，银行拥有敏感的个人财务数据，医院网络拥有敏感的病人医疗记录，但几乎各类公司都接收来自客户的敏感数据。IT 服务提供了客户网络及其技术环境的关键细节，商业保险公司收集有关制造设施的敏感数据进行承保，各类制造商接收来自客户的产品或操作等敏感信息。

此外，在日益数字化的世界中，公司正将其技术环境与供应商和客户互联，以创建实时采集、分析和处理海量数据的业务流程。医疗设备和工业设备制造商已安装能保持实时连接的产品以汇聚性能与维护信息。①

如图 6.1 所示，网络安全关注已经开始重塑价值链，其中有利也有弊。随着公司之间敏感数据交换和技术环境的互连，网络安全必然成为商业和合同问题——企业正将网络安全能力作为重要标准，用于采购决策，和针对委托数据处理的合同条款与条件进行复杂的合同谈判。在某些情况下，这成为巨大的积极进展。对于提升网络安全能力，商业压力将比任何监管规定成为更迫切、更精确的动力。

鉴于大多数企业仍将网络安全视为一种“后台”或“控制”功能，而未能将其融入与供应商或客户的业务交互之中，因此，网络安全已在价值链中创造了巨大动荡，减缓了企业之间的合作，同时潜在降低了部分市场的竞争和创新。

企业需要在网络安全方面设置明确的商业透镜，冷静评估商业风险，并将风险内涵深刻融入到采购、产品开发、销售、服务和采购流程。积极实施上述行为的公司不仅能够降低其企业风险，还能提高运营效率，改进与客户的价值主张。

---

① J. M. Kaplan,T. Balley, D. O' Halloran, A. Marcus, C. Rezek, 超越网络安全：保护数字商业, wiley, 2015。

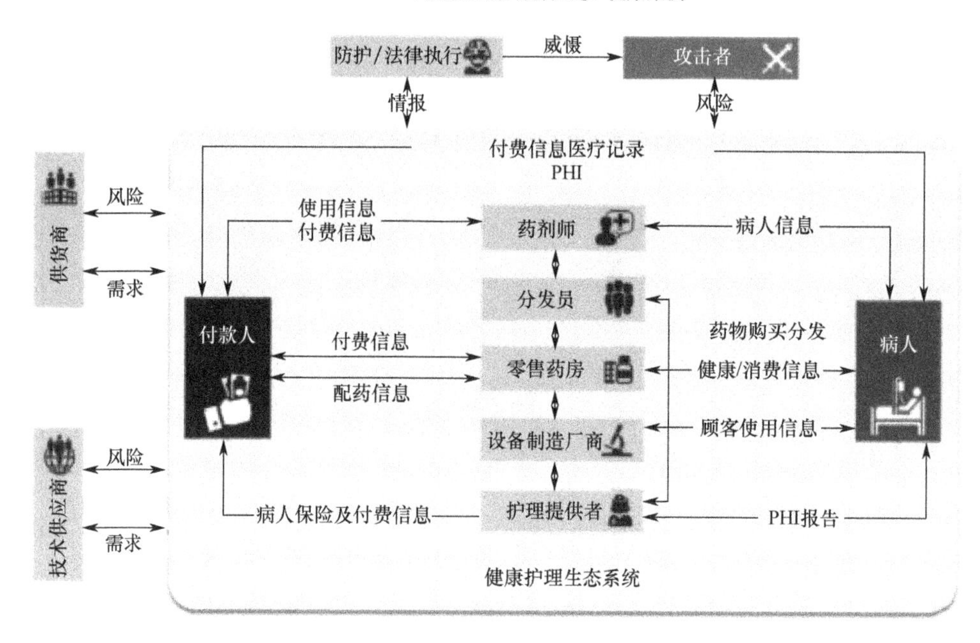

图 6.1　网络安全影响遍及整个价值链

6.1　价值链上的动荡

10 年前无人关注网络安全，这一说法是不公平的，但确实关注不够。除了航空航天和国防等领域，即使首席信息官(CIO)也很少投入时间和精力进行信息资产保护以防范攻击。许多组织不仅没有首席信息安全官(CISO)，而且“IT 安全”对其而言仅是运行杀毒软件或远程访问环境的技术支持人员。基本的网络边界防护措施可能已部署，但不安全的应用体系结构和基础设施配置随处可见——忽视安全策略的情况时有发生。伴随合法穿透网络边界或异步攻击而来的威胁和风险都被忽略。高级业务经理更是将安全视为“后台”功能——所需时间远少于其他 IT 问题[①]。

随着时间的推移，逐渐激进的网络攻击者迫使企业改变其模式。即使未能将安全考虑更深入集成到业务流程和技术环境，也大幅扩展了控制范围。公司聘请 CISO，增强了网络安全团队的治理和监督权力。基于 CISO 的指导，公司发布策略、锁定终端用户环境，针对新的应用程序进行安全体系结构审查。所有这些都是必要的——如果缺乏这些步骤，主流报纸的头版将会有更多泄密事件。但这些步骤

① J. M. Kaplan, T. Bailey, D. O’ Halloran, A. Marcus, C. Rezek, 超越网络安全：保护数字商业, wiley, 2015。

通常包括安全团队拒绝某些计划，并在新的及现有应用程序的基础上增加笨拙且不利于用户体验的安全元素。这些减缓了创新，降低终端用户的生产力，减少了商业项目的可用资源，还通过减缓合同流程，降低供应商杠杆和影响客户体验，在商业互动中引起动荡。

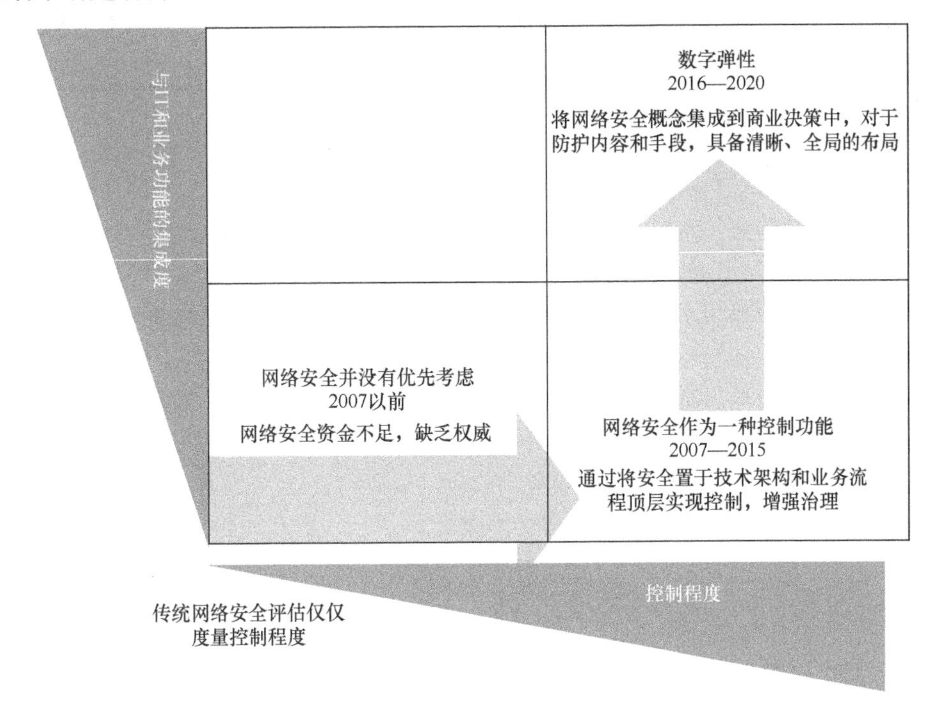

图 6.2　大多数公司已经从网络安全不是优先事项过渡到通过“控制功能”来管理网络安全

6.1.1　减缓合同进程

企业将大量敏感数据委托给供应商，这些数据对于攻击者而言可能具有极大价值。例如：

（1）提供给工资流程和其他人力资源供应商的员工数据；

（2）提供给广告机构和营销分析公司的客户数据；

（3）提供给会计和投资银行的财务数据；

（4）外包给服务提供商的技术配置信息；

（5）提供给工程或制造合作伙伴的产品规格说明和发布日期。

有些敏感数据可能不会立刻显现，例如，作为保险流程的一部分，公司在给保险商提供信息时，谁会考虑与设施相关的敏感数据呢？大公司通常会与数以千计的供应商保持关系，而这些供应商通过某种方式访问公司的敏感数据。

企业已采取相关机制进行响应，他们相信这些机制能够降低暴露给供应商的风险。他们要求新的供应商填写包含数百个问题的调查问卷，特别是进行系统架构评估，提供现场考察。对于如何保护数据，也提出了非常明确的条款和条件。

所有这些都很必要但耗费资源和时间，而且减缓合同流程，因为需要耗费时间进行供应商评估，而供应商和客户同意这些条款也需要时间。例如，在召集创业软件公司的首席执行官讨论安全时，他们告诉我们，其销售周期在过去 2 年中翻了一番，因为他们首先必须说服 CIO 或企业家，然后执行与 CISO 同样复杂的过程。有时，为了获取关键的早期销售，对于数据泄露的影响做出无限责任的承诺，使得资金交易复杂化——因为风险投资者或私募公司在其尽职调查中发现无限责任承诺。同样，应用服务公司的高管告诉我们，对于外包项目，关于数据泄露的责任承诺就像“帐篷中的长杆”一样。

此类影响并不局限于技术领域。某种情况下投资银行的交易会由于数据安全问题而耽搁。某银行发现一笔大型衍生交易被搁置数月，因为没有人完全了解接收个人信息和提供基础抵押贷款服务的相关各方，以及如何保护这些数据。有时客户的数据保护要求与管理要求相冲突，导致进一步的混乱和延迟。谈判中，有银行要求贷款保险公司在 90 天之后清除基本客户数据。但有些州(但不是所有州)要求抵押保险公司在抵押贷款期间保留客户基本个人数据。

6.1.2 降低供应商杠杆，重塑市场

此外，企业为管理供应商风险而设置的机制可降低供应商杠杆并重塑市场。

大多数公司的 CISO 和安全团队已经成功说服采购组织，在合同流程必须考虑安全需求。但安全团队和采购团队之间相对简单和孤立的交互模型可能会降低供应商杠杆，并可能随着时间推移以降低竞争力和减缓创新步伐的方式重塑市场。

这是如何发生的呢？在起草需求建议书（RFP）时，采购方将向安全组织寻找“需求”并将其涵盖其中，同样向使用产品/服务的企业家，以及法律和合规管理组织等利益相关者寻找需求。在此类模型中，CISO 可以很轻易地从“最佳实践”的理论角度（如在任何情况下都不能与分包商共享数据）将各种要求均“扔给”采购方，要求其列入 RFP，而不是在安全与采购之间开展实际讨论，明确哪个需求对特定服务是真正重要，供应商可能做什么，如何权衡需求与最终成本影响。

因此，RFP 中可能会充满了非关键的安全需求，导致部分供应商被排除、降低谈判杠杆，并提高了对于履行合同所需成本的预期。在一个大型公司的 11 个潜在竞标者中，其中 9 个由于安全问题而失去投标资格，从而大幅削弱了其谈判部署，并导致最终合同的成本高于预期数千万美元。

但安全对采购流程的影响可能随时间发展而更为严重。大公司能在更广泛的客户群体中分摊成本，从而可以更好地承担安全需求的成本。他们通过投资专业

团队来应对大量安全问题，而现有供应商由于已经向公司展示了其安全能力，也具备优势。

当一家公司想要快速开发一种新型软件时，需要在现有供应商和新的竞争者之间作出选择。鉴于对速度的期望，公司很可能倾向于：“我们必须快速实施，我们了解现有供应商的安全模式，却需要耗费数月时间让初创公司完成安全评估需求中的数百个问题，既然这样，就采用我们了解的公司吧。”这是完全合理的决策，但随后数以百计的此类合理决策可能会使市场僵化，新的公司和创新型公司更难以获得机会。

6.1.3 降低客户体验

我们认识的一个资本市场首席信息官喜欢说：“在过去，对客户而言，公司的 API 是电话，而未来，API 对我们而言就是 API。”随着企业寻求数字化发展，与客户的互动越来越多地在线进行，通过门户网站、移动应用程序或者机器与机器通信。在线交互包括消费者核对银行账户余额、喷气式发动机回传使用和性能数据，以便主动维护。

但是，任何在线过程都依赖于身份认证（认证用户是谁，或它声称是谁）和授权（检查用户是否有权访问数据或执行所请求的事务）。遗憾的是，面对越来越复杂的攻击者，基于网络经济的前 20 年所建立的认证模型越来越站不住脚。多数公司都意识到，用户在多个网站共享的简单、静态的密码对于复杂的攻击几乎没有任何保护作用。在一个“用户”可能是汽车、恒温器、冰箱、喷气式发动机或医疗设备的世界里，完全没有意义。

不幸的是，当公司试图更好地保护客户交互时，市场营销、产品开发、客户服务、应用开发和安全功能之间的烟囱常常会导致客户体验受挫。与采购一样，安全团队可以在面对消费者的过程中增加一系列“需求”，导致更复杂的密码规则、令人困惑的界面、重复请求信任证书和使人迷惑的“挑战问题”。以最后一个为例，即使客户记得开户时所说的最喜欢的课程是什么，是否还能记得输入的是课程名称、课程编号还是两者都输入了?这导致许多客户说：“这太难了，还是直接拨打服务中心吧。”从而减缓了数字化流程的采用，增加了大量开销。

同样，动态也适用于 B2B 市场。医院网络的 CISO 通常对医疗设备制造商所述的设备安全表示失望，认为他们尚未充分认识到，医院本身是高度复杂和综合的技术环境。因此，许多医疗设备的安全模式都认为是独立部署，而不是作为医院网络的一部分，这使得医院网络的认证和连接至制造商网络更为复杂。因此，许多医院网络 CISO 认为，在确定如何安全部署互联的医疗设备时，常常不得不将这项工作推迟一年或更久。

6.2 商业优势的弹性管理

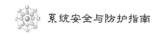

如果说，将管理网络安全作为控制功能，会导致合同流程减缓、供应商的杠杆削弱、与客户的分歧增加，那么，公司该如何将网络安全模型置于适当的位置，从而在保护敏感信息的同时，又最小化对于合作商和客户的消极商业影响？如何将商业信息保护从困惑之源变为商业优势之源？

美国汽车制造商的质量管理经验提供了案例和方向。20 世纪 70 年代，汽车制造商尝试通过“检查”的方式保证质量。他们仔细检查供应商所供货物是否存在缺陷，在生产线末端安排质量检查员检查诸如悬架是否和底盘正确连接等问题。但这种做法被证明无效且代价高昂，即使最好的检查员也会忽略很多问题，这意味着，通常每辆车都存在至少一项生产缺陷。检查人员所发现的确实是缺陷，同样也是问题：导致大量汽车在工厂后面等待修复，并占用了昂贵的营运资本。

最后，汽车制造商们认识到，必须将质量置入商业模式以满足顾客对质量和成本的期望。他们开始将工厂经理与产品工程师联系起来，以设计更易于制造的汽车；发起与供应商的互动对话，探讨如何合作以减少缺陷；着手重新设计第一线的行为，使悬挂装置难于错误安装在底盘上。在整个企业中创建了质量文化，任何一个工人只要发现问题就能停止生产线。

在保护敏感数据方面，公司需要做同样的事情。需要从在顶层部署安全转变为通过将安全构建到业务模型中取得弹性。在麦肯锡与世界经济论坛（World Economic Forum）的联合研究中，确定了实现数字弹性化的 7 个杠杆。

（1）对信息资产及相关风险进行优先排序，以助于企业领导参与。

（2）招聘一线人员——帮助其了解信息资产的价值。

（3）将网络弹性理念集成到企业范围的管理和治理流程。

（4）通过实际测试增强跨业务功能的集成事件响应能力。

（5）将安全深入集成到技术环境中以提升系统可扩展性。

（6）为最重要的资产提供差异化保护。

（7）实施主动防御，提前发现攻击。[①]

通过对 100 多家机构高管的采访清楚地表明，上述举措能够共同使企业在关键信息保护方面的能力提升一个台阶。最近的数字弹性评估清楚地表明，大多数公司在采用这些建议方面进展不够快——就整体成熟度而言，公司平均得分为 2 分（满分 4 分）。

① J. M. Kaplan, T. Bailey, D. O' Halloran, A. Marcus, C. Rezek，超越网络安全:保护数字商业, wiley, 2015。

所有这些措施都有助于将网络安全用于提升商业优势，但其中一种措施比其他措施更重要，即将网络弹性理念融入企业范围的管理和治理过程。这意味着，需要在企业内部开展跨部门的讨论，将保护信息相关理念深入且灵活地集成到产品开发、市场、销售、客服、运营和采购等业务流程中。

企业可从管理与消费者的关系、管理与企业客户的关系、管理与供应商的关系 3 个方面着手。

6.2.1 消费者关系管理

大多数网络安全专业人士认为，难以与消费者进行保护信息方面的有效沟通，因为任何公开宣传公司安全能力的广告，都会使公司立即成为黑客为成名而攻击的目标。部分高管还存在一种传统观点，认为消费者并不特别关注信息保护而更关注物美价廉。

也就是说，公司仍可以采取一些非常重要的措施，以确保在提供吸引人的体验的同时，履行其保护客户数据的职责。

1. 发现消费者偏好

大多数公司都没有关于客户对信息丢失或泄露风险的敏感程度的信息。但证据表明，不同领域的客户对信息披露的态度截然不同，如金融服务领域的富裕客户似乎比其他客户更加敏感。对于不便的安全控制的构成，不同类型客户的看法也各不相同。通过市场调查和焦点调研小组获得的真实数据，使得企业能够理解客户重视什么和对什么感到失望，并将这些洞察纳入面向客户的流程。

2. 将设计思维应用于安全相关的流程

通常，许多在线体验都很复杂且笨拙，界面复杂、指令含糊不清、信息请求冗余，以及一系列无休止的延迟。越来越多的公司逐渐将“设计思维”原则应用于在线流程管理——这一原则真正要求业务经理在创建体验时考虑客户的关注点。对于安全相关的流程（如身份认证）也同样正确。事实上，金融机构将设计思维应用于消费者认证过程，使其能够创建更流畅、更省时的客户体验。例如，客户告知更关心欺诈，而不是余额被人知道的风险，银行会将附加的身份验证延迟至客户交易时进行。

3. 允许用户自定义体验

一旦公司开始收集有关安全控制影响的数据，就发现客户所认为的不便之处存在较大差异。一个客户可能不反对复杂密码，却不愿每季度更改一次。另一个客户可能喜欢较简单的密码，并不介意在每次登录时都输入由手机短信发送的 PIN 码。一些金融机构正在研究部署门户网站，允许客户从认证相关控制的菜单进行选择——只要总体上能够联合提供足够等级的安全防护。随着时间的推移，这种最低等级的防护也可能因客户而异——对于使用受到网络罪犯“重点关注”产品的客户，需选择能提供更高等级防护的控制。

6.2.2 企业客户关系管理

保护关键数据和网络安全思考是公司与其企业客户关系中越来越重要的组成部分。由于市场部门不能对公司的网络安全能力进行广告宣传，因此，客户讨论和RFP 响应直接影响各行业的网络安全能力，涵盖业务流程外包、企业软件、批量金融服务、合同制造、医疗设备、团体健康保险、医药福利管理等多个领域。因此，在保护关键信息方面，公司必须采取一系列行动以改善与企业客户的协作。

1．将 CISO 及其团队作为销售渠道的一部分

当安全问题很重要时，回答问卷的作用并不大。如果客户能够与 CISO 及其团队一起，共同花时间进行能力评估、想法测试，解决二者之间存在的棘手的安全问题时，客户会倍感轻松。正如某些 CISO 所述，高达 30%的时间是与客户在一起。

其他人与销售团队合作效率不高，未花费时间与客户交流。有时，是由于CISO 认为其考虑其他紧迫职责而缺少管理空间。有时，销售团队未能意识到问题的重要性；有时，销售和安全团队之间缺乏信任，因此，会计主管不愿邀请 CISO 参加会议。无论如何，这些都是错失的机会—— 缺乏实际对话，安全问题只能通过调查和问卷进行，导致合同流程停滞不前。

2．投资便于供应商安全评估的能力

在不久的将来，企业客户将要求其供应商接受安全评估。虽然这个过程痛苦且低效，但在各个领域着手整理信息保护标准之前，是非常有必要的。公司也可以进行选择或投资，以极大提高其有效应对此类评估的能力。不是将每次评估视为一次性的活动，而是通过分析其模式，将最重要的客户需求纳入安全计划。创建客户评估通常所需的信息数据库，将繁重的数据收集工作最小化，而且能够创建智库中心（COE），整合所有响应客户请求所需的活动。

3．在产品安全和网络安全之间建立紧密联系

不久之前，产品安全和网络安全（或 IT 安全或信息安全）还是两个截然不同的学科，在许多公司中也很少交互。工程专家尽力确保医疗设备或其他复杂设备中的微代码不会遭受损害，而信息安全经理保护公司内部系统的数据。

随后，产品和企业网络之间的界限开始模糊。客户将产品集成至自己的企业网络，产品连接至制造商网络以传输诊断信息——实际上，产品已成为这些网络的终端。客户开始使用运行在制造商数据中心的程序来配置自己系统中运行的产品。

所有这些都为网络攻击者创造了新的攻击向量类型，因此，采取跨越产品安全和 IT 安全的整体视角至关重要。为此，有些公司将两种职责统一归属一个主管领导，还有公司采用交叉工作团队或建立监督机构。

6.2.3 供应商关系管理

公司必须将网络安全考虑纳入其与客户的关系，同样，在进行商业交易的另一方面时，必须将网络安全考虑纳入其与供应商的关系。

1．结合供应商安全与供应商合理化项目

唯一不会导致网络安全风险的供应商是与公司没有业务往来的供应商。但是，这并不意味着公司应该因为安全团队认为有过多供应商而抛弃那些具有引人入胜建议的供应商。

但很多公司有数千个处理敏感信息的重复的分量供应商。供应商对敏感数据的处理是否得当尚不能确定。这种采购模式可能较好地代表了经济次优的供应商组合。这正是 CISO 和首席采购官联合强制实现供应商合理化的良好机会，虽然在政策上充满挑战，但对于改善成本结构和增强安全立场具有双重优势。

2．改善安全和采购之间的协作

如前所述，安全团队能够轻易将不切实际的需求加载至采购交易中。为避免这种情况，需要在安全和采购团队之间建立充分的协作关系。首先，CISO 及其团队要愿意花时间培训采购经理，使其了解与其相关的各类安全防护内涵，包括分析服务、会计、传统 IT 外包或软件即服务等各个类别。其次，解决安全和采购团队对于供应商关系和采购类型分级的问题，使两个团队都能集中精力处理最高风险的关系和交易。

3．检查共享标准和设施以便供应商评估

正如许多人指出的那样，供应商安全评估中存在不理智的成分。软件或服务供应商将耗费数周时间填写评估调查报告，而下次销售时又会收到另一份涵盖同样主题却又不同的调查报告，必须完全独立、花费大量精力才能完成。

从企业客户的角度，即便知道具有同样风险状态的企业同行最近已耗费数周检查同一供应商，他们也必须完成对该供应商的安全评估。

因此，原本按领域或地域划分的公司联盟，开始由于共同的安全评估而联合。例如，一些领先的医疗保健公司正在推出包含共享评估能力的网络安全设施。联盟成员能够看到供应商对于一组通用问题的回答，并基于公共、健壮的事实库，独立决定是否接受该供应商。因此，可以让稀缺的网络安全人才从事更高价值的活动，或引入新的产品和服务，而无须为完成客户问卷调查等待数周或数月。

4．与供应商安全团队建立业务联系

对于多种商业互动，供应商风险管理并不随供应商评估或合同签订而终止。共享新的信息、准备新型技术连接，需要进行交易双方的管理，从而遵循一致的数据共享流程。因此，与供应商网络安全人员保持日常联系变得至关重要。它远远不限于掌握当前的联系信息。有些组织会对关键供应商进行定期检查，以评估其如何基于承诺和期望共同进行交易管理。在网络安全战博弈中，很少有公司会吸收供应商人员，用于增强能力以应对网络攻击。

鉴于进行交易时与客户和供应商共享大量敏感信息，网络安全已成为一个商业问题，已经影响了合同时间表，改变了客户体验，影响了供应商的业务得失。当公司仅将网络安全作为监管和控制信息流的后台功能时，将产生负面的商业效应，降低了对供应商的影响能力和与客户的亲密关系。

但通过加强安全团队与组织其他部门的协作，并将网络安全深深融入业务流程，企业能够以安全高效的方式与供货商合作，并能建立既保护关键数据又提供有吸引力体验的客户关系。

第 7 章　安全与防护推理：保障的逻辑

7.1　安全保障简介

保障实例是由证据支撑的结构化论证，旨在证明相对于预期操作环境中的关注点（如功能安全或信息安全），系统的安全保障性能是可接受的。本章将以汽车系统的软件或功能安全需求为例，说明系统关注点强制要求实施保障需求。其他系统利益相关者关注的“实例”，如安全性、可靠性或时效性，可用类似方式处理。对“关注点”的更全面处理，读者可参考 NIST CPS 框架[①]。

安全实例通常被要求作为监管过程的一部分，只有当监管者对安全实例中所提出的论据满意时才授予安全证书。汽车系统的例子包括碰撞安全和排放控制。以类似方式进行安全管控的行业包括运输（如航空、汽车工业和铁路）、能源和医疗系统。因此，在准备风险评估时，它们所用到的形式化风险评价极其相似。车辆安全实例可证明系统对于上路行驶而言是足够安全的，而当危害风险较大，如失去控制或对乘坐者造成伤害时，也能推断出该系统不适合在特定情况下运行。当现有系统被重新调整时，应重新考虑安全实例。

在道路车辆的软件或功能安全标准 ISO 26262[②]中，安全实例被定义为论据，是“开发过程中安全活动的工作产品提供的证据，证明一个项目的安全需求完整且被满足。”

论述一个系统的安全属性完整，意味着对在执行危害与风险评估（HARA）或危害与可操作性研究（HAZOP）过程中识别的任何危害，安全实例中都有旨在解决该危害的属性或要求。参考完整的 HARA 或 HAZOP 进行系统完整性的保障论证，可以证明系统的安全属性完整。

ISO 26262 的目的是：安全实例应获取所需的论证和工作产品，以建立“系统对于特定环境中的特定应用程序是安全的”的信心。只有当安全实例在项目启动时就规划，并在整个产品开发过程中持续更新，同时在以下两个层次获取论据时，其全部潜力才能发挥。

① 国家标准与技术研究所，信息物理系统草案。

② ISO 26262: 2011 Road vehicles. Functional safety（2011 道路车辆，功能安全）。

（1）证据与声明/建议之间的关系，即对设计要素或安全属性的判断。

（2）ISO 26262 所述的安全实例论据的基本假设或结构。

本章将提供获取和启用保障实例论证的工具与形式化方法。

7.2 安全实例构建策略

为了以图形形式呈现安全实例逻辑的结构，我们引入了目的构建符号（goal structuring notation，GSN），如图 7.1 所示。

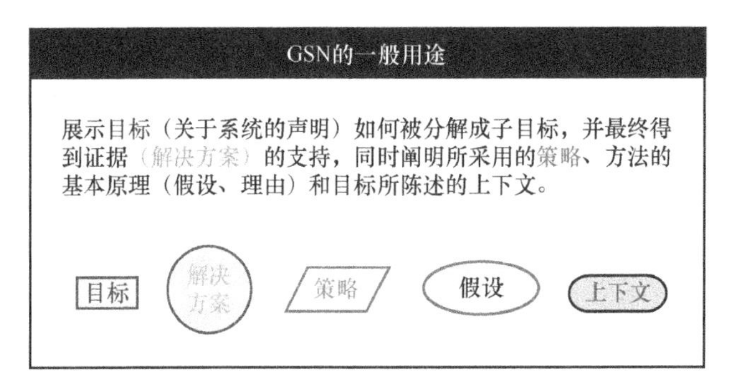

图 7.1　GSN

采用目标结构来描述安全实例逻辑时有如下假设。

（1）将满足开发项目的安全目标作为安全实例的主要目标。

（2）安全标准的要求（如 ISO 26262 条款）和最佳实践被用来证明（策划）目标及其支撑目标之间的推理关系，即从标准的意义上说，满足子目标是满足目标本身的充分条件。

（3）通过安全计划中列出的工作产品适当的解决方案（证据），或从客户（系统的客户实体）的工作产品中收集适当的解决方案（证据），能证实安全目标和子目标的实现。

（4）包括确认措施以论证关于安全标准要求的形式、内容、充分性和完整性的正确性。

（5）包含验证审查，以论证工作产品相对于技术内容的正确性、完整性和一致性。

每个解决方案都被链接到安全计划或开发接口协议（development interface agreement， DIA）文档中列出的另一个工作产品（图 7.2）。

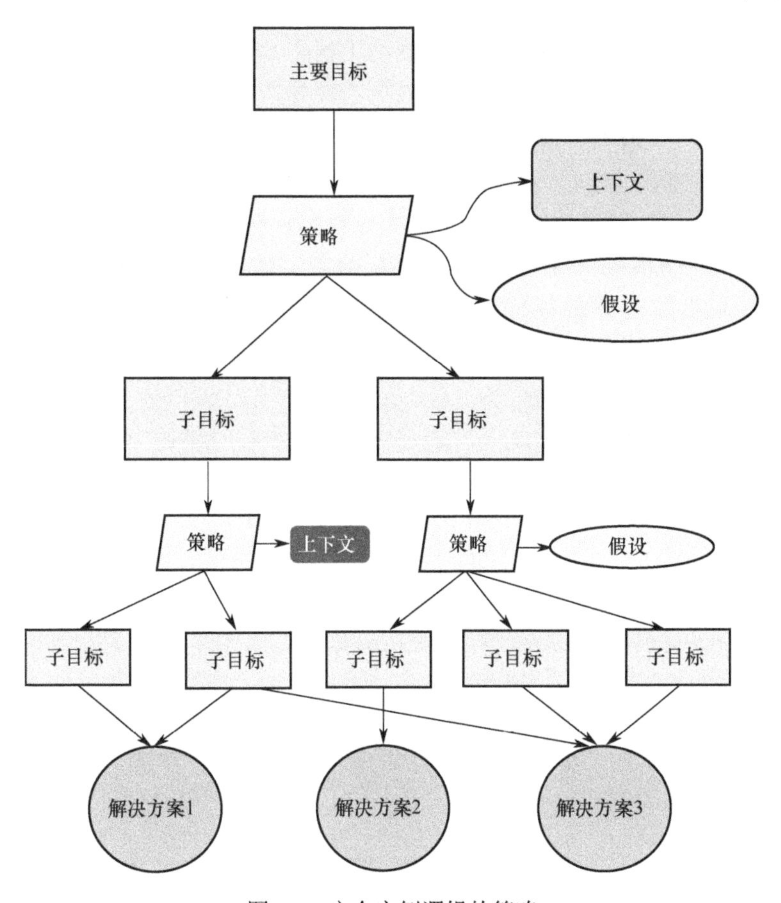

图 7.2　安全实例逻辑的策略

安全实例的主要目标是展示正在开发项目的安全目标的满意度。策略会被用来构造论点，证明在一个目标和它的支持目标或证据之间的推论正确。这些策略通常是基于产品的或基于过程的参数，由安全标准的要求导出。

目标（安全属性）已达成的证据是通过逐步简化安全属性而获得的，这种简化基于子系统二维分解，及将标准一直向下分解为一组“基本”的安全属性，这些安全属性的事实依据可以直接从解决方案的实践中得到。解决方案既是从 ISO 26262 一贯工作产品中收集的产品证据，又是过程证据。

在项目中涉及的管理人员和技术人员之间的有效信息交换，以及恢复计划和解决问题活动的便利性，是从安全实例衍生出的进一步优势。这种优势在整个产品生命周期中逐步发展。在生产明确的工作产品的框架中，这种优势在运行着的工作组内循环。相关的安全性能以及工作产品提供的证据表明，这些安全性能对独立的设计元素而言是适合的。

这种方法最初是在菲亚特汽车动力传动工程中开发的，目的是创建一种安全实例工具，该工具在时间和资源方面需要最少的额外花费，在各种项目、商业模型和组织中的应用中都是容易理解而且灵活的。

这种安全实例的形式化方法使用了与 ISO 26262 一致的开发过程中产生的过程结果和工作产品，定义了安全属性的广义概念，并提供了一种系统的方法来管理以下三者之间的推理关系：中间安全性、为产品定义的安全目标和可证明产品设计满足这些性能并最终满足安全目标的支持性证据。为了实现独立于项目、只取决于所使用的产品开发计划的细节的安全实例框架，该方法已被详细阐述和完善。

这里使用图形符号表示论证中的步骤树，该图形符号来源于 Kelly 和 Weaver[1] 的 GSN。它直观而清晰地表示了安全目标和能证明它们被满足的“证据”之间的“几何”推理关系。最终，该图形化表示被转换成一个形式化系统，用于导出“一组工作产品足以证明一组系统元素的安全属性是合适的”的“判断”形式。这是基于称为直觉主义类型理论[2]的形式化系统，由 P. Martin-Löf 开发，后来用于开发工具，以获得验证过的计算机程序。

7.3　安全可靠关键系统的功能分解

系统的功能可以被分解，分解可以在树状结构中表示，其中分支对应于分支节点处的功能是使用在给定功能下面的节点处的函数来实现或传递的关系。

功能是可以分解为正则表达式的，这个理论是基于函数 $f(x)=g(h(x))$组合的概念。在分解树中，f 的直接继承者是 g 和 h，并且通过类似地分解 g 和 h 的表达式，定义树中它们的直接继承者。这种分解方法依赖于 f 的表达式，而不是 f 所执行的功能的本征。函数表达式是函数及其组成名称的特殊表示，通常称为“术语”，是函数的语法表现。

我们感兴趣的是，从函数的角度分解功能作为变换，通常是某种形式的能量，以口头表达的形式，在层次上组织为初级、第二级、第三级等。下面是“阻尼振动”的例子。初级是左边的阻尼振动，第二函数级由“监测振动本质”“理解环境”“缓和干扰”等组成（图 7.3）。

现在我们来考虑安全实例的结构。利用 GSN 可以把相关的属性或建议的类型和推理或论证的类型解释清楚。如果遵从 ISO 26262 的描述，很快能发现有一组明确地与安全实例相关联的属性。

定义 3.1 在系统 s 与车辆类型 v 的安全实例的工作过程中，产生的关于 s 和 v 的一个属性，称为一个安全属性。

图 7.4 展示了一个安全属性的例子：SC(s,v)：=“车辆类型<type>的系统<system>不存在不合理风险”。注意：“风险”和“不合理风险”都是需要定义的属性。通过将 SC(s,v)逐步分解成所涉及的安全属性，并最终使用安全实例判断的符号约定将工作产品的实例与它们所证明的安全属性进行关联，该定义将得以满足。

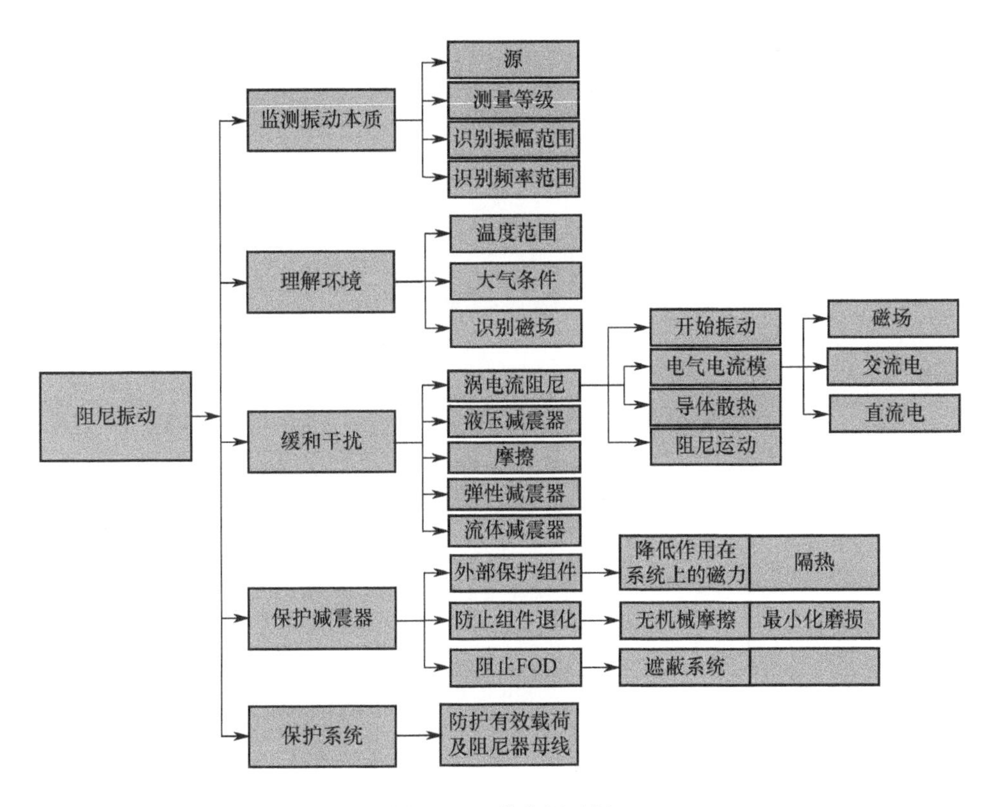

图 7.3 函数分解示例

回想一下，每一个安全实例都不仅继续着所讨论的系统的属性分解，而且继续将系统向子系统进行分解，在此意义上，这是一个二维分解。图 7.4 的 MS0 即是系统分解分支的一个例子，MS1 是 ISO 26262 过程分支的一个例子。

要理解一个安全实例的结构，还需要一个重要的概念，即系统实施。系统实施是在系统的物理组件中实现传递系统功能所需的所有功能的结果。

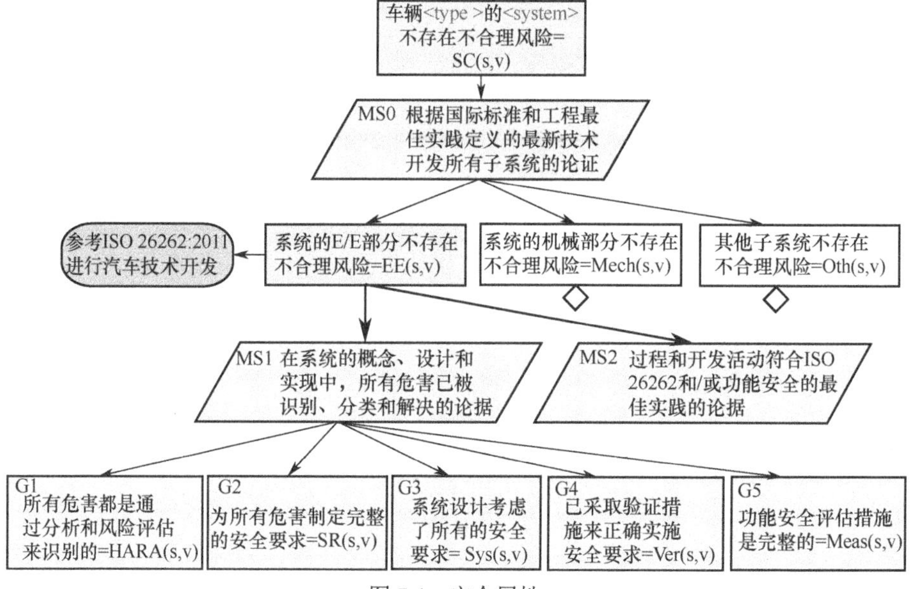

图 7.4　安全属性

7.3.1 过程论证

论证的一部分与标准所规定的过程有关（图 7.5）。

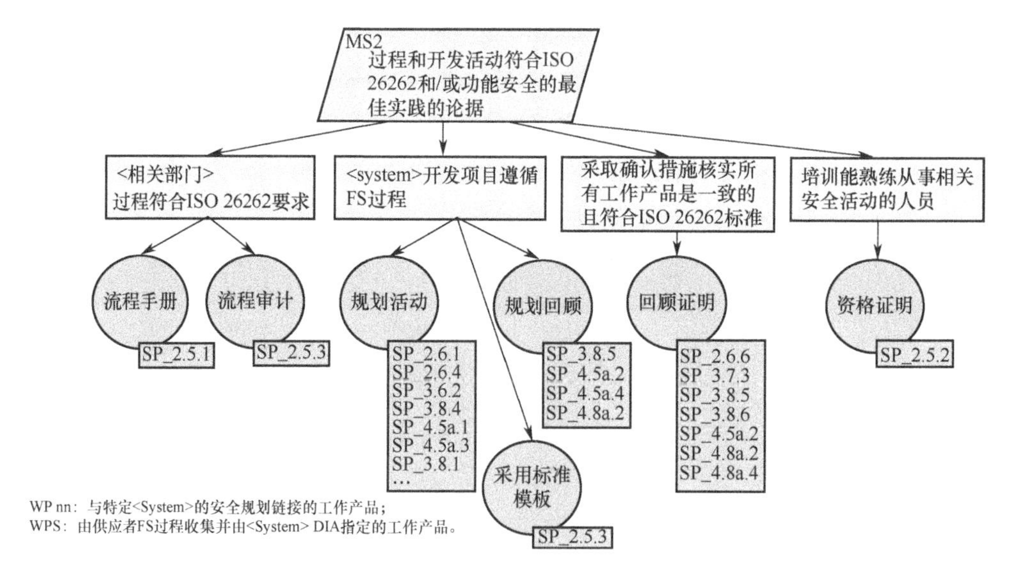

图 7.5　过程论证

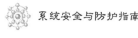

7.3.2 危害论证

在系统的概念、设计和实现中，所有危害已经被识别、分类和处理的论点包括几个要素。

（1）通过分析确定所有危害，并进行风险评估。

（2）针对所有危害都提出完整的安全需求。

（3）系统设计考虑了所有的安全危害。

（4）采取了验证措施来指示安全需求的正确实施。

（5）对功能性安全措施进行了评估。

① 进行功能安全评估。

② 提供验证报告。

如图 7.6 所示，我们给出了危险论证。

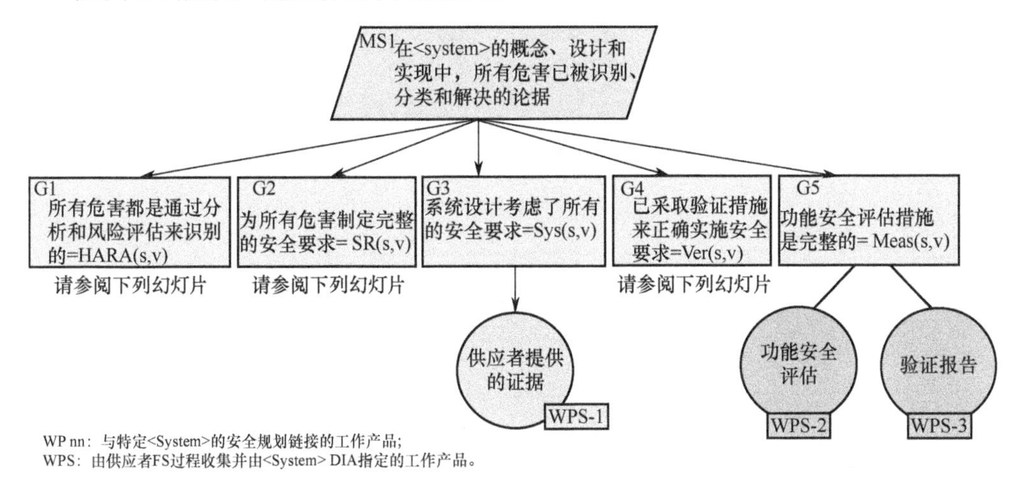

图 7.6　危害论证

1. 危害识别

危害识别是通过完成危害和风险评估（HARA）的步骤，连同系统的操作情况列表以及与危害的严重性、暴露性和可控性相关的证据来完成的。图 7.7 所示的流程描述了与该过程相关的推理元素。

2. 需求引出

一旦系统危害被识别，我们必须提供论证，大意是：通过对系统的分析和风险评估，已经针对所有危害导出了一整套安全要求（图 7.8）。

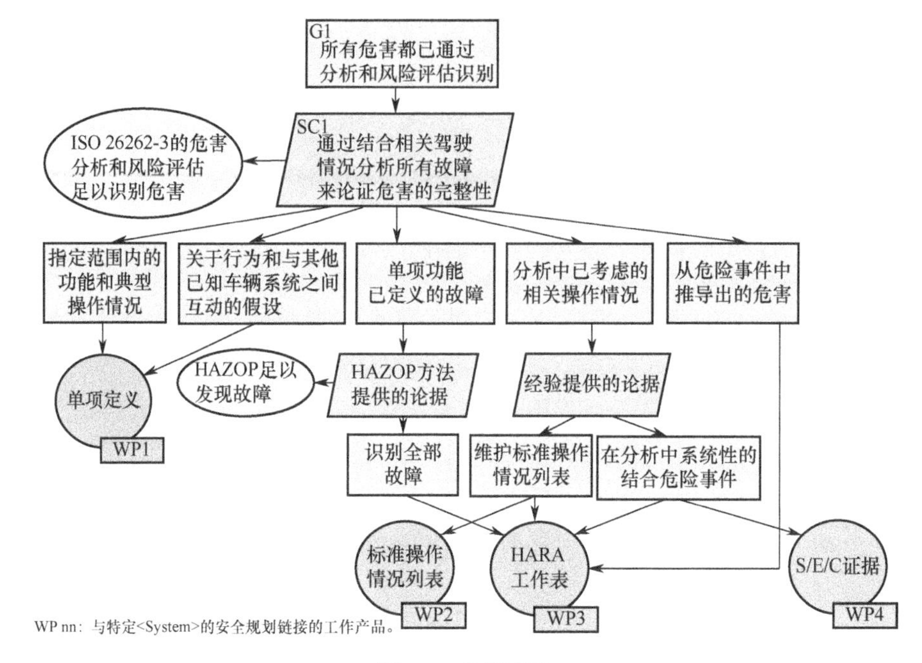

图 7.7　危害识别

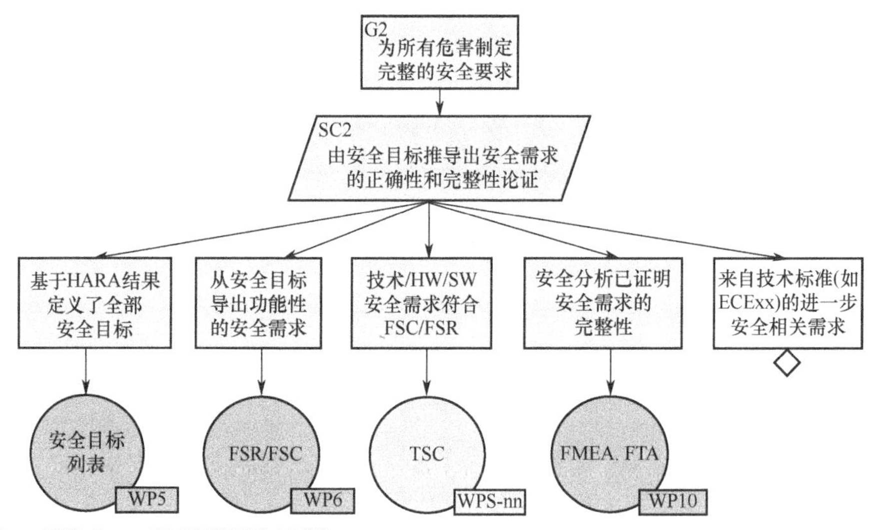

图 7.8　需求引出

3. 系统设计

一旦分析了系统危害的原因，安全措施就会被执行，并且随机故障的概率足够低。我们必须提供论证，说明系统设计已经考虑到已识别的安全危害（图 7.9）。

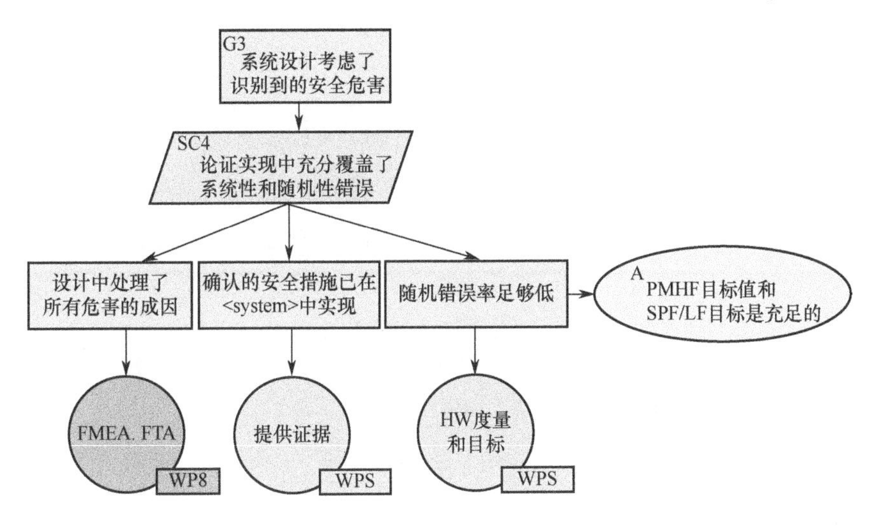

WP nn：与特定<System>的安全规划链接的工作产品；
WPS：由供应者FS过程收集并由<System> DIA指定的工作产品。

图 7.9 系统设计

4. 验证措施

验证由一系列的活动组成，这些活动显示出，系统的需求被实现了，或者说，实现系统的需求被满足了。特别是，采取与安全有关的核查措施来表明安全要求已得到正确实施。

图 7.10 演示了如何通过参照以下几点达到目标（G4）。

（1）依标准制定的公司或组织策略。

（2）测试。

（3）功能安全实例（FSC）、技术安全实例（TSC）和集成测试的子目标。

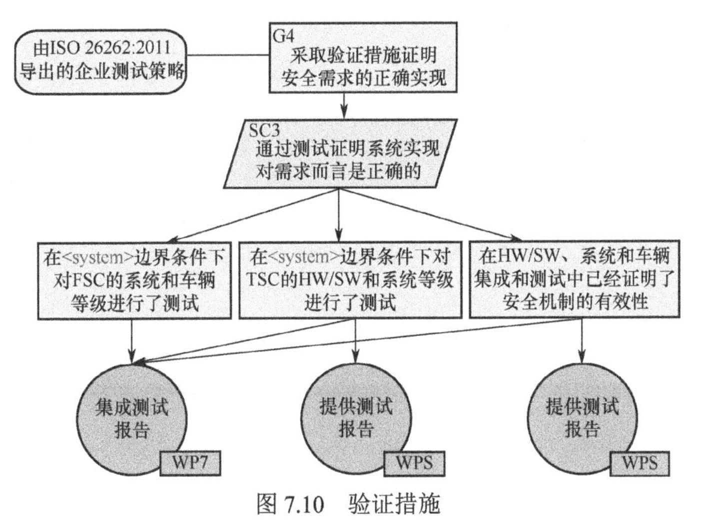

图 7.10 验证措施

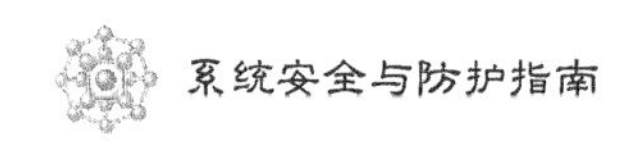

7.4 安全属性的形式推理

用 w 表示一个工作产品，则 $w \in \psi(s,v)$ 代表“工作产品 w 证明系统 s 和车辆类型 v 有属性 ψ ”的判断。判断与命题不一样。完整的命题或断言非“真”即“假”。判断则是根据上下文进行工程判断，结论可以是正确也可以是不正确。断言的证据可以随着时间而改变，它的结果是开放式的。

安全实例的 GSN 树中的推理转换表示了什么应该被看作一个标准（在本例中是 ISO 26262）的逻辑规则。例如，MS0 定义了一个规则，用于从树下面的有限多个其他判断导出判断 SC(s,v)。在这个意义上，GSN 树的顺序是逻辑推导顺序的“反向”。判断 SC(s,v)是通过规则 MS0 的一次使用而从规则的假设中得出的，也就是说，从这些判断可以产生 $E(s,v)$、Mech(s,v) 和 Oth(s,v)的证据：

$$\frac{e \in E(s,y), m \in \mathrm{Mech}(s,y), o \in \mathrm{Oth}(s,v)}{< e, m > \in \mathrm{SC}(s,v)} \mathrm{MS0} \tag{7-1}$$

以类似的方式，总是有规则提供每一个判断的推导。出现在线条上方的判断是规则的假设，而线条下方的则是规则的结论。在以后的工作中，我们将给出符合 ISO 26262 的完整的安全实例规则集，并将该方法扩展到其他系统利益相关者的关注点，如安全性、可靠性和其他。

7.5 保障实例逻辑

对于保障实例逻辑（ACL），有几种用例。通过对使用该标准开发工作产品的系统进行详细分析，ACL 可用来证明给定系统满足与特定系统关注点相关以及在已有标准中捕获的保障属性。通过使用保障实例逻辑来分析系统需求，包括由诸如安全之类的关注点驱动的需求，ACL 还可以用于推导系统需求的实现。保障实例的本体包括：

（1）目标/对象和需求（保障属性）；

（2）论证或推理；

（3）证据。

ACL 是通过规定符号和用这些符号构建表达式的方式来定义的。ACL 不仅为系统的关键属性构建表达式，还为各种证据构建表达式，这些证据被认为足以推断出系统具备这些属性之一。换句话说，ACL 始于定义保障的语言，这种语言与保障的来源，如标准或专家意见相关。该语言的意图是能够表达这样的关系：

“证据 e 足以证明系统 S 在保障的来源意义上具有属性 P。”保障实例的判断具有如下形式：

$$J_1,J_2,\cdots,J_k \quad e\in P\left[\frac{s_1}{x_1},\frac{s_2}{x_2},\cdots,\frac{s_n}{x_n}\right] \tag{7-2}$$

读作“从判断 $J_1,J_2,\cdots,J_k$ 我们可以得出以下判断：证据 e 足以证明系统产品 $s_1,s_2,\cdots,s_n$ 的属性 P 为真”，其中 $x_1,x_2,\cdots,x_n$ 是 P 的变量。

然后，ACL 还包括保障实例规则，这些规则捕获了在保障来源中体现的推理或论证的原则。

图 7.11 表示推断、个体或复合，并在保障实例逻辑中呈现为保障实例规则：

$$(\text{Rule } R)\ J_1,J_2,\cdots,J_k \quad e\in P\left[\frac{s_1}{x_1},\frac{s_2}{x_2},\cdots,\frac{s_n}{x_n}\right] \tag{7-3}$$

式中：$e=<e_1,e_2,\cdots,e_n>$ 为证据/解决方案 $e_1,e_2,\cdots,e_n$ 的编码；R 为保障策略逻辑的推理规则，表示策略 R 将保障属性 P 分解成 $P_1,P_2,\cdots,P_m$。

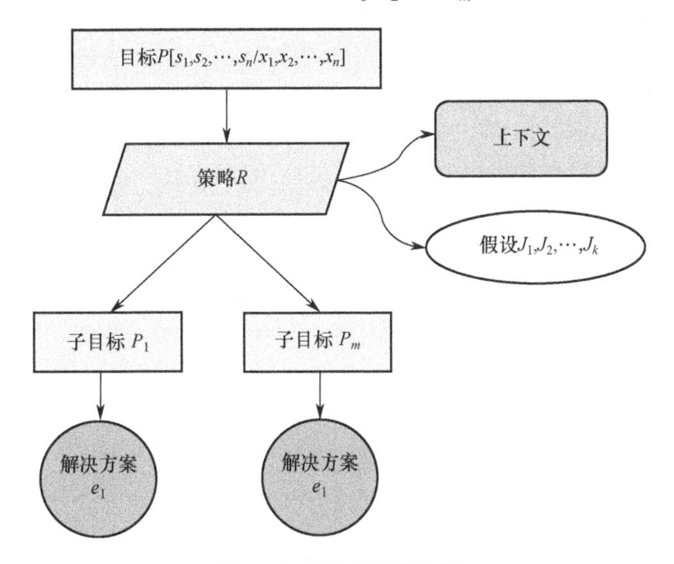

图 7.11 保障实例策略图

保障来源的每个实例（如标准、最佳实践/共识、形式化方法、规则或专家判断）将产生其自身的保障实例逻辑。

7.6 未来的挑战

本章中讨论的保障实例的视角包含了开发过程属性的有效保障。与系统的其他关注点相关的保障可以类似的方式进行。我们在本章集中讨论了安全可靠关键的系统（系统执行或提供安全功能）。通常，实现这一点需要考虑研发、制造和服务过程。此外，在用于提供工作产品的工具中，需要建立一个类似的信心水平。

部分或完全自主汽车系统的设计者面临的一个重要挑战的例子是系统人机界面（HMI）的设计。随着这些系统所执行的功能的复杂性增加，人类参与的关注焦点正在改变，从分析人类向系统提供输入的容易程度，到系统保证操作者继续参与操作情况以及系统对该情况的响应。

为了满足系统的意图，开发过程必须可靠地传递系统的所有功能。它是通过努力捕获需求、设计、开发构建或初步实现以及原型中的意图来实现的。通过这种方式，该过程可获知设计意图是否已经实现。模拟和原型及评估设计和揭示设计选项，都根据意图面临的风险是否可接受来评估。因此，存在与设计意图相关的缺陷的总体概念以及具体的安全设计，设计子集的缺陷与安全可靠关键功能相关联。

在本章中，我们参照 ISO 26262 等标准中用于功能安全的最佳实践，提出了一种捕获和分析与安全可靠关键系统设计相关的活动/工件和推理的方法。这种形式化的方法明确了对于任意安全可靠关键系统的保障实践所共有的情况。安全实例逻辑是在 GSN 的帮助下以图形方式给出的一种方法，它捕获了保障源的最佳实践，并通过在保障工作的每个增量中展示其含义来澄清和优化它。

7.7 小结

本章通过实例概述了一种对关注点进行保障的方法，这种方法发展成使用形式主义逐步创建保障实例，该形式主义捕获了这些保障实例的共同点。

（1）在时间和资源方面需要最少的额外努力。

（2）通过生命周期（变更）和系统的“遗留”元素内含物，使类似的项目易于重用和调适。

（3）由于安全实例逻辑和图形表示（如 GSN）的概念提供了对推理过程和推理结构的直观与清楚表示，因此很容易理解。

（4）很容易适应不同项目、商业模型和组织的应用。

该方法使用在开发过程中以与标准一致的方式（如 ISO 26262）生成的过程结果和工作产品，以便成功地表示和演示为该产品定义的安全目标与支持证据。

从我们的初步评估中，期望将这种保障实例逻辑的理论相对简单地扩展到任何特定的关注标准和技术领域（如工业、航空航天等），尤其是系统安全主题。

参考文献

[1] T. Kelly, R. Weaver, A systematic approach to safety case management, in: CAE Methods for Vehicle Crash Worthiness and Occupant Safety, and Safety Critical System, 2004 World Congress Special Publication SP-1879, Society of Automated Engineers, 2004.

[2] P. Martin-LÖf, An intuitionistic theory of types, twenty-five years of constructive type theory (Venice, 1995), Oxford Logic Guides, v. 36, Oxford Univ. Press, New York, NY, 1998, pp. 127-172.

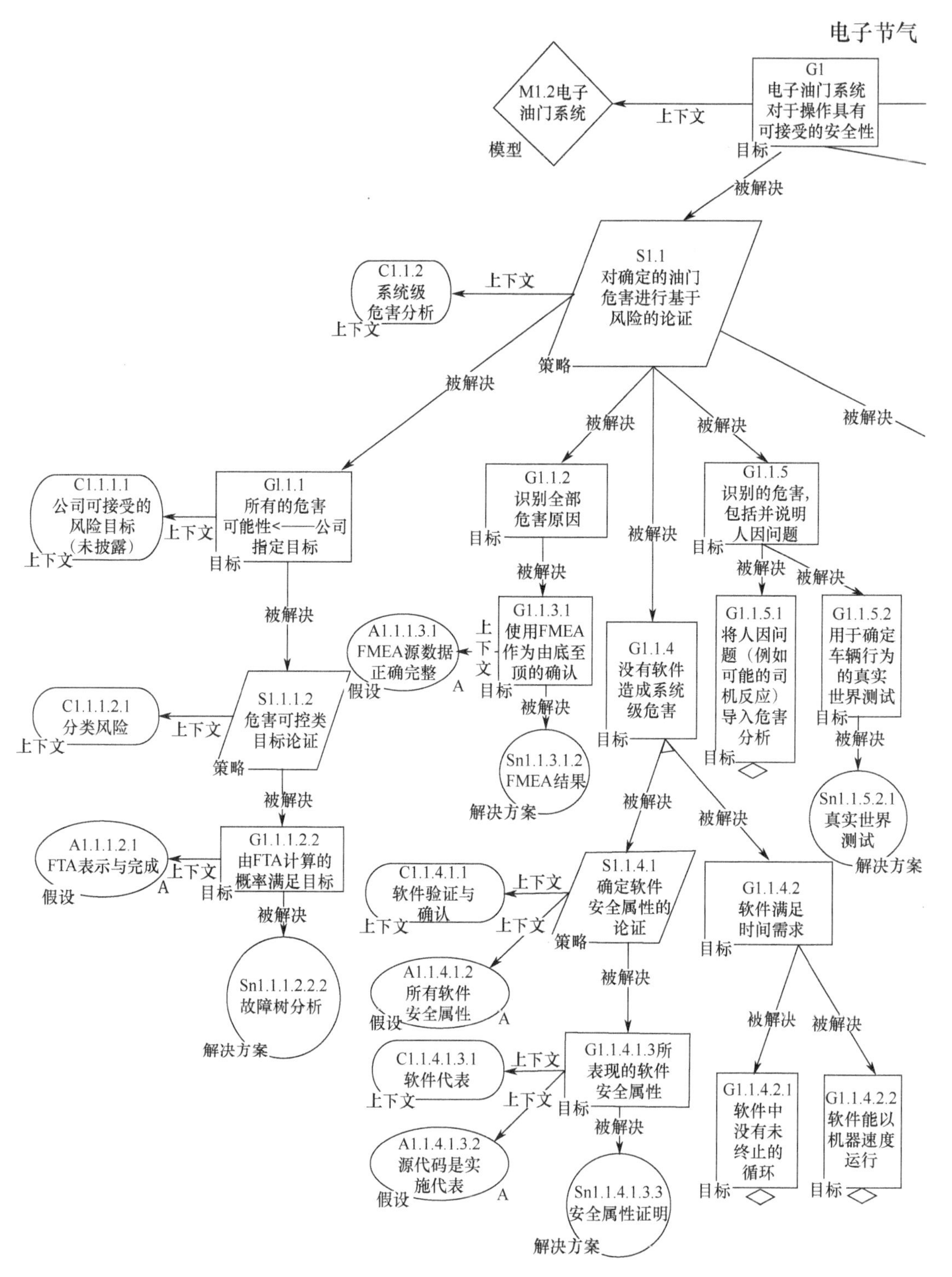

电子节气
G1
电子油门系统
对于操作具有
可接受的安全性
目标
上下文
M1.2电子
油门系统
模型
被解决
S1.1
对确定的油门
危害进行基于
风险的论证
策略
上下文
C1.1.2
系统级
危害分析
上下文
被解决
被解决
被解决
被解决
G1.1.1
所有的危害
可能性<——公司
指定目标
目标
上下文
C1.1.1.1
公司可接受的
风险目标
（未披露）
上下文
G1.1.2
识别全部
危害原因
目标
G1.1.5
识别的危害，
包括并说明
人因问题
目标
被解决
被解决
被解决
被解决
被解决
G1.1.3.1
使用FMEA
作为由底至
顶的确认
目标
上下文
A1.1.1.3.1
FMEA源数据
正确完整
假设
A
G1.1.4
没有软件
造成系统
级危害
目标
G1.1.5.1
将人因问
题（例如
可能的司
机反应）
导入危害
分析
目标
G1.1.5.2
用于确定
车辆行为
的真实
世界测试
目标
S1.1.1.2
危害可控类
目标论证
策略
上下文
C1.1.2.1
分类风险
上下文
被解决
Sn1.1.3.1.2
FMEA结果
解决方案
被解决
被解决
被解决
Sn1.1.5.2.1
真实世界
测试
解决方案
被解决
G1.1.1.2.2
由FTA计算的
概率满足目标
目标
上下文
A1.1.1.2.1
FTA表示与完成
假设
A
S1.1.4.1
确定软件
安全属性的
论证
策略
上下文
C1.1.4.1.1
软件验证与
确认
上下文
G1.1.4.2
软件满足
时间需求
目标
被解决
上下文
A1.1.4.1.2
所有软件
安全属性
假设
A
Sn1.1.1.2.2.2
故障树分析
解决方案
被解决
被解决
被解决
G1.1.4.1.3所
表现的软件
安全属性
目标
上下文
C1.1.4.1.3.1
软件代表
上下文
上下文
A1.1.4.1.3.2
源代码是实
施代表
假设
A
被解决
Sn1.1.4.1.3.3
安全属性证明
解决方案
G1.1.4.2.1
软件中
没有未
终止的
循环
目标
G1.1.4.2.2
软件能以
机器速度
运行
目标

门控制（ETC）

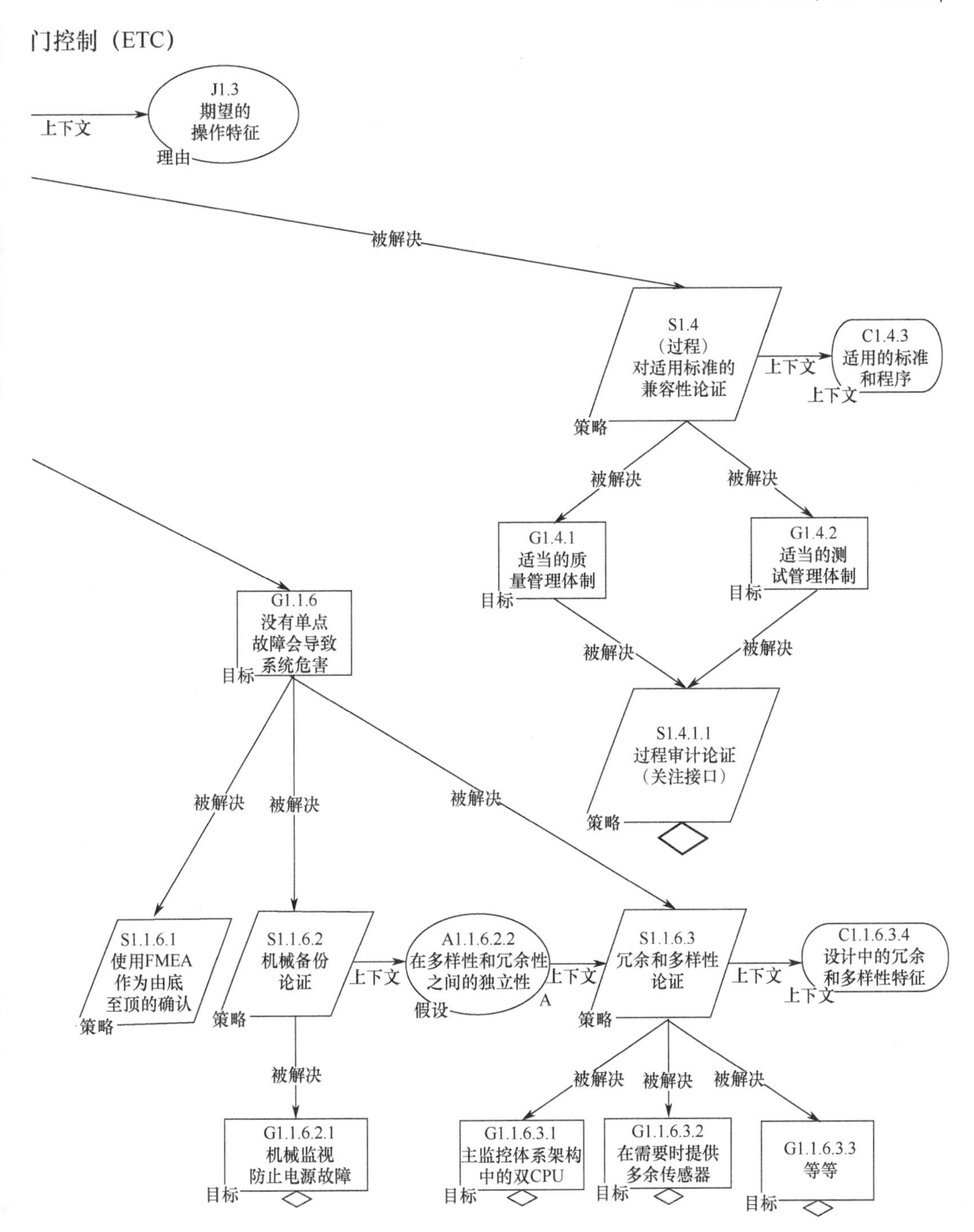
J1.3
期望的
操作特征
上下文
理由
被解决
S1.4
（过程）
对适用标准的
兼容性论证
策略
上下文
C1.4.3
适用的标准
和程序
上下文
被解决
被解决
G1.4.1
适当的质
量管理体制
目标
G1.4.2
适当的测
试管理体制
目标
被解决
被解决
S1.4.1.1
过程审计论证
（关注接口）
策略
G1.1.6
没有单点
故障会导致
系统危害
目标
被解决
被解决
被解决
S1.1.6.1
使用FMEA
作为由底
至顶的确认
策略
S1.1.6.2
机械备份
论证
策略
上下文
A1.1.6.2.2
在多样性和冗余性
之间的独立性
假设
A
上下文
S1.1.6.3
冗余和多样性
论证
策略
上下文
C1.1.6.3.4
设计中的冗余
和多样性特征
上下文
被解决
G1.1.6.2.1
机械监视
防止电源故障
目标
被解决
被解决
被解决
G1.1.6.3.1
主监控体系架构
中的双CPU
目标
G1.1.6.3.2
在需要时提供
多余传感器
目标
G1.1.6.3.3
等等
目标

第 8 章　从风险管理到风险工程：对未来 ICT 系统的挑战

8.1　ICT 系统简介

现代信息和通信技术（ICT）环境高度集成，并作为共享相同的基础设施，支持相同过程的体系运行。这个生态系统非常活跃和多样，随着每项新一代通信技术的融合，这种多样性也在增强。技术的变革，包括它使用的模型，是非常迅速的，从而形成了一个传统技术与前沿技术共存的环境，以及将新设备、新技术和框架添加到现有系统中的情形。所有新兴技术环境，从智能电网和车联网系统到联网的医疗设备和工业控制系统，都展现出重大的复杂性和多样性的运行要求。

这个动态和复杂的环境需要新的策略来评估和管理风险，现有的单一领域风险方法不再满足这个需求。不仅需要集成的风险模型和可行的风险构成方法，还需要修改系统设计和开发过程，以便包括集成的风险考虑因素，这些因素需要在设计过程的早期阶段，而不是在系统部署之后的阶段进行评估。在工程流程中引入风险分析，需要新的设计实践以及创建支持这些实践的工具和机制。

本章介绍了风险工程的概念，描述了其在现代技术环境中的作用，并提供了支持拟议的风险工程的范例所必需的工具和机制的第一视角。

8.2　未来 ICT 系统的关键部分

我们通过讲述与开发风险工程中基础概念相关的 ICT 系统的关键部分开始讨论。

8.2.1　万物互连与互用

现代计算环境的特征在于它们在异构网络、各种系统和设备之间无处不在的连接性和互操作性。当今，连接的设备数量庞大，EMC 公司估计到 2020 年有超过 70 亿人使用 300 亿联网的设备[1]，而思科和 DHL 预测联网设备达到 500 亿[2]。早在 15 年前，不同的计算和网络域已经合并到互连的空间，通过共享基础设施支持着多种使用、连接和访问模型。这种连通设备之间的差异性是巨大的，包括从数据中心和完整 PC 平台到平板计算机、工控系统、一次性使用的传感器以及 RFID 标签的所有设备。设备的多样性与所支持的网络多样性相匹配。无处不在的连接对科技的用户和经济是有益的，催生出新的高效增长的生产力，并为广泛创新提供平台。这个环境带来的挑战是众所周知的。广泛的互联互通使得威胁和脆弱性的分析变得复杂，导致互连系统和基础设施元素的防护水平参差不齐，并且在许多情况下，可能在尚未被了解的方法中增加攻击面。

环境的多样性使得评估和降低 ICT 系统的风险变得更困难，这些 ICT 系统既可以作为其他系统的组件或服务，或其自身与复杂系统环境交互和运行。需要解决的一个主要挑战是寻找能够用一种组合的方式评估风险的方法论，以便扩大风险分析范围，设计能够协调一致地审查安全和防护等不同方面的风险及其相互影响的方法。

8.2.2 技术环境内在的复杂性和动态性

现代计算机环境是多种框架结合，每种框架采用其自有的安全和威胁模型。框架是一种提供通用功能和可重用环境的抽象化概念，具有通过额外开发实现的具体用例。软件的框架示例包括决策支持系统或者 Web 应用程序环境。硬件/软件框架包含如 PC 和安卓移动电话之类的平台。框架的互操作性形成了现代技术环境的基础，并且由于组合的安全模型涉及不同的框架的影响，从而引入了新的未知的漏洞。我们期待联网汽车使用和其他联网系统相同的基础设施、标准和协议，但是引入新的使用环境往往会增加攻击面，例如，使用联网汽车作为自动驾驶的发动机或者使用互联技术从而使得自组网引入了一类新的潜在漏洞。这就是组合的问题。迄今为止，我们还没有设计出允许我们可靠分析一种组合系统的安全画像，这就是当今技术的实际情况（图 8.1）。

如果没有任何客观的方法来估计复杂系统在运行条件下的安全性和相邻风险，也没有适用于这些系统运行的不同环境的标准或度量标准，那么，很难预测系统级或环境变化对安全、可靠性、隐私或其他显著风险领域的影响。环境背景的复杂性和模糊性也适用于数据与数据保护，因此，有必要重新思考计算机和信息科学中的一些基本概念，如匿名性和数据互操作性。

计算机环境的复杂性增加是多种框架聚合的结果，并且通常隐含地假定其潜在的安全、隐私、安全可靠以及其他方面独立设计的风险可组合性，并且没有清晰了解它们生命周期中所使用的这种聚合的运行环境。现在已经有用于组合系统的架构模型，系统经常以架构描述语言表述。这些语言有助于技术软件开发者和最终用户传达系统设计决策。结构化技术描述可以促进早期可行性测试和设计决策分析。例如，架构权衡分析方法[3]是一种在早期设计阶段降低风险的手段，以便最大化所开发系统的业务和技术价值。但是，这些风险缓解技术没有预见开放和集成系统内的交互，其中系统业务和技术因素会影响安全可靠、安全或隐私的方法。传统的开发系统架构的方法不适用特定用例的风险域分析。因此，标准架构描述可以提供插入集成风险的结构化的方法，但是整合风险分析到架构描述语言的必要研究还没有开始。NIST 网络物理系统框架①，当前还是草案状态，标志着一种为这个复杂空间定义基本概念及其关系的尝试。这项定义的工作为创造一种能够支持复杂环境更综合视图的语言提供了坚实的基础。

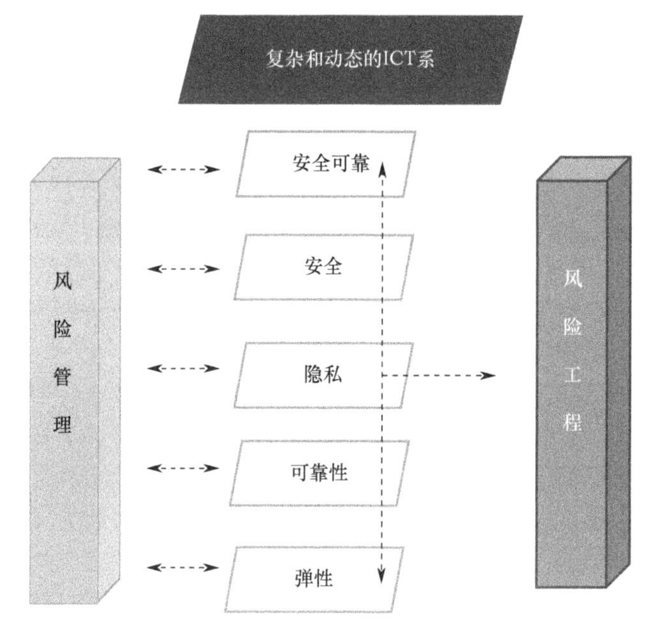

图 8.1 采用风险管理和风险工程模型分析复杂与动态的 ICT 系统（独立管理和风险组成）

8.2.3 网络和物理组件的混合

网络空间的另外一种重要的特征是网络和物理环境之间的联系，如 CPS 及 SOS 使用计算组件、通信功能和物理子系统与物理世界交互[4]。CPS 现在无处不在，需要更多的复杂和集成的安全与风险模型，曾经传统上至少在某种程度上分开的安全可靠、弹性、可靠性、安全以及隐私领域必须一起进行分析[4]。

震网攻击之所以能够发生是因为传感器的读取被信任而未被验证，允许未授权的修改操作，从而导致离心机旋转超出安全边界而发生机械损毁[5]。这次攻击说明需要验证和保护关键系统参数，以及开发风险模型，将一个风险域的变化与影响系统运行的众多参数联系起来。例如，在保护账户隐私方面没有足够的注意可能导致

① 可提供的材料在合作组网站：https：//pages.inst.gov/cpspwg/.

安全问题，如果在运行中通过未经授权的访问改变关键运行参数，可能导致安全可靠性问题。

我们需要描述系统突出风险方面假设的方法，如安全性和安全可靠性（如安全威胁、漏洞、安全可靠关键故障以及安全可靠性或关键安全事件的检测和缓解措施）。这些假设可能涉及计算和物理环境。此外，需能理解和建模风险域之间的相互作用或隔离，如安全性与安全可靠性。开发验证系统正确处理安全性与安全可靠性的方法是一项复杂的任务，因为有关环境上下文的假设包含随机或严格的不确定性，并且因为预期的剩余风险得益于基于度量的定量评估和分析。

如果系统描述基于模型，则可以更好地支持这种方法，以便使用形式化分析方法。用于支持建模和形式化分析的架构描述语言的一个示例如 SAE 航空电子架构描述语言（AADL）[6]。AADL 允许开发人员将形式化方法和工程模型纳入系统和软件体系结构的分析中，从而使他们能够分析组合对复杂环境产生的影响。

8.2.4 合规方法

综合风险模型还应考虑开发和部署 ICT 及 IOT 技术的国家与监管环境相关的风险。整合政策影响的商业模式和战略可以在抓住市场机遇和降低风险方面取得更大的成功。

文献称，只要监管风险影响受监管企业的资本成本，就会出现监管风险[7]，其他作者区分既定法案的影响（监管影响）和监管机构产生的酌情行为的风险（监管风险）[8]。本节将描述与合规相关的风险，并考虑对立法过程产生负面影响的因素，从而增加法律的不确定性。

创新技术的部署依赖于技术商业化的成功，而这又反过来与监管环境相关联。一家没有符合其投资者、用户、消费者或市场分析师的合规期望的公司会破坏股东对产品和服务价值及其可靠性的看法，因而增加风险。市场看重监管风险，公司投入大量资源进行法律监督和合规活动，以便最大限度地领会政策环境和尽量减少立法及相关风险的影响。在专门的合规团队、内部审计、报告机制和影响评估方面，合规性已成为一项重大成本开支。然而，遭受罚款的代价将是高昂的经济和品牌声誉损失。因此，合规性是一个关键的竞争力因素，就像采用最先进的生产技术和新技术一样。这对于支持与各种活动相关的进程的 ICT 产品尤为重要。

过度监管或复杂的合规要求可能是公司搬迁或在其他地方建立新业务的原因，以控制监管风险。实施组织合规措施并确保公司内部不同职能的充分互动需要扎实的管理和法律专业知识；对于初创公司或想要在其他地区扩张的公司而言，这可能是真正的挑战。

监管方法应用的不确定性会破坏公司的投资，并且可能被视为与合规性需求相关的监管风险的另一个要素。

立法进程的步伐与技术的快速发展并不成正比。摩尔定律的周期为 2 年[9]，现代技术开发周期可能更短，但由于不同的程序阶段和政治谈判减缓了总体结果，所以通过一项立法可能会更长。在立法是一个不断变化目标的情况下，公司在制定和做出投资决策时需要应对法律的不确定性，而政策制定者仍在制定新的立法或修改现有的立法。在其他情况下，过时的“技术改造”法则是创新的阻碍，在这种情况下，其中行业与不反映技术发展水平的规定相关联，也不允许扩展到新技术和新操作。

如果监管决策过程与行业投资计划之间的步调不对称会增加公司风险，则另一个因素是私营部门与公共部门（政策制定者和监管机构）之间的信息不对称。后者不能比前者更好地预期前面段落中描述的技术复杂性。

政府和公共当局关注与所有公民有关的若干技术层面：隐私、安全、安全和可靠性，它们以前称为不同的孤岛，但现在越来越相互交织，它们的评估需要共同完成，以评估整个信息和通信设备的可靠性。完全认识技术及其后果对决策者来说至关重要，以保持监管速度，并根据客观和有意义的指标制定要求。如果监管机构和政策制定者旨在监管新技术，则需要一定程度的专业知识，否则，从行业现实中移除基于无证据的规定和要求，可能会对运行环境造成进一步的风险。消息灵通的立法者可以塑造更好的监管。

然而，当政策制定者起草规章时，可能无法获得有关新技术的独立研究和数据，技术部署的某些后果可能也尚不明确（如在健康或环境可持续性方面）。在这种情况下，决策过程将受到公众对于所采用技术相关风险的认识程度显著推动。政策制定者将受到社会的影响——这是一个“风险逆向社会”[10]——在制定有关 ICT 系统的决策时，预防原则会激励他们采取行动，但这种做法可能是另一个导致公司监管风险的因素，也就是再一次从行业现状中移除了要求。

政府和监管机构的风险规避也可以转化为制造商责任的增加。除非公司落实问责措施是限制企业罚款的真正缓解因素，以免对 ICT 和 IOT 技术的用户和消费者造成损害或伤害，增加的责任将再次引起对合规成本的关注，并可能从研发和改革中消耗资源。

此外，另一个日益影响 ICT 和 IOT 系统监管风险的因素是全世界一些政府正在加强对作为主权形式的数据和技术的控制。原因有两个方面——经济和政治：一方面，企图保护商业秘密和发展本地技术；另一方面，是想限制外国监视活动。然而，转向本地技术解决方案或制定区域标准对于市场的分散和竞争可能非常有害。数据本地化任务的要求在防范或防止外国监视方面似乎也不起作用。相反，他们可能会倾向于国内监管，他们肯定会侵犯开放的互联网和数据的自由迁移[11]。继 2013 年斯诺登的揭露事件以及 2015 年欧洲法院裁定无效的安全港[12]之后，技术主权和数据主权一直在欧洲作为追求隐私与安全战略的焦点。在 IOT 环境中，强制数据本地化可能会危及商业模式，而加密等技术措施可以更好地满足这一目的。

监管要求对技术解决方案及方案的采用有直接影响，因此，技术解决方案应作为衡量复杂系统风险的模型和评估的必要指标。当需求未决或需求不明确或在不同辖区存在矛盾时，报告工程进程的有关监管要求和风险方面，将有助于创建一致的风险图。为了发展可以部署的技术，将监管风险与本章前面所述的其他风险方面整合是必要的（图 8.2）。

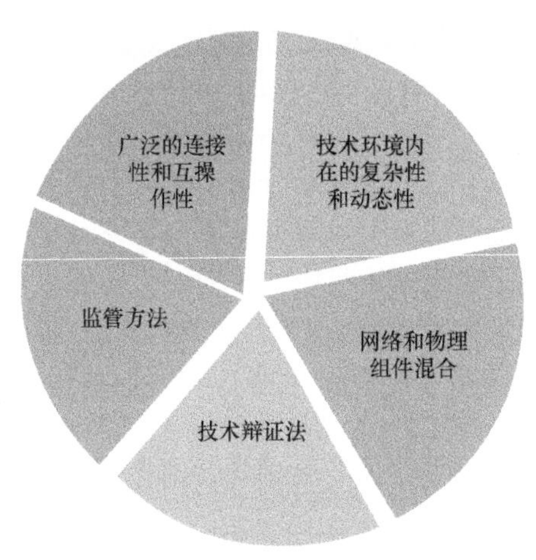

图 8.2　在风险工程模型中集成现代计算环境的不同领域

8.2.5 技术辩证法

人们提出了一些技术和政策框架，以便能够或便于审查安全和隐私方面的多学科主题。“技术辩证法”是一个很好的例子[13]，由 Latanya Sweeney 提出的一个模型，用于减轻技术要求与社会使用环境之间的冲突。其目标是在技术周期的早期发现潜在的社会和应用问题，并通过创建工具确定某种技术是否适合特定社会或环境，从而解决这些问题。尽管该框架侧重于隐私，但可用于更广泛的分析，并很易于应用在网络安全方面。根据其正确功能或基于其行为的不确定性，此类框架也可能有助于探究引入特定技术可能带来的声誉和品牌价值的潜在风险。技术辩证法和类似框架允许我们评估采用和可接受性的限制，并可能成为技术、环境、法规和社会方面相结合的风险方法的另一个维度。虽然量化社会风险是一项复杂的工作，但这种评估或许在综合风险分析中具有重要价值。

8.3 风险方法和模型的演变

已经定义并考虑了不同类型的风险来分析行业和政府的行动。传统上，安全风险模型包括人员、流程和技术 3 个维度。技术环境日益复杂，使得该模型不够充分。为弥补这些缺点，增加了额外的维度，如组织战略和结构设计。

更复杂领域的风险管理方法开始整合其他的风险领域，如保证和弹性[14]，风险评估也已被纳入系统开发周期中。这种风险意识的发展首先在组织严密的环境中采用，如军事技术发展或航空航天系统，并且网络安全已被添加到严格的风险评估模型中。在这些情况下，复杂的程序化风险模型已经高度发展，允许将安全作为一个新的领域并入，而无须修改现有框架，如文献[14]中描述的。已有的系统还允许技术人员评估不断演变的需求的风险，如从密码到基于 PKI 认证的转换，而不会影响嵌入框架的评估系统。

尽管“人类”在组织安全的早期风险分析中已经形成了一个评估领域，但近来的方法在很大程度上扩展了这方面风险。除了复杂的威胁代理模型（如英特尔公司[15]设计的模型中所述）以及它们在缓解进程中的普遍使用之外，对内部威胁的检查变得更加详细。关于人的错误角色的观点已经成熟，组织行为已经得到了更详细的研究。

随着风险领域的扩展和整合，需要对各种威胁和漏洞进行更详细的分析，以构建可行的预测模型。因此，针对汽车安全、电子货币和机场安全等各种领域进行各种缓解的风险评估属于评估范畴，旨在开发基于分段的风险模型。后来，基于交叉原则的详细评估活动，使风险社区能够在复杂领域中创建更细微的风险态势，这些领域难以明确定义，如隐私或安全或整个框架以及网络安全或 CPS。

在网络物理系统公共工作小组的交付草案中，可以找到结合安全、隐私、安全可靠、可靠性和弹性风险领域的综合风险框架的一个例子[4]。

单独评估这些领域不足以解决风险，因为针对一个领域优化的需求可能对系统或基础设施领域的综合风险图不利。CPS 的特点，如存在物理子系统和实时控制，可能要求背离传统的安全或隐私观点，而是强调安全可靠性或可靠性——例如，在制定核电站管理风险模型时，隐私问题考虑最少，但可靠性要求至关重要[4]。

共享的基础设施，经济学和风险建模如下。

共享的全球基础设施的益处是很明显的：我们可以在全球范围内使用相同的设备、应用程序、网络和流程，而且问题极少。但是共享基础设施和特定用例相关的组合风险分析问题尚未解决。

关于全球共享基础设施重要性的普遍共识早于商业互联网，但对其可靠性的担忧早在互联网历史中就已出现，并在 20 世纪 90 年代中期逐渐形成一个独立的研究领域，如 Hunker 所述[16]。这种基础设施在许多不同的环境中共享，这些环境将网络空间用于运输、能源、医疗保健或不同地理区域的其他活动，同时，始终依赖于通用系统和流程的基础功能。

运营环境在组织上、技术上和地理上都是多样的，由于连接系统和流程的用户群非常庞大，故障的影响是巨大的。2014 年，世界人口中约有 40%使用互联网[17]。20 年前，在 1995 年，联网水平仅占人口的 1%。2014 年，78%的发达国家人口和

31%的发展中国家人口使用互联网[18]。网络空间的全球性和范围及其大量记录和自发的使用案例表明，我们应该深刻理解在不同条件下使用这些系统的风险模式，这种知识是系统设计和开发的不可或缺的一部分。专业知识和资源的不均衡导致该基础设施中的网络安全和隐私保护水平不同，这又需要重新审视风险建模和风险组合的方法。

ICT 行业对全球经济产生重大影响，2010 年，它占全球 GDP 的 6%，占经合组织国家就业人数的 20%[19]。该行业负责提高整体生产力和提高其他行业的效率。此外，ICT 对日常生活和商业的各个方面的影响是巨大的。数字经济允许市场通过中介和资源的聚合来创造规模经济和区域经济。正如 Akerlof 的模型[20]所示，新的使用模型出现并迅速成为主流，提供持续的创新来源和缓解信息不对称。然而，建议统一的网络安全经济理论并提供最佳经济模型以实现更高安全覆盖率的过程进展缓慢（见参考文献[21–22]）。

图 8.3 给出了信息不对称的后果与挑战。

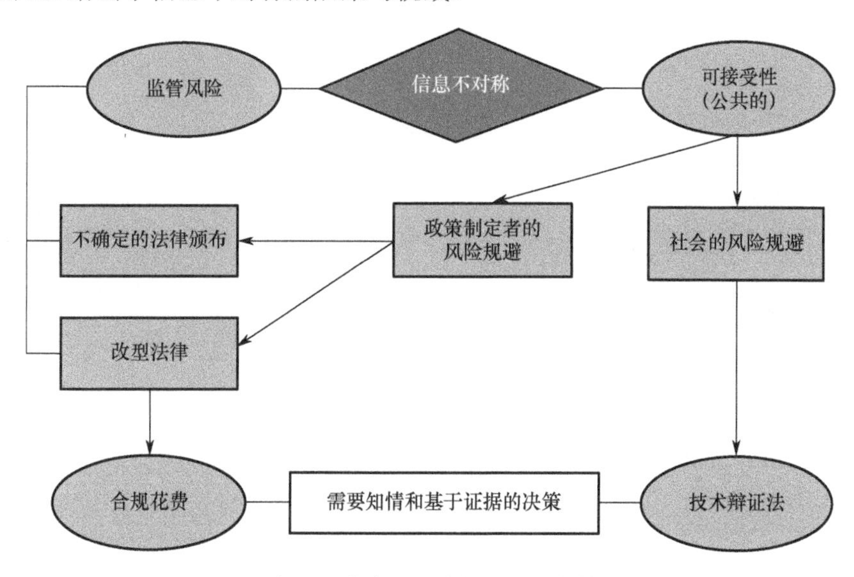

图 8.3　信息不对称的后果与挑战

8.4 风 险 工 程

现代系统风险域整合的趋势意味着风险工程开始出现，我们提出一个概念，意思是需要将风险方法纳入工程流程和工具开发，使技术人员能够在设计阶段根据实施选定的技术评估未来系统的风险。

我们将风险工程定义为“将综合风险分析纳入系统设计和工程流程”。

8.4.1 风险工程中的挑战

只有充分了解 ICT 系统或体系中这些风险的性质和范围，风险管理才有效。传统上，风险评估是针对操作的特定方面进行的。例如，新制造的汽车及其营销活动可能给制造商带来声誉风险，或者该汽车制造中的软件可能会出现意外恶意行为或欺诈行为的安全风险。这些评估通常与其他类别的风险分开进行，以解决具体的实际问题。实际上，各种风险都是相互关联的。例如，家庭连接设备中的安全漏洞可能导致隐私泄露、房屋的物理损坏或对设备管理系统安全可靠运行的攻击。

如果信息和通信技术系统本身可以在其运行环境中考虑将来使用的风险，就可以大大改善复杂风险的管理。因此，风险工程需要一个过程，使开发人员能够表达、定义，有时还可以量化风险。这些规范可能是非正式的、半正式的或正式的，也可能是定性或定量的，可以文本形式或数学模型给出。安全可靠、安全、隐私、可靠性和弹性的研究和实践社区已经制定了表达此类风险规范的方法，并能够分析此类风险可能带来的后果。但是，使这些规范可以按比例组合，以及指定源于不同系统方面的组合或交互的风险的工作相对较少。

一个关于组成规范的有趣的例子见参考文献[23]。概率分量自动机模拟软件构件和组成的功能性与非功能性特性，包括故障场景建模，系统中故障的传播以及故障处理。得到的模型是可分析的离散时间马尔可夫链，如在运行时无准备地探索在配置被修改的后可靠性。然而，这种基础研究需要通过建立适当的知识和技术转移途径，从而找到进入广泛行业实践的方法。

1．示例：安全可靠与安全风险的相互作用

现在让我们重点关注 ICT 系统中安全可靠与安全的相互作用，以说明这种相互作用中风险的复杂性。研究和从业者社区发展他们自己的非正式本体论、方法论和最佳实践来解决这些问题。目前，不同视角之间很少进行对话交流，甚至于词汇也是不同的。例如，“事件”是指在安全可靠性方面没有安全可靠关键型后果的事件，而它通常表示严重违背计算机安全，如文献[24]指出的。缺乏共享的语义背景说明了方法的多样性对集成风险建模造成了挑战。然而，各种风险领域之间的信息流已经存在。例如，纵深防御是计算机安全的既定原则，但它起源于核电站设计中的安全领域[25]。同样，安全故障树启发了攻击树的设计，以了解系统级别的安全漏洞。然而，虽然故障树可用于定性分析（如何时可能发生故障）以及定量分析（如这种故障发生的可能性有多大），但攻击树更倾向用于定性分析。

研究和从业者社区将受益于对安全风险领域的更好的实证分析，如通过对大数据的分析，以及更多关于在隐私、安全防护、安全或可靠性问题可能相互依赖或冲突的情况下接受和采用技术的研究。例如，参考文献[13]开发的框架可以扩展到在工程过程中探索这些问题。风险工程也将受益于具有预测能力的理论模型的开发，如参考文献[26]研究的代码库中的安全漏洞的数量与其生命周期内的函数关系。

风险整合研究更加复杂的另一个问题是定量信息可能跨越几个数量级。例如，安全可靠概率往往非常小，而由于一个活跃、聪明和激励的系统入侵者，它们在计算机安全方面更为重要。类似地，由于一系列原因，对系统可用性的要求通常包含非常小的停机风险，而与系统可用性间接相关的攻击概率往往要大得多。这种差异引发了如何赋予这些值的问题，因此模型及模型分析仍然具有意义。一个相关的问题是：安全可靠领域具有较久的传统和已有的程序、标准，鼓励合理的行为，相反，计算机安全往往涉及不合理的行为。

即使在单独分析风险域时，也需要解决或管理相互矛盾的结论。例如：在铁路系统中，安全可靠性专家的建议可能与 ICT 和运营安全专家的建议相矛盾；但在设计、修改或运营铁路网时，还没有开发出用于处理冲突需求的工具。

2. 风险因素整合的障碍

总之，我们迫切需要整合不同的风险领域，以便将其纳入工程流程中。但整合受到一些障碍，包括：

（1）缺乏共同的词汇和语义背景；

（2）缺乏一致的度量；

（3）缺乏风险组合技术。

为了克服这些挑战，我们需要开发囊括多个系统面和风险领域的本体，支持系统面及其相互作用的定性和定量分析，还需要建立处理跨越数个数量级的数字信息的方法。另外，我们需要进行更多的实证研究，以获取传统上仅以定性方式表达的可靠的量化信息。最后，有必要设计各种风险领域（如安全可靠、安全或监管风险）整合的方法，以及生态系统不同要素的风险计算或分配中风险组合的方法。

现在让我们来探讨一个基于模型的形式化的例子，其中可以定性和定量分析安全可靠性与安全考虑因素。

8.4.2 安全风险量化案例研究：攻击建模，攻击成本和影响

我们可以用至少两种原则上的方法考虑安全风险。方法一：对实际攻击的痕迹感兴趣，即攻击者进行成功入侵所产生的系列事件。诸如模型检查[27]之类的技术可用于理解这些痕迹如何实现已知的入侵。方法二：受安全故障树分析的启发，对实现安全入侵所需的能力感兴趣，而不是对一系列实际的攻击操作、欺骗或混淆事件感兴趣。攻击对抗树（ACTS）是后者的一个很好的例子[28]。

这两种方法都各具优势并相互补充，用于分析和管理系统的安全漏洞：通过潜在方式允许防御者捕获攻击“签名”，了解攻击痕迹对于运行时系统的安全监控非

常有用。对攻击者能力的了解使我们能够表达关于其基本能力的假设，并预测可能对问题系统的安全性造成的后果。一般而言，受故障树分析启发的基于能力的模型似乎是攻击痕迹操作模型的抽象；我们认为，理解这种抽象有利于自动将一种方法转换为另一种方法以进行补充分析。通过两种方法的结合，获得更丰富的信息，也将有助于整合其他风险方面，如安全可靠、隐私或监管要求对架构的影响。

1. 特定领域的建模语言

现在讨论特定领域语言的例子，该语言能够针对攻击者在特定安全入侵方面的能力进行建模，包括潜在的攻击成本和影响。ACTS[28]是一种图状结构，树的根是攻击目标，叶子是基本攻击或应对措施，可在图中描述攻击与应对措施的相互作用。应对措施是一对检测和缓解机制。转载于文献[28−29]的图 8.4 表示了互联网一种边界网关协议攻击的 ACT 模型：重置这种协议的会话，我们认为这是一个特定的安全攻击。虽然可以忽略这个特定模型的技术细节，但我们注意到，它指明了基本攻击、检测和缓解机制的成功概率与对于攻击者的一次基本攻击的代价，以及一次基本攻击对系统的影响。例如，基本攻击“Notify”的成功概率为 0.1，攻击成本为 60，以及系统影响为 130。建模者应该为这些实体提供语义内容，如抽象的数学影响值、某些离散范围的影响等级或某种货币的花费值。

2. 风险度量及其分析

上面引用的 ACT 模型允许我们计算有用的度量，如攻击者在安全入侵中成功的概率或攻击者的一次攻击的总体成本。在可靠性理论[30]中开发的故障树分析工具使用完全不同的计算引擎来回答这两类问题：攻击成功的概率是从 ACT 树的自下而上的定量计算，而当将 ACT 树解释为逻辑电路时，攻击成本就是通过枚举使目标节点成立的所有所谓的最小割集来计算。这些是不同的算法，不能直接交互来优化结合攻击成本和攻击成功概率的措施。这些措施是我们真正感兴趣的。

例如，假设我们想要根据该模型分析最坏情况下的安全度量，$f(p,i,c)=p\times\max(0,2\times i-c)$，其中 p 表示攻击者达成攻击目标的概率，i 表示攻击对系统的总体影响，c 表示攻击者实现此安全攻击的总体攻击成本。该度量将攻击者的成功概率 p 乘以一项，该项将系统影响与攻击者的成本进行了比较，这是风险度量中已建立的算术模型，包括保险行业中使用的算术模型。

3. 分析支持：SMT 和 MINLP 求解器

如何计算度量（Metric）的最坏情况值，并设计一个实现这种最坏情况以及建模者和决策者能够理解的场景？为此，我们可以利用自动推理的强项，如采用可满足性模理论（Satisfiability Modulo Theories，SMT）[31]或混合非线性整数规划（Mixed Non-Linear Integer Programming，MINLP）。

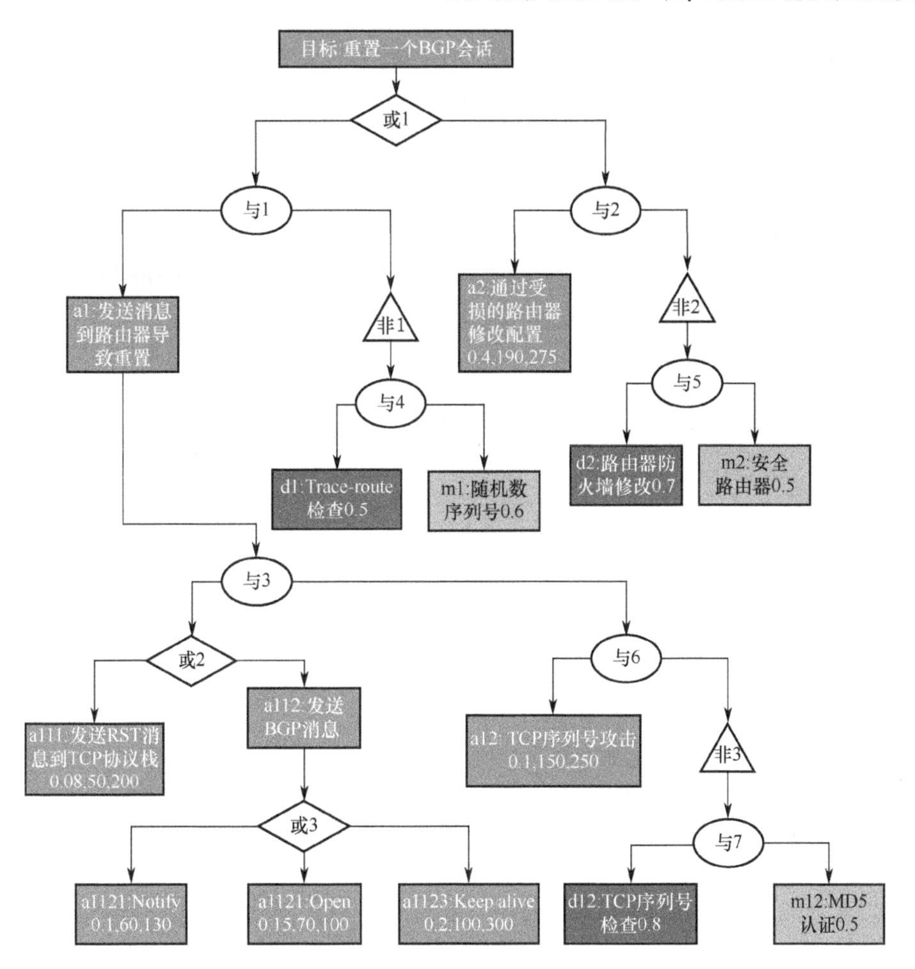

图 8.4　ACT 模型示例

MINLP 对涉及非线性算法的约束提供了优化，其中一些变量需要是整数或二进制。MINLP 是在线性混合整数规划（MILP）[32]基础上进行允许非线性约束的扩展。SMT 将一系列理论的决策过程与 SAT 求解算术逻辑结合起来执行自动推理。SMT 求解器允许我们表达函数、关联和逻辑约束，然后计算是否可以同时满足所有约束条件。如果能够满足，SMT 求解器将提供有关如何满足所有约束的证据信息；如果不满足，那么，求解器要么不能回答这个问题（因为理论的组合可能是不可判定的），要么给出结论，即所有约束是不可能满足的。

目前存在能够优化线性目标函数的 SMT 求解器[33]，因此满足所有约束条件的证据也可以采用最小化线性目标。或者，可以使用 SMT 求解器作为黑盒来计算使非线性目标达到期望准确度的最小值或最大值（参见参考文献[34]）。这些研究成果引人注目，因为它们允许我们为非线性风险组合制定风险度量；此外，它们使我们能够通过非线性优化计算存在非平凡逻辑约束的最坏情况风险场景。例如，监管或合规制度，隐私要求或安全相关法律可能包含逻辑规则，以使用线性规划、MILP或其非线性扩展在传统优化模型中难以表示的方式来约束模型。

4. 分析工具和分析师的解释

如参考文献[29]中所述，我们可以将上面的 ACT 编译成 SMT，并使用参考文献[34]中讨论的 SMT 顶层的优化技术计算出 271.92 作为函数 f 的最大值。此外，SMT 为最大值提供的证据告诉我们在实现这个最大值的场景下经历了哪些操作（基本攻击、检测机制和缓解机制）。这个计算可能潜在地包含与前面介绍的不同风险方面（如安全可靠、安全和隐私）相关的约束。

计算完成后，分析人员可以评估这种场景，并在必要时向 SMT 模型中添加其他逻辑约束以排除某些事件。原理上，也可以使一些模型信息符号化。例如，我们可以将基本攻击 Notify 的概率表示为变量 x，并且将约束 x 表示在 0.08～0.12，以确定基本攻击 Notify 成功概率中的这种严格的不确定性是否可以以意想不到的方式改变安全性度量 f 的最大值。参考文献[34]示例的“使用 SMT 进行这种符号灵敏度分析的可行性”已经在一个没有预先数据告知数字选择的场景中应用了。

5. 讨论

如前所述，安全性中定量信息的可靠性可能很难实现。因此，我们认为像上述那样的符号化方法可以带来更健壮的优化技术[35]，能够更好地应对攻击者与防御者之间，开发者与复杂运行环境影响之间的信息不对称，甚至是信息不对称性很强的复杂市场的卖家和买家之间的这种信息不对称。

ACT 为风险概率、攻击者成本和受攻击系统成本的相互作用建模提供了一种很好的形式化方法。定义特定领域的建模语言（DSL）将是有意义的，其中这样的树状模型可以通过逻辑约束或其他方面（如系统的安全性）来丰富。例如，我们研究“故障恢复”树，其中故障起到类似于基本攻击的作用，恢复可以由防止或减轻基本故障的安全机制表示。然后，我们可以创建一个多域本体，使树状模型能够在同一个语义框架中结合攻击、对策、故障和安全机制。上面提出的优化方法将适用于这种集成模型。

然而，ACT 本体论的一个局限性是隐含的假设基本事件的成功概率在统计上是独立的。但是，实际情况可能并非如此，尤其是考虑到故障因素，因此，基于 ACT 的优化可能得出的结果正确性有限。在这种情况下，最好使用能够适应概率依赖性表达的替代模型。让我们在这里提一下因果网络，如贝叶斯信念网络；有关此方法的更多细节，参见文献[36]。我们参考文献[37]对其他方法进行了调查，这些方法在工业控制系统中的设计和风险评估中将安全可靠性与安全考虑因素进行了结合。

显然，设计一种能够表达不同系统领域（如安全可靠、安全、隐私性和弹性）之间的相互作用，以及诸如内部成本和声誉风险等更抽象方面的本体的更好方法是一个重要的研究领域。应当构建这样的本体以支持关心的风险度量的概率和定量分析，而不管模型是否为完全组成，如上述的 ACT、因果网络或两种技术的结合。在分析层面上，需要更多的研究来创建更强大的符号和自动推理工具，这样，这些工具能够以协调一致的方式将组合和非组合概率推理相结合，并具有扩展的能力。

8.4.3 基于模型的风险工程

我们对有关 MINLP 和 SMT 推理引擎的介绍提出了以下建模与分析风险组成的方法，如图 8.5 所示。分析师建立模型并查询模型中的风险面，无论是采用 ACT 还是任何其他合适的建模形式。例如，可能查询组合风险是否总是低于临界阈值。然后，推理引擎将分析这些查询并报告结果。理想情况下，这些结果对分析师（他们不是推理引擎专家，）来说是可理解的并且是独立认证的，以便标记出推理引擎的潜在实现缺陷。不用说，该图中的方法不会致力于使用 MINLP 或 SMT 作为分析引擎；相反，我们可以想象使用几个这样的引擎来增强其功能的互补价值。

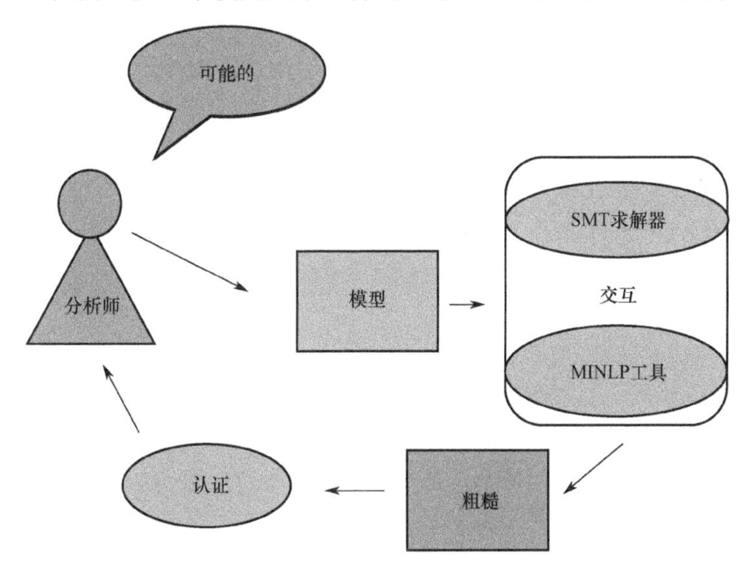

图 8.5 建模和分析风险组成的方法

我们认为，当分析师使用 DSL 时，用于独立认证或风险分析结果确认的其他工具也很重要，因为从 DSL 到推理引擎的转换可能存在缺陷。用这种 DSL 编写的模型需要转换成适合 MINLP 或 SMT 工具使用的模型。由于技术挑战，创建额外的自我认证功能变得复杂。例如，当在分析师的 DSL 的语义层面重新解释时，SMT 中的推理可能是复杂的和非组合的。在文献[29]中，提出了一种基于文献[38]设计的语言来克服DSL这种挑战的方法，其中原始分析结果由SMT求解器产生：对查询的可满足性证据是后处理的，然后在DSL内以组合方式呈现给分析师，其中通过使SMT求解器中进行的推理采用非严格要求的其他模型信息来潜在地提炼证据，可以实现这种组合性。

我们可以看到，适用于风险不同方面的综合分析的机制和建模语言已经存在，并且当受到描述这些风险语义的多域本体的支持时，可能会在运行环境中使用。但是，需要在若干领域进一步地研究、定义其他特征并克服这些方法的固有弱点。

8.4.4 本体和风险工程

知识表示（KR）领域的主要目标之一是开发能够准确捕获知识的方法和工具，使我们能够轻松地添加和更新信息。知识规范可以用纯粹的声明形式来表达，以便在不考虑这些陈述的算法性质及其验证的情况下指定知识。这种表示语言的语义以精确和明确的方式定义了这些规范的含义。为了计算，可以单独定义推理引擎的算法，以基于给定的知识库确定事实为真[39]。

本体是一组对象的分层规范，源自其感兴趣的领域及其自身属性。本体语言与推理引擎相关联，从而实现关于本体元素的自动推理。例如，引擎可以将类–子类关系扩展成通过本体层级传播属性和关系的祖先/后代。推理引擎通常可以从本体的原始规范中获得并非直接明显的信息，同时为这些推导精确定位可重复的算法[39]。

本体和推理引擎的工作很大程度上依赖于逻辑语言和定性推理。虽然这可以识别系统缺陷，如访问控制中的安全漏洞，但它不自动支持定量风险管理或风险考虑因素在安全可靠、安全和隐私等系统方面的相互作用。尽管如此，使用本体来管理定量的或逻辑的相互作用，如机器人的移动，表明定性推理引擎的开发是可能的。

定量推理引擎的开发首先需要彻底理解如何指定这种交互，以使定量结果与系统设计人员等决策者（如变更设计计划的风险等级）以及与最终用户（如感知到的隐私风险）相关联。但是，创建能够支持用于集成风险工程的模型和建模语言的本体的挑战似乎并不是不可克服的。这些本体需要大量的努力来发展和参与多学科工作组，以定义不同的风险方面和领域，但是对研究和从业者社区的益处将是重大的。

因为不同目的，本体已经被用于信息安全领域至少20年，包括提供该领域更广泛的分析，编纂和衔接不同的安全与隐私要求的方法，或作为改进基于信息的安全威胁及缓解模型的方法。这项工作的一个早期例子见文献[40]，其中提出了一种语言（Telos）作为推理信息系统组件和属性的方法，包括安全性和部分创建安全规范的机制。随着安全和隐私问题变得日益突出，已经定义了专用于该领域的本体，包括文献[41]中创建的一个多领域以技术为中心的例子，或者如文献[42]中将更广泛的本体放在一起，扩展到非技术组件，如组织架构。除了描述性本体之外，还创建了用于建模的本体，如文献[43]和文献[44]分别与 Tropos 软件开发方法和 Toronto i*目标建模语言相关联。

当今在安全和风险领域的本体的方法与使用方面存在巨大的多样性，表明了这是一个尚未成熟的领域。然而，有意义、有前景的研究（如本节中提供的例子）为方法的更统一和更广泛应用奠定了基础，这些方法可以为风险和安全分析提供更完整的模型。

8.4.5 风险工程：发展工具和方法论的挑战

现在让我们讨论一些可能指导风险工程并帮助克服其主要挑战的工具和方法论。我们已经确定，使用语义工具（如本体论）可以在这个领域发挥作用。本体论的使用表明了对图形式模型的偏好（上面的 ACT 为例），这种模型使用某种逻辑形式的声明形式或基于图的模型和声明性约束的结合形式。一个挑战是设计支持这些图表的多模态注释，用于表示对风险、安全、隐私、可靠性、监管约束或弹性的约束、期望、假设或保证。这些注释需要以最终用户和系统开发人员可以接受的形式来设计，并且需要定义分析其交互所需的形式化语义。在这方面，一个重要的问题是，是否可以设计一个具有这样能力的建模框架，该框架可以被实例化到特定应用领域（如现代联网汽车的仪表盘以及其中的隐私、安全可靠和安全的相互影响）。为了解决这个问题，有必要以适当的形式捕获跨应用程序领域的共同特征，如参考模型或体系结构。

对进行通信和分析的注解模型的需求并不局限于系统的设计和实现，也不限于将系统集成到复杂的环境中。我们还需要在系统的整个生命周期中支持风险工程范例，包括其需求获取、开发、运营和变更管理以及注销。相同的建模形式不太可能适用于这些阶段中的每一个，也不适用于表达与系统本身的生命周期有关的风险。

为风险工程创建工具和方法的另一个挑战是需要结合不同风险领域的信息和度量，如隐私、安全、监管限制和安全可靠，并确保结果对分析有意义。我们已经提到过，用于安全可靠的度量通常比安全领域的类似度量值小几个数量级。我们需要发展“风险计算”，类似于 David Grawrock 在参考文献[45]中提到的信任计算方法。在风险计算中，我们可以使用代数和概率运算符，以便我们可以以适当地衡量风险的方式结合不同的定量参数，同时考虑到不同风险模式（如隐私和安全之间）潜在的冲突（如系统运行时与更严格的安全控制相冲突）。这种计算的任何进展都会对风险工程产生实际的好处。代数演算可能暗示着，纯粹的组合计算可能不足以表示非组合的意义，而因果网络可以很好地表示。

虽然风险计算在验证、监测和控制未来 ICT 系统风险方面发挥重要作用，但我们还需要制定一套能够通过政策表示风险及风险管理的准则。在网络安全政策的背景下，Schneider 和 Mulligan 提出将理论[46]用作审查政策建议或提出新政策的“透镜”。他们的风险管理原则指出，还没有充足的威胁和漏洞数据可以可靠地告知机密性、完整性、第三方的攻击成本和其他度量值。同样的原因，目前网络安全的精算模型没有坚实的基础，正如目前使该领域的承保业务标准化所做的一些努力证明的那样。因此，网络安全保险业研究似乎将重点放在更加可靠的模型方面，如主要安全或隐私泄露所固有的声誉风险。Schneider 和 Mulligan 在他们的公共网络安全理论（类似于“公共健康”）中，指出了需要管理不安全并建议使用多样性（类似于生物多样性，如每个个体独有的适应性免疫系统）作为管理的原则：系统地使用混淆和随机化来确保系统不是单一构建。很明显，这种多样化的益处超出了安全范围，并且是适用的，如对于隐私研究。虽然这种方法很有吸引力，但我们需要评估这种多样化对其他系统方面的影响，如工业控制系统的安全可靠性。用类似的方法来制定风险工程理论将是有意义的。

一个共享的语义背景也将有利于创建风险工程的有用原则。以网络安全为例，比较一些国家的网络安全战略，可以看出不同国家使用的高级原则和方法存在相当大的共性，如文献[47]就是证明了这点。然而，由于缺乏完善的本体论和风险模型，从这些原则到具体实践和相关的风险分析的过渡是复杂的。

很显然，为了创建一个专注于风险工程的研究领域，除了适应现有潜在应用模型和建模语言的工作外，我们还需要制定一套高级原则指导解决这个领域出现的重大技术和语义挑战。

8.5 案例研究：区块链技术

我们现在介绍一个案例研究，以证明提出的风险工程方法如何与新兴技术领域、加密货币一起使用。

2009 年，比特币[48]成为第一个不需要信任中央第三方的数字货币。相反，分布式且去中心化的公共交易总账记录了核准交易的真实历史，并以伪匿名方式进行。我们在这里引用文献[49]对这项技术予以详细介绍，以及文献[50]关于数字货币经济学的一般性讨论。在讨论它对于风险工程的影响之前，我们首先介绍这种加密货币背后的思想和概念，特别是区块链技术和它的工作量证明（Proof of Work，POW）的概念。

基于区块链技术的加密货币促成了一项非凡的创新，解决了分布式系统[51]中众所周知的协作问题，即拜占庭将军问题，一些人认为没有一个可行的解决方案：鉴于所有的通信链路都不可靠（特别是广播可能无法在任何时候都能到达，也可能不在同一时间到达），位于不同山丘上的 $n>1$ 位将军需要怎样协作，使得他们的部队能够同时进行攻击？直观地说，如果他们可以选出一个宣布攻击时间的领导者就足够了，而其他人都遵循这个时间。这个问题所面临的挑战是：面临不可靠的通信，创建一个独特的领导者，并且该领导者的身份成为所有将军的共同知识。

8.5.1 工作量证明

比特币及其区块链技术背后的创新是一种利用称为工作量证明（POW）概念的协议：事先同意任何将军都可以宣布攻击时间，并且任何听到第一次这种宣告的将军都会依赖刚刚听到的宣告，根据加密散列函数解决一个困难的加密问题。

我们不必在此了解加密散列函数的技术细节；足以说这些是确定性算法，它将任何消息作为输入并产生一个固定大小的比特串，如将 256 bit 作为输出；重要的是，在计算上很难找到具有相同输出的两个输入，或者构造除给定输入之外的输入，其产生与给定输入相同的输出。

POW 问题利用了加密散列函数的这些安全属性，并且被设计为平均需要 10 min 才能解决。然后，向所有将军广播答案、声明的散列和一些随机输入。现在的想法是组合由不同将军产生的这种凭据，以使得 POW 问题不仅可以基于单独宣告工作，还可以基于一系列连贯的此类宣告工作（即提出相同攻击时间的宣告），即所谓的区块链。该协议的代理和并发性暗含着可能存在不止一条将军可以工作的竞争性的区块链（每个都有不同提议的攻击时间），这将危及一个独特的领导者当选。简单来说，这种达成共识的威胁是将军们总是选择最长的区块链解决下一个工作证明问题。换句话说，需要最大努力形成的链是被解释为当前“真实”权威版本。

8.5.2 共识和伪匿名

这个解决方案的引人注目的事情是它不依赖于每个块中的宣告是一致的这一事实。该技术可以组合包含任何信息的块，特别是有关交易的信息；最长的区块链代表了哪些确实发生交易的权威账户。即使参与建立区块链的各方都是自私自利的，这也是有效的。特别是，区块链技术可能支持新颖的信任基础架构。

因此，比特币等去中心化的加密货币的核心是一种区块链技术，可以创建和维护记录交易完整历史的公共分类账，而很难将经过验证的交易记录插入到区块链中，由于它涉及 POW，但是很容易验证这样的记录是否具有权威性。如前所述，该技术允许交易是可以在消息中表达的任何事物——攻击时间、来自报纸的引用、有效载荷数据、传输资金的电缆等。

该技术的设计意图是它还提供交易的匿名性。也就是说，虽然区块链上的每笔交易原则上都可以由任何人检查和验证，但交易的源地址和目的地址的知识都在这些交易当事人的控制之下。该系统还具有内置的激励机制：尝试 POW 问题的人称为矿工。如果他们因解决一个问题而将其添加到权威的区块链中，则他们会获得比特币奖励——可选的交易费用，经过验证的交易的来源可以作为额外的激励。我们可能会认为这是确保将足够的工作投入系统的游戏理论手段，以便尝试进行交易的验证（没有他们的验证不会进入区块链，所以根据那个区块链，它们不会“发生”），随着时间的推移，区块链将得到维持。

在写作本书时，矿工每区块将获得 25 比特币，这个数字每 4 年就会减半。区块被理解为一组接受的交易，其中“接受”意味着它间接地也接受区块链上所有过去的交易。后者是通过使前一个区块的散列本身成为加密问题的输入来实现的，如果解答了该加密问题，则使该新块成为可接受的块。后者是通过使前一个块的散列本身成为加密问题的输入来实现的，如果解决了，则使这个新区块成为可接受的区块。这意味着，将一组交易添加到区块链的区块不仅确认了该组交易的准确性，而且还隐含地确认所有过去交易的准确性。从一群主动攻击者的角度来看，这意味着，攻击这个系统变得更加困难：通过解决散列函数的相关困难加密问题来修改最近添加的区块似乎可能是可行的，从而修改它的交易历史，如通过更改付款的收件人。但这已经很难做到了，将这种能力扩展到过去增加的区块变得越来越困难：区块链大约每 10min 扩展一次，这似乎也限制了对手有效工作的机会之窗，即使此技术中使用的散列函数可能存在安全漏洞。

8.5.3 设计风险

在风险工程方面，挖矿机制存在若干挑战：挖矿激励是比特币电价的直接函数，而 POW 所需的努力设计为随着时间的推移而大幅增加。这可能导致矿池足够强大，甚至可以攻击比特币。它还增加了不确定性，因为我们既不知道能量奖励，也不知道散列计算的硬件的速度和能量效率如何在长期内发展。了解如何管理此类风险很困难，并且使用当前的方法无法设计此类风险。

为了更好地明确问题，让我们讨论比特币如何作为一个账户单位。该系统中最小的账户单位是 10^{-8} 比特币。币的整数倍，可以看作是未花费的交易产出。币经过身份验证，因为它们作为 Coinbase 的特殊交易链接到区块链本身。该系统提供了一种生成发送付款地址的方法，并使用公钥加密，以便通过所有权证明来控制币的消费。公钥密码学和区块链技术的结合也解决了双重支付问题：不能用同一比特币支付两笔不同的交易，一个给 Bob，一个给 Claire；区块链只允许一种历史记录产生，其中付款要么给了 Bob，要么给了 Claire。

比特币有许多系统参数，在系统启动时选择具体值，并且随着系统随时间的推移，其中一些参数可以动态调整。特别是，系统对比特币的数量有固定的限制，可以创建 2100 万个。这个限制预计将在 2040 年达到，这意味着对比特币进行的任何风险评估需要考虑大约 25 年的时间跨度，这是具有挑战性的，因为我们对技术空间的性质没有很好的预测，我们不知道未来的时间点在技术和行为上如何使用比特币。我们对比特币等系统在安全性、可靠性、隐私和其他方面相互影响预测能力有限，对比特币未来的大量预测已经被证明是错误的。

比特币动态系统参数的一个有趣例子如下：在加密问题的难度级别增加之前，可以向链中添加多少区块，目的是确保这些问题可以由矿工平均在 10min 以内解决。人们可能想知道设计者是如何想出这个值的，很明显，部分被选择用来反映对等通信网络中的延迟。我们可能会把选择 10min 看成风险工程的一种形式，这想必是对原型实施的猜测和实验，测试各种参数选择并评估其适用性的结果。但是，风险分析师不知道是否可以针对更好的性能优化延迟，或者是否与增加的安全性、可靠性或安全风险相关联。

然而，这一决定维持平均 10min 作为 POW 的系统不变量的影响是 POW 随着时间的推移会消耗越来越多的能量。这引起了明显的环境问题，但这也意味着拥有内置 GPU 的现代计算机的个人所有者都没有自己完成工作量证明的价值：计算的能源成本已经超过了在写作本书时所赚取的比特币的收入。这导致了强大的挖矿池（人们可能称之为挖矿寡头）的形成，这种挖矿池可能接近大多数网络计算能力。在所谓的“51%攻击”中，具有这样大部分计算能力的挖矿池实际上能够重写交易历史记录：能够生成更长的备用区块链并进行验证，以便网络中的其他节点切换到该区块链作为权威区块。这种攻击会对人类历史中观察到的变化产生类似的严重后果，当新的权力拒绝遵守现有的合约、财产所有权等，甚至可能重写历史书籍。在分析比特币的风险时，显然需要同时评估破坏性攻击以及安全可靠、安全和隐私考虑的可能性。

8.5.4 其他安全风险

在具有大于 51%的网络计算能力情况下，例如，若可以利用博弈论激励机制和 POW 机制的相互作用，类似的攻击可能可行。与此相关的是，在 2013 年，在 6 个小时的时间里，其中一个软件产生错误，导致比特币中的两个竞争性区块链将网络大致分成了两个部分，每一部分都相信这两个区块链中的一个的权威性。通过关闭系统，然后要求网络节点降级到没有该错误的软件版本解决了上述问题。这是一个相当极端的措施，在一些必须不遗余力保持运营的系统中可能不会选择。

这一事件也说明我们需要信任特定加密货币的维护者和开发者：我们对最长的区块链（作为一个数学概念）的真实性高度信任，但是有一个合理的问题，即加密货币的运营商是否值得信赖。在面对围绕加密货币构建的服务基础设施时，可信度问题变得更加紧迫。例如，比特币交易所提供用美元等法定货币买入或卖出比特币的服务。Mt Gox 就是这样一个在 2013 年比特币交易中拥有巨大市场份额的交易所。当它申请破产时，似乎已经损失了大约 80 万个比特币，其中约有 20 万个比特币之后被追回。在撰写本书时，这种损失的实际原因，无论是管理不善、盗窃抑或其他原因，似乎都不清楚。

这可以被视为一个警示性故事：虽然早期的监管和立法可能会阻碍此类技术的

创新和发展（如由于难以评估其未来的使用背景），缺乏监管或立法会给使用基于加密货币服务的消费者和企业带来相当大的不确定性。这可能是零售业使用加密货币不多的一个原因。使用信用卡购物通常会给消费者一定的权利和保护，例如，在一定时间内退货，可以获得全额退款。目前，此类权利和保护不会扩展到使用比特币的购买，而使用比特币交易时也是客户支付任何可能的交易费，而非商家。例如，通过合规制度来监管这种技术的一个风险是，可能会增加运营成本，因此，该技术的一个主要优势较低的交易成本，可能会消失。

与上述报道类似的安全问题发生在比特币客户端/钱包的早期版本中：允许创建许多比特币的缺陷；这是通过创建另一个链最终超越“坏”链来解决的。我们可能会认为，这一结果是区块链技术弹性的证据（没有 51%攻击时的安全性）。但我们同样可以说，这两个例子都引出了有趣的方法论问题，有关软件验证与如比特币的复杂系统的可靠性和稳定性之间的关系，这些复杂系统将其核心区块链软件与外部服务和基础设施连接起来。我们将在下面进一步阐述其中的一些问题。

去中心化的加密货币似乎具有良好的伪匿名性：交易使用数字签名、密钥签名，这个签名私钥仅仅只有签名者知道。相应的公钥及其与该私钥关联的知识是公开的——但这些密钥的所有者身份不是公开的。事实上，个人可能会为每个比特币交易生成一个新的密钥对，这使得他人识别交易的真正来源尤为困难。然而，这增加了密钥管理的复杂性，其中密钥存储在客户端、离线的或某些服务器上的电子钱包中。事实上，据称一些比特币用户由于物理上丢失交易私钥而损失了大量资产，在比特币设计中，丢失私钥相当于失去了用这些密钥签名的交易中固有的所有价值。

为了评估区块链货币的风险，我们需要了解该技术如何与它的运行环境相关联。例如，钱包提供了区块链（具有安全性和弹性）与在线或离线金融和其他基于交易服务的外部世界之间的接口，包括支持后者的 ICT 基础设施。因此，攻击者通过攻击存储在这种钱包中的数字凭证并且需要与区块链交互来获得区块链的攻击面。此类攻击可以通过传统方式完成，如通过利用 ICT 系统中众所周知的安全漏洞（这些漏洞位于区块链及其设计之外）侵入或窃取此类钱包的恶意软件。但是也可能会攻击区块链系统本身，如有记录的僵尸网络（一种熟悉的控制计算机网络以将其用于未经授权和可能的非法活动的方法）案例[52]专门用于创建挖矿池，为这些僵尸网络的控制者创造收入，而不必花费任何挖矿所需的能源成本（该账单由僵尸网络中被劫持计算机的所有者买单）。

更具推测性、更令人不安的是，如果比特币的区块链设计中包含一个严重的漏洞，是否会在可操作性、可信度或其他措施方面威胁到它的存在呢？这样的漏洞可能很难发现，因为它需要工作中的博弈论，系统参数的选择和环境趋势的微妙相互作用，如计算能力或能源成本的演变，人类心理学和紧急使用比特币的背景。阴谋论者也可能认为这些漏洞可能是有意的设计决策，因此，加密货币的创造者可以利用这个漏洞实现自己的利益。目前，我们没有良好的风险工程方法可以建模和分析这种类型的复杂性，以足够高的保证来验证加密货币的设计和实现。无论是消费者还是商家和非政府组织或政府机构，这种无力为该技术带来严重的可接受性问题；它暗示了一个令人信服的举措，即在该问题空间中进行更多资助的研究——该举措也在文献[53]中令人信服地提出。

还有记录将交易与特定个人联系起来的成功尝试[54]。这种对隐私的威胁可以通过使用所谓的混合服务[55]来应对，该服务随机交换比特币的所有权，以便混淆币与数字凭证的链接；我们参考文献[53]来详细评估此问题空间中的匿名技术。隐私的一个相关问题是货币的可替代性。美元等货币的现金账单基本上是匿名的，因为我们不知道其使用的历史：也许这个账单用于我们不会容忍的交易，但既然我们不知道，我们似乎并不关心。但是，在 POW 加密货币中，原则上似乎可以提供币和它们参与的交易之间的链接。因此，我们可以想象用户可能会拒绝使用某些货币，因为他们过去曾被一个贩毒集团用过，如图 8.6 所示，我们给出了比特币风险工程中相关挑战的相互作用。

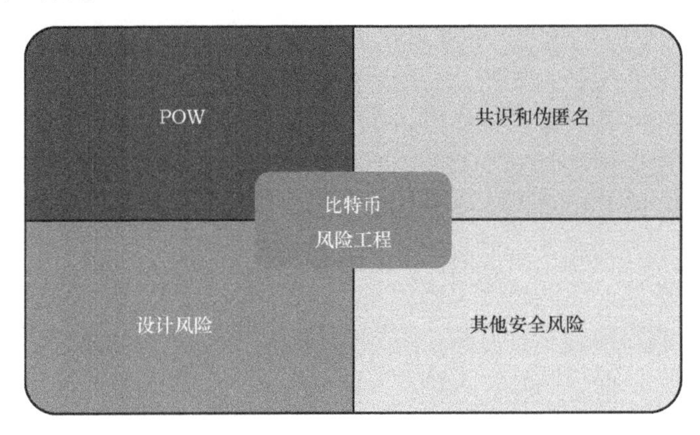

图 8.6　比特币风险工程：相关挑战的相互作用

最后，预计区块链技术将经历非常行动：目前，它的定义是伪匿名。但该技术作为组织内部使用的工具具有很大的前景，其中身份管理与区块链相关联，并且过于昂贵的 POW 被更具成本效益的替代方案所替代，如权益证明（Proof of Stake）。然后，我们需要坚实的组合风险的方法（如来自身份管理的风险与权益证明区块链中固有的风险）。我们将在 8.6.2 节讨论风险组合的方法。

8.5.5 加密货币的风险工程

对区块链技术的相关特征的讨论表明，对于诸如比特币之类的系统没有强有力的理论基础，并且不清楚现有方法（如纳什均衡）如何被用于为此提供预测能力。创建这样的基础具有挑战性。尽管我们在本章前面部分中评估了风险图元素中的社会、监管、经济和行为风险，但综合风险工程的方法侧重于系统行为，而较少关注人的交互或其运营的经济方面。

然而，对于诸如比特币之类的加密货币，将人的行为视为分析实施此类区块链技术的系统的隐私、可用性、安全性和正确性风险的因素至关重要。我们需要开发适当的区块链技术的抽象及其部署和应用模型。这种抽象可以帮助设计风险预防、检测和缓解的新方法，从而在这些复杂开发的整个生命周期中为风险管理提供信息，并增加对这些系统使用的信任。例如，在比特币中，低成本交易在交易时不会被区块链中的一个或多个块确认，从而限制了其可信度。除了建模和分析功能外，风险工程还可以帮助缓解可能破坏信任程度的紧张局势。

加密货币的经济学方面将受益于使用传统和新模型分析加密货币市场中的不对称信息、货币经济模型的演变作用以及聚合和中介的影响。使用多域本体以及8.4.4节中描述的适当推理方法和风险模型可能有助于克服这些限制。

加密货币相关系统的非常长的生命周期也可能代表一种限制，但这些问题已经在新兴的网络物理和工业控制系统风险框架中得到解决，这些系统也具有很大的寿命可变性，从一次使用到几十年不等。风险语言作为风险工程基础工具的一个元素，可用于编码和量化在设计初始阶段出现的其他特定领域风险，并使用在框架运营期间获得的经验度量对其进行修正。

风险工程方法可能对加密货币有益。适当的多域本体可以在更广泛和更集成的环境中分析问题，包括推理多个适用的风险域。对传统 IT 系统空间中使用的组合模型和其他模型进行适配，可能有助于为各种运行条件建模综合风险；随着对风险参数化的理解的成熟，这些模型可以更新。风险语言可用于在运营期间和设计阶段实时管理风险。利用风险工程方法，可以在背景、数量上和质量上以及需求启发阶段解决许多风险，从而提高这种系统的安全性、安全可靠和可靠性。

8.6 基于模型和基于语言的风险工程

在前面的章节中，我们总结了风险工程的方法，这些方法使用当前可用的基于模型和基于语言的方法的集成与适应性。本节总结这些讨论，为这两个领域提供更多见解。

我们认为，模型和说明性语言的使用可能有助于阐明加密货币等复杂系统设计中的风险，特别是在理解不同方面的相互作用及其权衡时。我们已经在 8.4.2 节讨论 ACT 时提供了这种作用的证据。使这些模型可以自动分析以扩展，如使用比特币模型，似乎特别具有挑战性。参数化模型检查可以验证一系列系统参数的设计，并且通常是可判定的[56]。但是像比特币这样的系统需要将其扩展到共识算法（用于模拟区块链）和不同的网络拓扑（用于模拟点对点网络）或具有这种能力的新型方法。

8.6.1 使用本体推理复杂领域

我们已经讨论了本体对综合风险分析的适用性。本体的一般性、分层性质以及所有相关信息以明确的、机器可访问的方式编码的事实，使得本体成为多学科知识形式化，复杂领域推理以及看似无关的主题之间的潜在关联的主要选择，这是综合风险分析的一个特别有用的特征（如文献[57]）。

在描述多学科知识时，如风险工程的情况，使用上层本体和领域特定本体是有用的。上层本体是对本体中包含的所有域中共同概念的编码，企图通过模拟工作建模定义复杂框架的交叉特征（图 8.7）。

领域本体形式化特定的知识领域，通过领域本体的概念描述了上层本体中的高级概念。例如，上层领域可以捕获决策树的概念，其中系统或攻击者控制节点。特定领域的本体可以将这样的树实例化为攻击树，在树中系统试图阻止活动对手的攻击。在安全域中，对手可能是被动的，建模本质是随机过程（如金属的腐蚀、机械部件的失效等）。在描述监管要求时，这些概念可能与描述其他领域的上层本体和本体相关联。在解决社会和经济问题时，可以使用这些领域的上层本体概念的实例化来阐明这种联系，并且与其他领域的联系可以为风险分析的其他方面提供信息。为了指定隐私要求，使用隐私增强技术或隐私合规流程的决策树可以连接到上层本体，并横向连接到其他风险域。

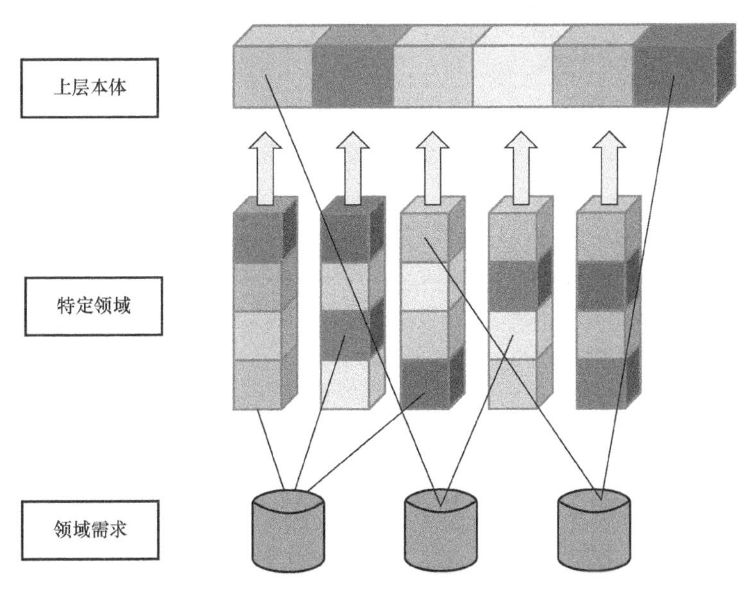

图 8.7　通过模拟工作建模来定义复杂框架的交叉特征

这种 KR 和推理框架在必须同时考虑来自多个领域的知识的情况下变得特别有

用，如评估联网汽车或智能电表的漏洞和安全可靠要求。使用本体，可以研究可能来自影响电力系统和制动系统（或电力管理和数据收集系统）关联的漏洞或研究不同环境中的风险。

一个挑战是了解如何与不同风险域相关的问题相互影响，如安全可靠或隐私如何影响与安全性或可靠性相关的问题。8.2.3 节已经介绍了这种分析方法。

8.6.2 风险组合，风险语言和度量

本体及其论证/推理引擎以声明形式表达，如描述逻辑学[58]。希望这种引擎旨在解决的推理问题是可判定的，从而设计出总是提供推理查询答案的算法。当查询的答案影响正在运行的系统的行为时，这一点尤为重要，无法解答的则是没有影响的。但是，关于系统的设计或实现的推理很可能从考虑更具表现力且因此通常不可判定的推理问题中受益。在信用评级行业中，评分卡[59]被设计用于模拟向客户提供贷款的风险。理想情况下，我们希望这种方法能够为复杂的 ICT 系统提供决策支持。让我们使用参考文献[60]中讨论的例子，通过以声明语言编写风险度量来说明这种方法如何工作：美国某家租赁公司的职员需要决定客户是否可以租车。

我们可以考虑各种策略来做出这个决定，每个策略都有自己的“记分卡”，一个数值形式。一项策略可能涉及如果汽车受损，租车公司可能遭受财务损失的风险，其中一些车辆具有特定损失值，而其他车辆具有默认损失值（如模拟对保险费的影响）。另一项策略可能会根据相关因素对客户安全驾驶车辆的能力进行信任打分；这方面也引发道德和隐私问题。第三项策略可能涉及汽车的预期使用，如捕获越野驾驶、城市内驾驶和双车道高速公路上的长途驾驶的不同风险分数。这种风险需要再次与潜在的隐私考虑因素联系起来进行分析。最后，我们可能会制定一项策略，积累来自驾驶员池的信任证据（无归属），如无意外驾驶的年数（正面信号）或客户是否独自旅行。

除了解决这些问题的挑战外，还有一个问题是如何最好地组织这些策略。我们可以想象将经济损失的分数与损失发生的概率相结合，其中该概率可能与我们对客户安全驾驶中的信任程度成反比。从技术上讲，这种方法会将策略聚合到策略集中。这种聚合可能不限于概率预期计算中所熟悉的加权。我们也可以考虑这样的操作，如使用最少两个分数，以模拟一个分数作为其他一些策略返回的任何分数的硬约束。例如，我们可以设定年龄小于 21 岁的客户只能租用特定车型；这样的约束可以在某些地区强制执行，但这在其他地区可能是非法的，说明策略聚合也需要准确地反映这些特点。

让我们将这样的聚合策略称为“策略集”，其具有的数字分数作为含义。因此，我们可能将此类策略集放置于例如“使用比特币的预期财务损失将始终低于特定值”逻辑条件中。理想情况下，我们希望能够解析这些声明的条件为形式化表达

式，以探索它们是否可以引发风险工程师不希望允许的加密货币使用场景。然后，这将建议改进策略和条件以排除不期望的场景。此类分析的一个重要方面是能够合并特定领域的知识，如比特币交易。

这种方法在不同领域的可行性已经在文献[29]中得到证实，文献[60]讨论了它的一些可用性问题。为了将这种概念验证方法转化为对风险管理的有效支持，最好能够创建反映风险管理者特定需求的策略模式和评分汇总。上面概述的方法已经可以组合来自不同风险等级的分数，因此考虑相对或绝对重要性。但是，为不同类型的风险制定专门的顶层策略也是有价值的，如已知的风险、未知的风险和已经被合理减轻为其他示例类型名称的风险。我们注意到这些类型及其得分计算也是特定领域约束及其变化的函数。上述 SMT 求解器和优化工具之类的约束求解器是反映这些依赖性的重要资源，因此，一种风险类型的最坏情况计算分数可以确保反映所有相关场景。如何结合不同类型风险策略的分数，以更好地支持风险评估和管理决策，是一个需要进一步研究的问题。

在未来 ICT 系统的应用中，还需要更多的研究来获得评分卡式策略的有意义的分数。在信用评级行业，计算分数是可行的，因为存在关于过去信贷决策的数据和所有给予信贷的积极决策的结果，如某个信用额度是否未被偿还、延迟还款、按时全额还款。由此，可以得到用于比较申请人的个人信用历史的统计模型。如果申请人的个人信息足够准确，并且与现有统计数据相比，客户基础的行为没有发生显著变化，则这是可靠的。目前，尚不清楚这种方法如何适应诸如未来汽车 ICT 产品平台等系统的工程风险。但是，从长远来看，这些产品将来会收集更多数据的事实肯定会有所帮助，因为这样的“大数据”可以根据机器学习技术提供有意义的分数。

总结这一讨论，发明信任和风险语言以提供风险因素的语义解释对于风险工程的成功非常重要。这些语言可以为系统设计时的综合风险分析以及风险预期的注解提供基础。这些语言可以与本体相关联，从而提供能够基于 ICT 空间中的共同考虑因素来分析特定运行环境的机制。

8.7 小　结

现代 ICT 环境的复杂性和动态性使得必须以综合方式分析 ICT 系统的运行和其他风险。安全、隐私、安全可靠、可靠性、弹性以及监管环境的影响等风险域共同决定了安全性或隐私泄露、系统故障或安全可靠问题的风险。此外，不同的运行环境，如加密货币、IT 的组织使用或联网汽车驾驶，进一步使这些风险的分析复杂化，特别是因为系统在其生命周期中可以用于各种运行环境。例如，在移动的联网汽车中使用智能电话作为 GPS 设备可以提供关于个人位置的信息，一种潜在的隐私泄露，从而改变风险图。

除了需要形成综合风险图，其中隐私、安全、可靠和其他领域被共同考虑之外，我们还需要定义风险组合的方法，从而使我们能够评估生态系统中使用的多个系统的综合风险。由于计算环境的集成和复杂性，其对共享基础设施的依赖以及 ICT 系统产生重大经济影响的能力，管理单独使用一个系统相关的风险已不再足够。

环境的复杂性也使得无法仅在运行环境中评估风险，现在必须向系统开发过程告知综合可接受的风险要求。因此，风险工程是一个应该成为研究和实践评估焦点的领域，以便开发出新一代具有设计风险意识的系统。

我们认为，已经存在构建这些系统所必需的方法，但需要针对风险工程进行调整。风险工程方法的主要组成部分包括以下几方面。

（1）多域本体，用于捕获风险语义，并包含连接在一起的上层和多个特定领域的本体。

（2）可以与这种本体相结合的建模方法，包括基于图的模型和声明性约束。

（3）风险语言，既可用于注释和分析风险，也可用于支持特定用例。

创建风险工程框架存在许多挑战。它们包括：对现有方法的限制；需要广泛适用的度量；不同风险领域中使用的术语和度量的差异；有限的风险组合方法清单；在为风险工程设计全面的多域本体时的困难，以及其他几个值得关注的领域。这些挑战是重大的，但可能并非不可克服。更多的研究应该关注这些问题，以提高我们对风险的理解，并建立更强大的风险工程基础。更多的研究应该关注这些问题，以提高我们对风险的理解，并建立更强大的风险工程基础。

致　谢

我们感谢伦敦帝国理工学院博士生 Leif-Nissen Lundbaek 有关区块链技术案例研究的意见和建议。Andrea Callia D'Iddio 和 Ruth Misener 与 Michael Huth 合作研究 MINLP 和 SMT 相交的地方；他们的工作在 7.3 节中的材料部分进行了说明。

参考文献

[1] EMC Corporation, Press Release: New EMC Innovations Redefine IT Performance and Efficiency. <http://www.emc.lom/about/news/press/ 2015/20150504-01.htm>，May 4, 2015 (accessed 11.08.15).

[2] Cisco, Seize New IoT Opportunities With the Cisco IoT System. <http://www. cisco.com/web/

solutions/trends/iot/pottfolio.html> (accessed 26.08.15).

[3] Software Engineering Institute, Carnegie Mellon University, Architecture Tradeoff Analysis Method, Available from: <http://www.sei.cmu.edu/ architecture/tools/evaluate/atam.cfm>.

[4] Cyber-Physical Systems Public Working Group, Framework for Cyber-Physical Systems, Release 0.8. DRAFT, September 2015.

[5] Kushner, D., The Real Story of Stuxnet Spectrum. IEEE. Org (North American). <http://spectrum. icee.org/telecom/securily/the-real-story-of-stuxnet#>, March 2013, pp.49-53.

[6] P.H. Feiler, Steve Vestal (Honeywell Technology Center), The SAE Avionics Architecture Description Language (AADL) Standard: A Basis for Model-Based Architecture-Driven Embedded Systems Engineering. Available from: <http:// resources.sei.cmu.edu/library/asset-view.cfm?assetid= 29547>, May 2003.

[7] S. Wright, R. Mason, D. Miles, A Study Into Certain Aspects of the Cost of Capital for Regulated Utilities in the U.K, Report Commissioned by the U.K. Economic Regulators and the Office of Fair Trading, London, February 2003.

[8] G. Knieps, H.-J. WeiBB. Reduction of Regulatory Risk: A Network Economic Approach. Discussion Paper Institut für Verkehrswissenschaft und Regionalpolitik No.117, September 2007.

[9] G. E. Moore, Progress in digital integrated electronics, in: Electron Devices Meeting, vol. 21, IEEE Conference Publications, 1975, pp. 11-13. Retrieved at <hup://ieeexplore.ieee.org/stamp/stamp.jsp? tp-&amumber= 1478174>.

[10] A. Scott, Risk society or angst society? Two views of risk, consciousness and community, in: B. Adam, U Beck, J, van Loon (Eds.), The Risk Society and Beyond: Critical Issues for Social Theory. Sage, London, 2000, pp.33-46.

[11] T. Maurer, R. Morgus, I. Skierka, M. Hohmann, Technological sovereignty: missing the point? Report by New America's Open Technology Institute and the Global Public Policy Institute (GPPi) Funded With the Support of the European Commission, November 2014.

[12] Court of Justice of the European Union, Judgment in Case C-362/14 Maximillian Schrems v Data Protection Commissioner, October 2015. Retrieved at <http://curia.europa.eu/juris/document/ document.jsf? text=&docid=172254&pageI ndex=0&doclang=en&mode=req&dir=&occ= first&part= l&cid= 191575>.

[13] L Sweeney, Technology Dialectics: Conslrucling Provably Appropriate Technology, Data Privacy Lab. http://dataprivacylab.org/dataprivacy/ projects/dialectics/index.htmil, 1 Fall 2006 (accessed on 26.08.15).

[14] P. Katsumata, J. Hemenway, W. Gavins, Cybersecurity risk management, in: Military Communications Conference, 2010-Milcom 2010. IEEE, 2010.

[15] Intel Corporation, Prioritizing Information Security Risks With Threat Agent Risk Assessment,

Information Technology White Paper, Available from: <http://www.intel.com/Assets/en_US/PDF/whitepaper/wp_IT_Security_ RiskAssessment.pdf>, 2009.

[16] J. Hunker Policy challenges in building dependability in global infrastruc-tures, Comput Security 21.8 (2002) 705-711.

[17] InternetLiveStats.com, data available al: <http://www.internelivestats. com/internet-users/>.

[18] International Telecommunication Union, Estimation Found At Estimate, at <https://en.wikipedia.org/wiki/GlobaL_Imernet_usage>.

[19] BSA|Software Alliance, et al., Moving Forward Together: Recommended Industry and Government Approaches for the Continued Growth and Security of Cyberspace, October 2013.

[20] G.A. Akerlof, The market for "lemons": quality uncertainty and the marketmechanism, Q J Econ (1970) 488-500,

[21] J.M. Bauer, M.J.G. Van Eeten, Cybersecurity: Stakeholder incentives, exter- nalities, and policy options, Telecommunications Policy 33 (10) (2009) 706-719.

[22] H.A.M. Luiijf, et al., Empirical findings on European critical infrastructure dependencies, International Journal of System of Systems Engineering 2.1, 2010, pp. 3-18.

[23] P. Rodrigues, E. Lupu, J. Kramer, Compositional realibility analysis for probabilistic component automata, in: IEEE/ACM 7th International Workshop on Modeling in Software Engineering, IEEE Computer Society Press, 2015.

[24] L. Piètre-Cambacédès, M. Bouissou, Cross-fertilization between safety and security engineering, Rel, Eng. Sys. Safety 110 (2013) 110-126.

[25] International Atomic Energy Agency (IAUA), International Nuclear Safety Group (INSAG), Defence in Depth in Nuclear Safety, INSAG-10, STi/PUB/1013, 1996.

[26] Ozment A. Software security growth modeling: examining vulnerabilities with reliability growth models, in: Proceedings of (The 1st Workshop on Quality of Protection (QoP'05), Milan, Italy, 2005. pp. 25-36.

[27] O. Sheyner. J.W. Haines, S. Jha, R. Lippmann, J.M. Wing: Automated genera- tion and analysis of attack graphs, in: IEEE Symposium on Security and Privacy, 2002, pp. 273-284.

[28] A. Roy, D.S. Kim, K.S. Trivedi, Attack countermeasure trees (ACT): towardsunifying the constructs of attack and defense trees, Secur Commun Netw 5(8) (2012) 929-943 (John Riley & Sons).

[29] M. Huth, J.H.-P. Kuo, Quantitative Threat Analysis via a Logical Service, Technical Report 2014/14, Department of Computing, Imperial College, London.

[30] T. Bedford, R. Cooke, Probabilistic Risk Analysis: Foundations and Methods, Cambridge University Press, Cambridge, MA, 2001.

[31] L. De Moura, N. Bjϕrner, Satisfiability modulo theories: introduction andapplications, Commun

ACM 54 (9) (2011) 69-77, ACM Press.

[32] M, Jünger, T.M, Liebling, D. Naddef, G.L. Nemhauser，W. R. Pulleyblank, G. Reinelt, et al., 50 Years of Integer Programming 1958-2008-From the Early Years to the State-of-the-Art, Springer, Berlin，2010, ISBN 978-3-540- 68274-5.

[33] N. Bjϕrner, A,-D. Phan, L. Fleckenstein, vZ-An Optimizing SMT Solver, Proceedings of TACAS 2015, LNCS 9035, Springer Verlag, Berlin, 2015.

[34] P. Beaumont, N, Evans, M, Huth，T. Plant, Confidence analysis for nuclear arms control: SMT-abstractions of bayesian belief networks, in: Computer Security—ESORICS 2015, Springer 2015, pp. 521-540.

[35] A. Ben-Tal, L. El Ghaoui, A. Nemirovski, Robust Optimization, Princeton University Press, Princeton, NJ, 2009.

[36] J. Pearl, Belief networks revisited, Artif Intell 59 (1-2) (1993) 49-56.

[37] S. Kriaa, L. Pietre-Cambacedes, M. Bouissou, Y. Halgand, A survey of approaches combining safely and security for industrial control systems, Reliab Eng Syst Safety 139 (2015) 156-178.

[38] M. Huth, J.H.-P. Kuo. An automated reasoning tool for numerical aggrega-tion of trust evidence, in: Proceedings of the 20th International Conference on Tools and Algorithms for the Analysis and Construction of Systems (TACAS 2014), Lecture Notes in Computer Science 8413, Springer Verlag, 2014,pp, 109-123.

[39] C. Vishik, M. Balduccini, Making Sense of Future Cybersecurity Technologies: Using Ontologies for Multidisciplinary Domain Analysis, ISSE 2015,Springer Fachmedien Wiesbaden, 2015, pp. 135-145.

[40] J. Mylopoulos, M. Jarke, M. Koubarakis, Telos-a language for representing knowledge about information systems., ACM Trans Inf Syst 8 (4) (1990) 327-362.

[41] A. Herzog, N. Shahmchri, C. Duma, An ontology of information security, Int J InfSecurity 1 (4) (2007) 1-23.

[42] Fenz, S., Ekelhart, A. Formalizing information security knowledge, in: ASIACCS 2009, 2009, pp. 183-194.

[43] H. Mouratidis, P. G. iorgini, G. Manson, An ontology for modeling security: the tropos approach, Knowledge-Based Intelligent Information and Engineering Systems, Springer, Heidelberg, 2003.

[44] Massacci, H, Mylopoulos, J., Paci,E, Tun,T., Yu, Y., An extended ontology for security requirements, in: WEISSE 2011f June 20-24, 2011.

[45] D. Grawrock, Expressing trust, in: Talk given at the Workshop on Addressing R&D Challenges in Cybersecurity: Innovation and Collaboration Strategy, Imperial College London, London, UK, 20 June 2013.

[46] F. B. Schneider, D. Mulligan. Doctrine for Cybersecurity. Daedalus. Fall 2011, pp. 70-92. Also

available as a Cornell Computing and Information Science Technical Report, April 2011.

[47] Cybersecurity Policy Making at a Turning Point: Analysing a New Generation of National Cybersecurity Strategies for the Internet Economy and Non-governmental Perspectives on a New Generation of National Cybersecurity Strategies: Contributions from BIAC, CSISAC and ITAC, OECD, 2012, http://www.oecd.org/sti/ieconomy/cybersecurity%20policy% 20making.pdf (accessed August 24, 2016).

[48] S. Nakamoto. A Peer-to-Peer Electronic Cash System, <https://bitcoin.org/ bitcoin.pdf>.

[49] R. Ali,J. Barrdear, R. Clews, J. Southgate, Innovations in payment technolo- gies and the emergence of digital currencies, Bank of England Quarterly Bulletin (2014) Q3.

[50] R. Ali, J. Barrdcar, R. Clews, J. Southgate, The economics of digital curren-cies, Bank of England Quarterly Bulletin (2014) Q3.

[51] L. Lamport, R. Shostak, M. Pease, The Byzantine Generals Problem (PDF), ACM Trans Progr Lang Syst 4(3) （1982) 382-401.

[52] Infosecurity: Researcher Discovers Distributed Bitcoin Cracking Trojan Malware. <http://www.infosecurity-magazine.com/news/researcher-discovers- distributed-bitcoin-cracking/>, 19 August 2011.

[53] J. Bonneau, A, Miller, J. Clark, A. Narayagan, J.A. Kroll, E.W. Felten. SoK: research perspectives and challenges for bitcoin and cryptocurrencies, in: IEEE Symposium on Security and Privacy, 2015.

[54] T. Simonite. Mapping the bitcoin economy could reveal users' identity. MIT Technology Review, Computing News. <http://www.infosecurily-magazina.com/ncws/rescarcher-discovers-distribute-bitcoin-cracking/>, 5 August 2013.

[55] J. Matonis. The Policitcs of Bitcoin Mixing Services. Forbes.com. <http:// www.forbes.om/ sites/jonmatonis/2013/06/05/the-politics-of-bitcoin-mixing- services/>, 5 June 2013.

[56] R. Bloem，S. Jacobs, A. Khalimov, I. Konnov, S. Rubin, H. Veith，et al., Decidability of parameterized verification, Synthesis Lect, on Dist. Comp. Theory, Morgan & Claypool Publishers, San Rafael, CA, USA, 2015.

[57] C. Pesquita, J.D. Ferreira, F. M. Couto, M.J. Silva, The epidemiology ontology: an ontology for the semantic annotation of epidemiological resources, J. Biomed Semantics 5 (4) (2014).

[58] I. Horrocks, Description logics in ontology applications, KI 2005: Advances in Artificial Intelligence, Lecture Notes in Computer Science, vol 3698, Springer Verlag, 2005.

[59] N.G. Pavlidis, D.K. Tasoulis, N.M. Adams, D. J. Hand, Adaptive consumer-credit classification, J Oper Res Soc 63 (12) (2012) 1645-1654.

[60] M. Huth, J.H.-P. Kuo, On designing usable policy languages for declarative trust aggregation, Second International Conference, HAS 2014, Held as Part of HCI International 2014, Heraklion, Crete, Greece, June 22-27, 2014. Proceedings, 2014, pp. 45-56.

第三部分　系统安全与防护的应用

第9章　一种开发弹性云服务的设计方法

9.1　云服务背景

云计算是能够“以泛在、便捷、随需方式接入到可配置共享计算资源池的模型，能以最少的管理工作或与服务提供者的交互，实现快速提供和交付”[1]。最广为接受的云计算交付模型是基础设施即服务（IaaS）、平台即服务（PaaS）和软件即服务（SaaS）[2]。此外，还有其他的部署模型（公有、私有和混合的）[3]和新兴的交付模型，如存储即服务（StaaS）[4]、安全即服务[5]以及网络即服务[6]。

基于性能和成本考虑，对于云计算和服务的广泛使用将使安全问题进一步恶化。

在云计算中，许多安全方面的直接控制由服务提供者，如信任、隐私保护、身份管理、数据和软件隔离以及服务可用性。此外，云计算集成了虚拟化、Web 技术、实用计算和分布式数据管理等多种技术，每种技术都有其自身的漏洞。如果不能充分解决云安全问题，云计算和服务的应用及扩展将受到严重影响。由于存在诸多挑战，传统安全方法在云环境中不足以奏效，这些挑战包括在云资源和服务配置中广泛使用的单一范式[7]、云环境的快速动态变化、可导致病毒快速传播的社交网络软件工具的使用、安全策略的手动密集管理以及异构移动工具和设备的广泛使用[8]等。

云安全受到从物理机器到虚拟环境的广泛攻击[9]。云计算对虚拟化环境的依赖导致更多安全问题，如虚拟机管理程序的利用[10-11]。此外，云计算的一个主要安全问题是内部人员攻击，此类攻击随着不同组织之间云数据交换的增多而增加。

前期一些工作已说明了云安全的分类[12-14]。在 laaS 中，由于计算、存储、网络等基础设施资源在多个用户之间共享，IaaS 没有为服务租户提供强隔离，导致内部恶意人员能够访问合法用户的数据[14]。对于 PaaS，供应商向客户提供平台用以在云上开发和部署应用程序，而 API 滥用可能威胁到所有服务模型[14]。在 SaaS 中，客户远程连接到云，使用其提供的应用软件。跨站脚本[15]、访问控制缺陷、操作系统和 SQL 注入缺陷、跨站请求伪造[16]等都会威胁 SaaS 云模型和数据的安全[17]。

在云上，客户数据驻留在第三方数据中心，因此，数据安全是客户最关心的问题，研究者已在其著作中对数据安全进行了论述[18-20]。此外，源于云供应商的内部人员攻击仍是高风险威胁，这些员工有机会访问海量客户信息，尤其是关键任务系统。DDoS（分布式拒绝服务）或网络攻击可能危及云服务的可用性，对于这种情况，使用如文献[21−22]所述的入侵检测方法予以防范。

虽然已提出了各种云安全解决方案[18−19]，目前仍缺乏能够涵盖云安全所有方面的全面解决方案。大多数解决方案都是局部的，其检测−响应模型已随着时间的推移而失效。人们普遍认为，不可能存在无法渗透和利用的云资源与服务。为了应对云安全挑战，需要一种基于弹性范式、移动目标防御（MTD）和自主计算的创新设计方法，使得防御者在与攻击者的博弈中占据优势。

9.2 弹性云服务设计方法

本书的方法是基于 MTD 概念来开发弹性云服务（RCS）和算法以战胜云安全挑战[3]。MTD 的定义是：“一种创建、评估和部署机制及策略，具备多样性、能持续变换并随时改变，从而增加攻击复杂度和攻击者代价，限制系统漏洞的暴露和攻击者机会，增加系统弹性”。[23]本书设计方法是通过随机改变服务攻击面，增加攻击者利用云服务漏洞的难度。因此，当攻击者探测、构造并向被探测云服务发起攻击时，该服务将不再存在或运行；所以，攻击将不能有效破坏云服务的正常操作。图 9.1 展示了以下两种场景。

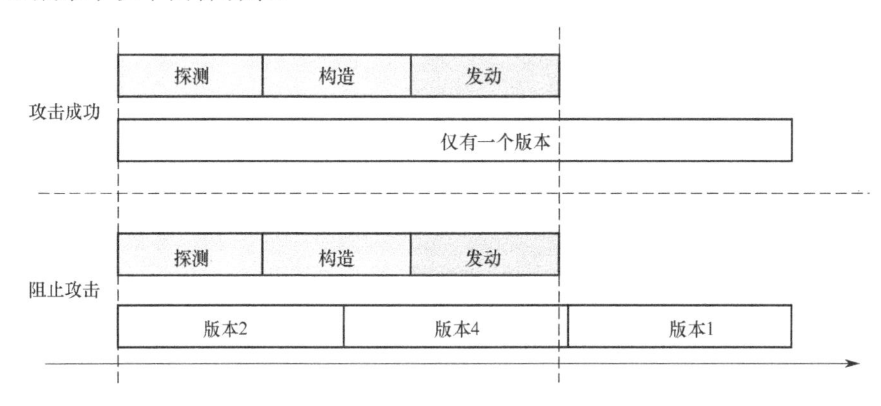

图 9.1　移动目标防御的攻击窗口

（1）在云服务环境保持静态时的成功攻击。这是最多的实施/环境，攻击者具有足够时间通过探测云服务研究现有漏洞，然后构造和发起攻击。

（2）不成功的攻击。它是指云服务某一版本的生命周期小于探测、构造和发动一次攻击所需的时间。

本书的设计方法有效利用了以下能力。

（1）冗余。常用在容错技术[24]中，以保证无论软件或硬件出现故障，系统都能持续成功运行。在本书方法中，将 N 版本编程[25]与硬件和虚拟机（VM）冗余相结合，使得每个云应用程序任务运行在不同的物理节点和虚拟机上。

（2）多样性。能够生成多个功能相同、行为不同的软件版本（如每个软件任务可有多个版本），各个版本具有不同的编程语言（如 C、Java、C++等）实现的不同算法，能够运行于不同的计算系统。使用可移植检查点的编译器[26]来捕获云应用程序的当前状态，从而在不同的云环境中进行恢复。

（3）混排（Shuffling）。通过对多样、冗余的云服务进行随机混排，可混淆云服务执行环境，使得攻击者无法识别云服务的执行环境类型和资源。这种方法将大大减弱攻击者中断云服务正常操作的攻击能力。此外，还可以通过动态改变混排率及执行环境来调整系统的弹性水平。这种方法的主要优点是通过执行环境的动态变化，隐藏那些可能被网络攻击者利用的软件缺陷。

（4）自主管理（AM）。AM 的主要任务是支持云资源、服务等各种组件之间的动态决策。通过这种方式，可以利用云系统的当前状态动态地配置服务，并满足应用程序可能在运行时发生更改的安全需求。

9.3 弹性云服务架构

图 9.2 描述了弹性云服务（RCS）的体系架构，主要包括以下 4 个模块：云服务编辑器、弹性云中间件、配置引擎、自动服务管理器，以及虚拟机（用于实现 ASM 管理的弹性服务）。

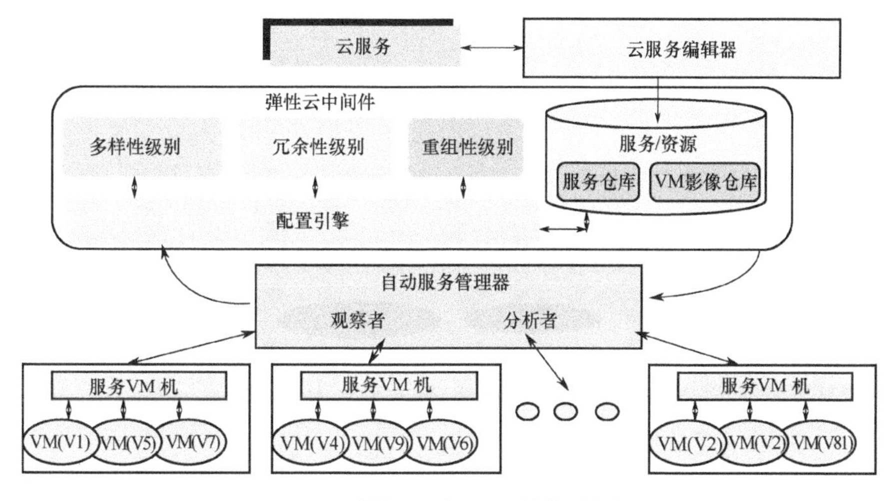

图 9.2 弹性云服务 RCS 的体系架构

9.3.1 云服务编辑器

编辑器允许用户和/或云服务开发商定义云服务的弹性需求。

（1）定义所需的多样性级别（不同版本的数量和/或不同的平台）。

（2）定义冗余级别（需要多少冗余物理机器）。

（3）定义执行环境和阶段的动态调整频率。

9.3.2 弹性云中间件

弹性云中间件（RCM）提供控制和管理服务来部署和配置软件和硬件资源，以实现 CSE 定义的系统弹性。通过随机混排变换每个服务的运行版本和资源，可以实现任何云应用程序的弹性操作，这样就可以把执行环境隐藏起来（类似于数据加密）。服务环境的动态变化使得攻击者很难生成潜在漏洞模型元素并发起成功的攻击。根据当前云服务的执行状态，以及对所需弹性需求的持续监控和分析，决定何时混排当前变量、混排频率和下一次混排的变量选择。

为了加快弹性算法和执行环境的选择速度，在 RCM 存储库中包含了一组 BO 算法和运行不同操作系统（如 Windows、Linux 等）的虚拟机影像，支持 MapReduce、Web 服务、请求和跟踪程序等云服务。

CE 接受用户使用编辑器定义的弹性需求，并使用 RCM 存储库为 RCS 构建执行环境。选择的 BO 算法根据执行阶段顺序依次运行每个云应用程序或服务，每个执行阶段由自动服务管理器（ASM）进行管理。ASM 控制冗余且多样化的虚拟机的操作，因此能够抵抗任何类型针对托管云服务的攻击。

此外，我们还引入了主虚拟机（MVM）和工作虚拟机（WVM），其中每个 MVM 管理由多个 MVM 产生的结果的投票算法。

9.3.3 自动服务管理器

我们成功设计并实现了一个通用自动计算环境（Autonomia），它被用来实现 AM 模块[27]。采用图 9.3 所示的自动服务管理架构，使用两个软件模块实现了 ASM：观察者模块和控制器模块。

其中，观察者模块用于监视和解析受管理云资源或服务的当前状态。控制器模块用于管理云操作以及执行弹性操作策略。观察者和控制器采用统一的管理接口来实现所需的 RCS。

在接下来的示例中，将通过混淆云服务的版本和运行资源来展示如何实现弹性操作。如图 9.4 所示，假设有一个服务 A，运行在 3 个阶段，SA=$\{S_{A1}, S_{A2}, S_{A3}\}$。

服务行为混淆（SBO）算法由 ASM 进行管理，算法在每个执行阶段之后混排运行服务版本，动态更改服务版本执行序列，从而对执行环境进行隐藏。何时混排当前服务版本、混排频率、下次混排的版本选择等决策则根据 ASM 的持续反馈信息进行调整。服务 S_A 分 3 个阶段执行：第一阶段 V_3，第二阶段 V_1，第三阶段 V_2。

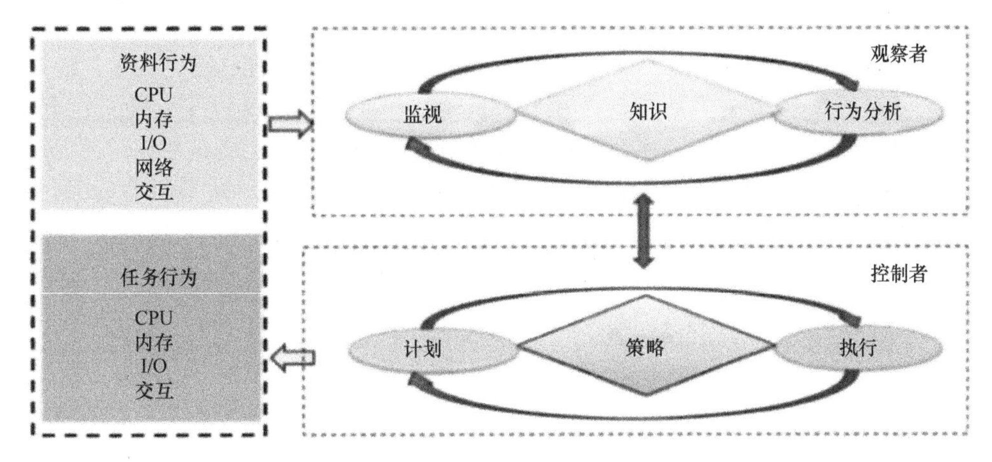

图 9.3　自动服务管理架构

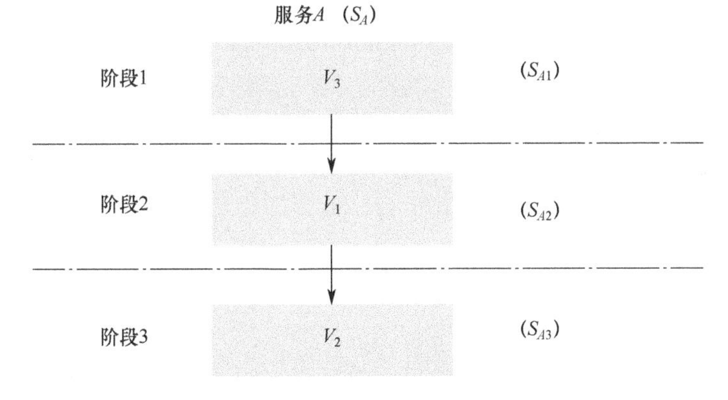

图 9.4　服务行为混淆示例

除了混排服务版本执行序列，还将硬件冗余和软件多样性技术用于实现应用程序任务。设计多样性的概念通常用于软件容错技术，以便在软件设计出现故障的情况下保障系统继续运行。我们将 N 版本编程[25]和在线异常行为分析技术[28]用于服务混淆处理方法中。多版本实现可防止利用单一漏洞开展的恶意攻击；异常行为分析方法确保每个任务在执行阶段结束时正确完成操作；通过对执行环境进行正常运行时模型检测，我们可以检测出执行环境、任务变量、内存访问范围等中发生的任何恶意更改。

在服务混淆算法中应用了编译器可移植检查点（CPPC）技术[26]，以跨平台恢复不同服务版本的程序执行。在容错计算中，检查点通常被设定为故障恢复点[29-30]。将计算状态定期保存到一个稳定的存储器中，通过恢复这种状态就可以恢复应用程序执行。

CPPC 的一个典型特点是允许程序在不同的架构和/或操作系统上重新开始执行。它还通过优化保存到磁盘的数据量，提高执行效率和网络数据传输率（CPPC 是开源工具，可在 http://cppc.des.udc.es 上基于 GPL 许可进行下载）。CPPC 可在异构环境中重新启动应用程序，某一架构（或 OS）下生成的状态文件可用于另外的架构（或 OS）上重新开始程序计算。CPPC 框架由一个包含检查点程序的运行时库和一个自动调用该库的编译器组成。完整过程如图 9.5 所示。

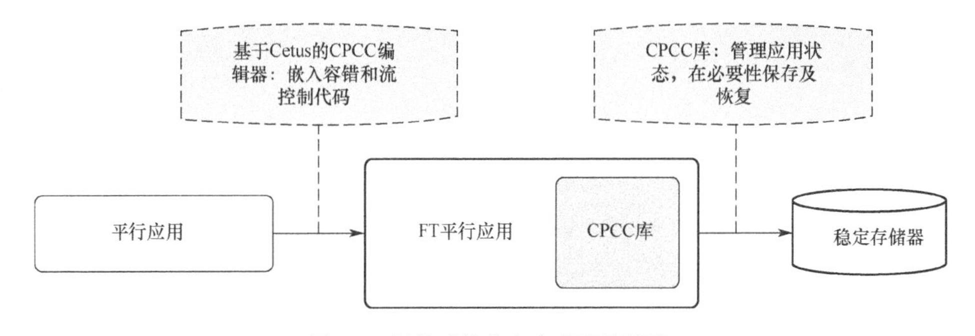

图 9.5 便携式检查点生成器编译器

9.3.4 弹性分析与量化

由于环境的差异性，对任何 SBO 算法所能实现的弹性进行量化都是相当困难的，因此，建立一套通用的网络系统弹性量化指标是不切实际的。本节描述了一种分析方法来量化弹性，它是通过使用 SBO 算法的一种配置来实现的。采用 4 个重要的指标量化云应用程序的弹性：机密性、完整性、可用性和曝光度。

软件系统的攻击面是系统脆弱性的一个指标。因此，系统的攻击面越高，其安全性就越低。攻击面表示攻击者可以通过攻击向量（Attack Vector）利用或攻击系统的区域。在基于 SBO 的弹性环境中，攻击面测量可以在给定冗余度、冗余度水平和相位数的情况下量化 SBO 算法的弹性。分析量化方法的目的是表明与静态执行环境相比，SBO 算法如何通过减少攻击面提高系统弹性。量化攻击面的第一步是识别可以被攻击者利用的软件模块和库，包括操作系统、程序语言和网络等。攻击向量利用了这些软件模块中的漏洞，而许多工具，如 Microsoft attack Surface Analyzer[31]、Flawfinder[32]、Nessus[33]、Retina[34]和 CVEChecker[35]等可以用来识别攻击向量。除了这些软件系统和模块外，云应用程序还有一个小于或等于系统攻击面的攻击面，因为应用程序在运行时用到的是系统攻击面的子集，并不是所有的系统攻击向量都会在应用程序执行环境中被用到。

通用漏洞列表（CVE）[36]是信息安全、脆弱性、漏洞等的公共参考，用于确定软件系统的机密性、完整性和可用性。通用脆弱性评分系统（CVSS）[37]是一种适用于工业、组织和政府，并提供准确、一致的脆弱性影响评分的标准测量系统。网络弹性依赖于机密性、完整性和可用性的各种功能，如可维护性、可靠性、安全性、可信性、可执行性和可生存性等[38]。

本书使用如下方法确定攻击面。

（1）使用基于已知攻击场景构建的多个攻击向量扫描云系统。

（2）使用 CVSS 系统识别系统脆弱性的特征和影响，包括基础、临时和环境评分 3 个组。基础组描述脆弱性的内在特征。临时组描述随时间变化的脆弱性特征。环境组描述用户环境所特有的脆弱性特征。每一组产生一个评分（范围从 0 到 10）和一个向量（描述用于推导评分的攻击值）。利用 CVSS 数据库，通过比较攻击向量就可以得出相应的分数。

（3）确定攻击向量的影响及其概率。

（4）确定攻击者成功利用云系统和云应用程序中已识别漏洞的概率。

接下来将进一步详细描述本书的方法，分析评估在使用 SBO 方法的情况下，攻击者成功攻击现有漏洞的概率。

分析中将弹性定义如下。

定义：系统弹性 R 定义为系统在攻击影响低于最低限度 R 的情况下，继续提供服务质量 QoS 的能力。

脆弱性 v 在瞬间 t 的攻击影响 $i_v(t)$ 定义为

$$i_v(t)=\begin{cases}0, & t<T_v \\ I_v, & t\geqslant T_v\end{cases} \tag{9–1}$$

式中：T_v 为发现漏洞和利用漏洞所需的时间；I_v 为利用漏洞的影响。

脆弱性 v 的影响的期望值定义为

$$E[i_v]=I_v\cdot\Pr(A_v) \tag{9-2}$$

式中：A_v 为利用漏洞 v 的攻击事件发生的随机变量。A_v 的概率为

$$\Pr(A_v)=\Pr(A)\cdot\Pr(U_v) \tag{9-3}$$

式中：A 表示存在一个试图攻击系统的攻击者；U_v 表示利用漏洞 v 成功攻击所需的时间。为了简化问题，我们假设总存在一个攻击者 A，即 Pr（A）= 1；攻击者针对脆弱点 v 的攻击，在花费任意 T_v 以上的时间都会成功；也就是说，假设所有攻击者都是专家，并且能够在最短时间 T_v 内成功发动攻击。定义程序生命周期时间为 T_f，假设 U_v 为均匀随机变量，则 U_v 的 pdf （概率密度函数）为

$$\Pr(U_v)=\begin{cases}0, & t<T_v \text{ 或 } t>T_f \\ \dfrac{1}{T_f-T_v}, & t\geqslant T_v\end{cases} \tag{9-4}$$

我们将具有 N 个漏洞的系统的影响定义为

$$i_{\text{system}}=E[i_{v_1}+i_{v_2}+\cdots+i_{v_N}] \tag{9-5}$$

利用期望值的线性性质，前一个方程可以改写为

$$\begin{aligned}i_{\text{system}}&=E[i_{v_1}]+E[i_{v_2}]+\cdots+E[i_{v_N}]\\&=I_{v_1}\cdot\Pr(A)\cdot\Pr(U_{v_1})+I_{v_2}\cdot\Pr(A)\cdot\Pr(U_{v_2})+\cdots+I_{v_N}\cdot\Pr(A)\cdot\Pr(U_{v_N})\\&=\sum_{k=1}^{N}I_{v_k}\cdot\Pr(A)\cdot\Pr(U_{v_k})=\Pr(A)\cdot\sum_{k=1}^{N}I_{v_k}\cdot\Pr(U_{v_k})\end{aligned} \tag{9-6}$$

因为在 SBO 的技术中，没有直接控制 Pr（A）或第 k 个漏洞 v_k 的影响值 I_{v_k}，我们不断将应用程序执行调整为多个阶段，其中，对于所有或大部分漏洞而言，每一阶段的执行时间基本上都要小于 T_v，进而迫使这些漏洞的 $\Pr(U_v)$ 等于零。现在，可以使用 CVEChecker 工具来计算影响评分 I_{v_k}。

使用多个功能等效的版本来运行一个云应用程序，将减少对应用程序执行环境成功攻击的可能性，从而显著提高程序抵抗攻击的弹性。例如，假设使用 L 个应用程序的功能等效版本，那么，成功利用现有漏洞 v_k 进行攻击的概率表示为

$$\Pr(U_{v_k})=\Pr(U_{v_k,1}\cap U_{v_k,2}\cap\cdots\cap U_{v_k,L}) \tag{9-7}$$

因为这些版本彼此独立，所以有

$$\Pr(U_{v_k})=\Pr(U_{v_k,1})\cdot\Pr(U_{v_k,2})\cdots\Pr(U_{v_k,L}) \tag{9-8}$$

假设所有版本受到相同的攻击可能性：

$$\Pr(U_{v_k})=\frac{1}{L}\Pr(U_{v_k})\cdot\frac{1}{L}\Pr(U_{v_k})\cdots\frac{1}{L}\Pr(U_{v_k})=\left(\frac{1}{L}\Pr(U_{v_k})\right)^L \tag{9-9}$$

如图 9.6 所示，在 SBO 算法中引入一个等效版本数量函数后，攻击者成功的概率呈现下降趋势。例如，如果我们假设攻击者利用某一漏洞成功攻击的概率等于 0.5，通过使用 2 个等效版本，这个概率会降低到 0.05，通过使用 3 个等效版本，这个概率几乎降为 0。注意：由于运用 SBO 弹性技术时，攻击者胜出的概率相当低，因此，将攻击成功的概率设为 0.1 更加合理，从图中可以看到，当我们只使用 2 个等效版本时，攻击者成功的概率就降为 0 了。

从前面的讨论可以明显看出，我们的技术将大大降低攻击者利用云应用程序中的漏洞开展攻击的能力。

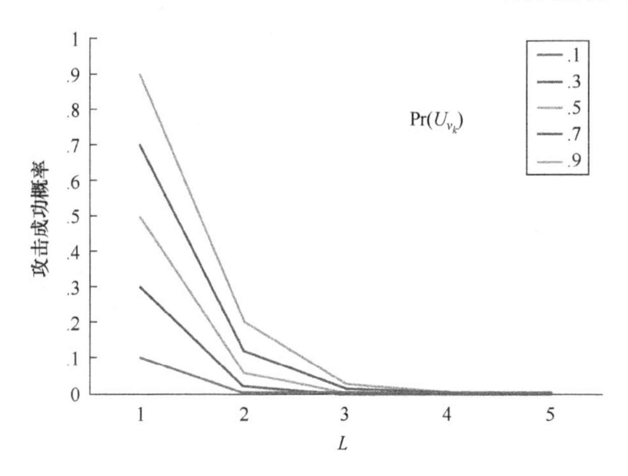

图 9.6　SBO 算法中攻击成功概率与版本数量的关系图

9.4　实验结果与评价

9.4.1　实验测试床设置

采用 IBM HS22 刀片服务器构造私有云测试床[39]。对于接下来的每个应用程序，都在刀片服务器上使用 3 个物理节点，每个物理节点上都分别构造了 3 个虚拟机（VM）。

设计如下。

（1）主虚拟机：运行 Linux。

（2）从虚拟机 1：运行 Linux。

（3）从虚拟机 2：运行 Windows。

此外，应用程序 2 和应用程序 3 还包括 4 个额外的 VM，如下所示。

（1）SBO 控制器。

（2）管理者（分配 3 个 VM，任意时刻只有一个 VM 是活跃的）。

（3）从虚拟机。两个从虚拟机分别包含同一应用程序的功能相同但行为不同的版本。例如，在图中，每个从虚拟机都包含 MapReduce 程序的一个 C++版本和一个 Java 版本。

9.4.2　应用测试

1. MapReduce

MapReduce[40]是一个高效的数据处理模型，用于解决大规模数据集的并行计算问题。使用 MapReduce 编程模型，程序员需要指定两个函数：Map（映射）和

Reduce（归约）。Map 函数接收一个“键/值”对作为输入，并生成要进一步处理的中间“键/值”对。Reduce 函数合并所有与同一个（中间）键相关联的中间“键/值”对，产生最终的输出结果。模型涉及 3 个主要角色：主机（Master）、映射器（Mapper）和归约器（Reducer）。单一主机起到协调的作用，负责任务调度、作业管理等。MapReduce 建立在分布式文件系统（DFS）上，支持分布式存储。输入数据被分割成一组映射（*M* 个）块，由 *M* 个映射器通过 DFS 的 I/O 读取。每个映射器通过解析“键/值”对来处理数据、生成中间结果，并存储在本地文件系统中。中间结果按照“键组”值排序，所有具有相同键组的“键/值”对组合在一起。映射器将中间结果的位置发送给主机，主机通知归约器接收中间结果作为其输入。归约器使用远程过程调用（RPC）从映射器中读取数据。然后，利用用户定义的归约函数处理排序后的数据，即具有相同键组的“键/值”对将根据用户定义的归约函数进行处理。最后将输出写入 DFS。

Hadoop[41]是 MapReduce 框架的一种开源实现。在实验测试中，采用 Hadoop 来评估算法在 MapReduce 程序的运行效果。Oracle Virtualbox [42]是一个虚拟化软件。定义每个物理主机为主机，每个客户机为从机，以与文献[40]中 MapReduce 的定义保持一致。为了防止单点失效，每个客户机配置为单节点集群。在每个客户机上，C++和 Java 版本的 MapReduce Wordcount 程序[40]都可运行。因此，用<物理机器、操作系统、编程语言>的组合来表示一个确定的单一版本。图 9.7 描述了应用程序不同版本的细节。

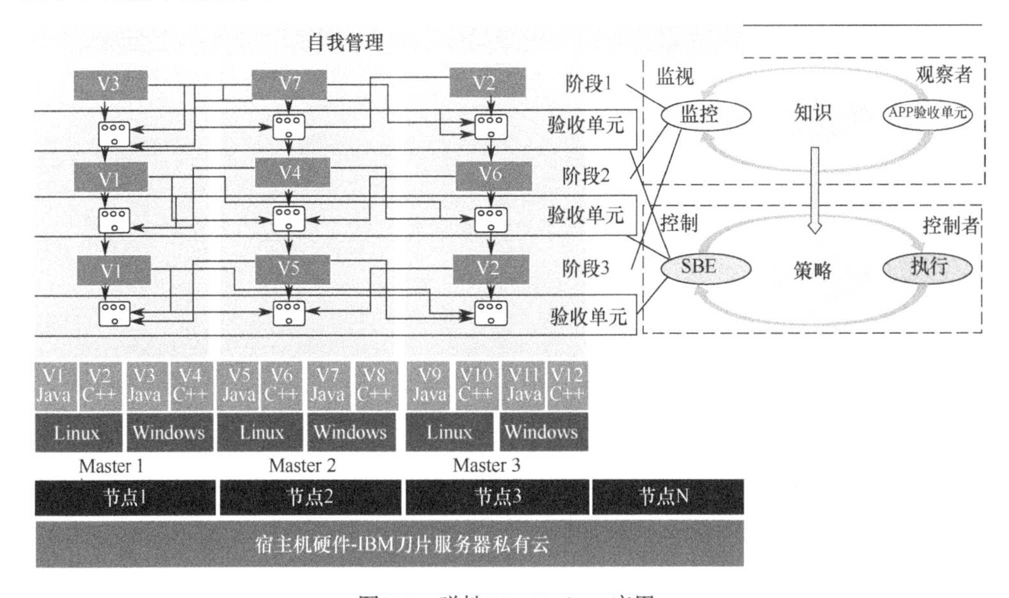

图 9.7　弹性 MapReduce 应用

在实验中，MapReduce 应用分为 3 个阶段。

阶段 1：第一个 Map 函数。

阶段 2；第二个 Map 函数。

阶段 3：最终的 Map 函数。

阶段 1 和阶段 2 的输出作为阶段 3 的输入。在运行期间，应用程序在 3 台机器上并行运行。在每个阶段开始时，每个主机本地运行一个 shuffler 程序，以确定在当前阶段运行的版本。在这个实验中，使用一个随机数生成器来确定每台机器上运行的版本。在每个阶段结束时，3 台主机本地运行验收测试。如果验收测试失败，则从另一台主机上获取输出结果。

图 9.8 显示了如何以弹性的方式运行 MapReduce 应用程序。在阶段 1 开始阶段，ASM 运行一个随机数生成器，分别选择版本 V1、V8 和 V10。在每个物理机完成第一次映射后，通过验收测试标准检查输出是否正确。如果验收测试失败，ASM 会从其他物理机上选择第一阶段的输出。第一个通过验收测试的结果将被应用程序用于下一阶段执行。第二阶段和第三阶段的操作与此类似。

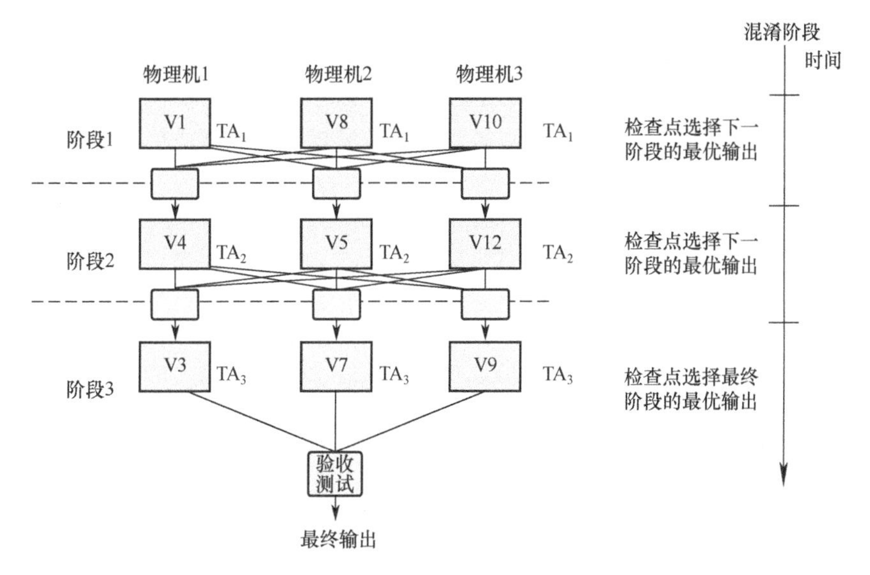

图 9.8 弹性 MapReduce 应用程序实现示例

（1）案例 1：弹性抵御拒绝服务攻击。在这个场景中，对运行 MapReduce 程序的一台机器发起 DoS 攻击。ASM 检测到 DoS 攻击并容忍它。虽然 DoS 攻击了一台物理机，并使其响应时间增加了 23%，但由于从其他物理机上获得了输出，因此，无论受到攻击与否，应用程序的响应时间都保持不变。RSC 算法增加了 14% 的响应时间开销。

（2）案例 2：弹性抵御内部攻击。在这种情况下，假设一台最快的物理机受到内部攻击，并且攻击者可以改变机器运行结果。与前一个案例类似，尽管受到内部攻击，应用程序仍然可以正常运行，因为被攻击机器的输出会被忽略，而采用其他版本的输出结果。

RCS 算法对应用程序的性能影响和开销如表 9.1 所列，平均响应时间分别增加了 14%（没有攻击）和 24%（有攻击）。

表 9.1　MapReduce 结果总结

	响应时间	单物理机 CPU 利用率	单物理机内存利用率	网络利用率/%
无 RCS	A	B	C	0
有 RCS 无攻击	1.14A	1.08B	1.02C	1
有 RCS 有攻击	1.24A	1.12B	1.04C	2

2．雅可比迭代线性方程求解器

线性方程可用于解决大量的科学和工程实际问题。在满足两个假设的前提下，雅可比迭代法可用于求解线性方程组[43]。

（1）$\boldsymbol{Ax}=\boldsymbol{B}$ 有唯一解。

（2）系数矩阵 $\boldsymbol{A}$ 的对角线元素不等于零。

利用雅可比迭代法求解 n 维线性方程组，以如下方式解出第一个方程的结果 x_1，第二个方程的结果 x_2：首先对 x 做一个初始假设，然后将这些值代入上述方程组的右边。这就完成了第一次迭代。重复上述过程，直到收敛到 x 的真实值为止。在一个三节点集群上运行上述算法，其中每个节点包括两个虚拟机 VM，一个基于 Windows，另一个基于 Linux。使用 VMware vSphere 5[44]实现虚拟化。分别以 C、C++和 Fortran 语言实现上述算法，从而创建多个版本（图 9.9）。

OS/编程语言	Windows	Linux	Windows	Linux	Windows	Linux
C	V1	V4	V7	V10	V13	V16
C++	V2	V5	V8	V11	V14	V17
Fortran	V3	V6	V9	V12	V15	V18

图 9.9　使用的版本

针对执行时间从 200s 到 3600s 的常规程序（不使用 RCS），表 9.2 对比列出了 3 组采用不同阶段策略的 RCS 程序的运行时间和负荷开销百分比。可见，负荷开销与运行程序选择的阶段数呈函数关系。

我们将引入 RCS 算法带来的额外时间开销与不运行 RCS 的应用程序进行对比，从表 9.2 可以看出，对于执行时间要求越高的程序，RCS 算法造成的负荷开销减少。例如，执行时间为 3600s 的应用程序，选择 3 个阶段的算法开销百分比降为 7%。每个应用程序选择的阶段数可以根据性能和弹性的需求折中考虑。

表 9.2　采用不同阶段策略的 RCS 程序的运行时间和负荷开销百分比

执行时间（无 RCS）/s	执行时间（有 RCS）/s					
	两阶段		三阶段		四阶段	
	时间	OH/%	时间	OH/%	时间	OH/%
200	218	9	248	24	276	38
800	838	5	890	11	988	24
1500	1568	5	1624	8	1663	11
3600	3671	2	3847	7	3890	8

3. MiBench 检测

MiBench 嵌入式基准测试程序[45]由 C 语言编写，共分成六大类，每一类针对一个特定的嵌入式市场领域。我们使用了 MiBench 基准测试套件的下述程序。

（1）基础数学（汽车及工业类）。这个程序执行数学计算，如三次函数求解、整数平方根、角度数到弧度数转换等，都是计算道路速度或其他矢量值的必要计算。

（2）Dijkstra 算法（网络类）。该程序在邻接矩阵表示中构造一个大图，然后递归调用 Dijkstra 算法计算每对节点之间的最短路径。

对于上述所有可用的 C 程序，我们根据操作系统的多样性，总共建立了 6 个版本，如图 9.10 所示。针对上述基准测试程序，我们分别计算了 RCS 算法在不同迭代次数的负荷开销，结果如图 9.11 和图 9.12 所示。可以看出，算法开销随着程序迭代量的增加而减少。

	物理机数量					
	1		2		3	
操作系统	Linux	Windows	Linux	Windows	Linux	Windows
版本数	V1	V2	V3	V4	V5	V6

图 9.10　不同版本的 C 程序

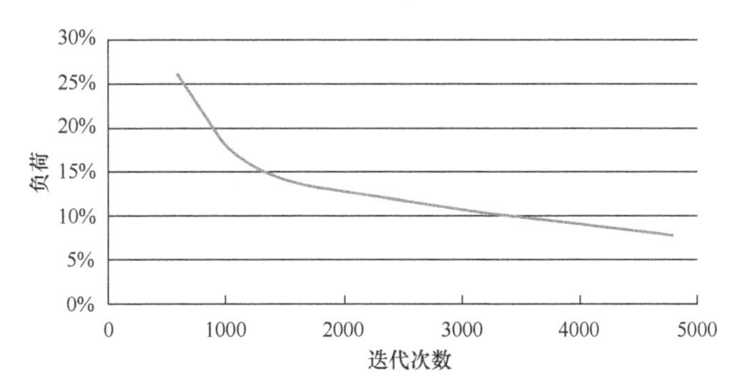

图 9.11　基础数学——三次迭代 RCS 负荷

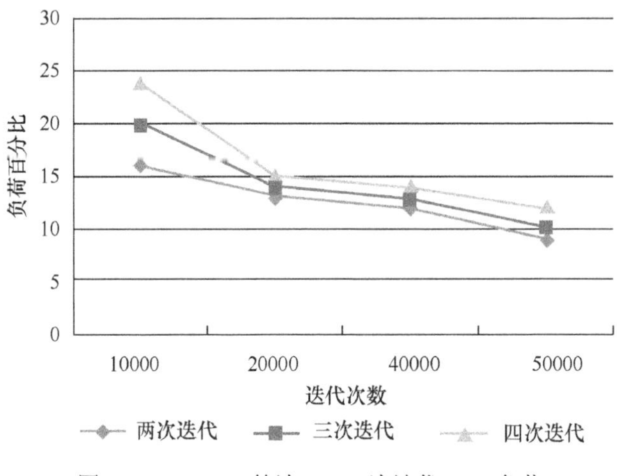

图 9.12 Dijkstra 算法——三次迭代 RCS 负荷

9.5 小 结

虽然云计算很有前途，但安全是阻碍它进一步发展的重要问题。本章首先概述了当前云计算面临的安全问题，总结了以前基于云交付模型和云组件的云安全分析工作。此外，我们还认识到，对云系统的攻击是无法预防的。在此基础上设计了拥有冗余、多样性、变换和自主管理等功能的 RCS 算法。RCS 算法中，在云执行环境中应用了多样性技术，在运行云服务的资源中使用了冗余技术，并且在运行时可动态地修改云服务的版本和资源。使得攻击者正确确定当前的云服务执行环境并成功地利用脆弱性发动攻击的代价异常昂贵。通过 3 个应用程序（MapReduce、雅可比矩阵迭代线性方程求解和一些来自 MiBench 基准测试套件的程序）来验证 RCS 的体系结构和弹性算法。实验结果表明，RCS 方法能够以大约 7%的开销承受广泛的攻击场景。作为未来的研究方向，我们目前正在开发一种分析技术来量化不同 RCS 实现策略、开销和云服务性能的弹性。

致 谢

这项工作获得美国空军科学研究办公室（AFOSR）动态数据驱动的应用程序系统（DDDAS）奖（号码 fa95550-12-1-0241）、国家科学基金研究项目（NSF IIP-0758579，SES-1314631，DUE-1303362）以及 Thomson Reuters 合作大学基金（PUF）项目的部分资助。

参考文献

[1] P. Mell, T. Grance, The NIST Definition of Cloud Computing, 2011.

[2] L. Savu. Cloud computing: deployment models, delivery models, risks and research challenges, in: International Conference on Computer and Management (CAMAN), Wuhan, China, 2011.

[3] S. Subashini, V. Kavitha, A survey on security issues in service delivery models of cloud computing, J Netw Comput Appl 34 (2011) 1−11.

[4] J. Wu, et al., Cloud storage as the infrastructure of cloud computing, in: Intelligent Computing and Cognitive Informatics (ICICCI), 2010 International Conference on, IEEE, 2010.

[5] C.P. Ram, G. Sreenivaasan, Security as a Service (SasS): securing user data by coprocessor and distributing the data, in: Trendz in Information Sciences & Computing (TISC), Chennai, 2010.

[6] P. Costa, et al. NaaS: network-as-a-service in the cloud, in: 2nd USENIX conference on Hot Topics in Management of Internet, Cloud, and Enterprise Networks and Services, San Jose, CA, 2012.

[7] K.P. Birman, F.B. Schneider, The monoculture risk put into context, in: Security and Privacy, IEEE, January-February 2009, pp. 14−17.

[8] S. Hariri, M. Eltoweissy, Y. Al-Nashif, Biorac: biologically inspired resilient autonomic cloud, in: Proceedings of the Seventh Annual Workshop on Cyber Security and Information Intelligence Research, ACM, 2011.

[9] Cloud Security Alliance. Security as a Service [online]. Available from: <https://cloudsecurityalliance.org/research/secaas/>(accessed January 2013).

[10] M. Schmidt, L. Baumgartner, P. Graubner, D. Bock, B. Freisleben, Malware detection and kernel rootkit prevention in cloud computing environments, in: 19th Euromicro International Conference on Parallel, Distributed and Network-Based Processing, 2011.

[11] D. Goodin, Webhost Hack Wipes Out Data for 100,000 Sites [Online]. Available from: <http://www.theregister.co.uk/2009/06/08/webhost_attack/> (accessed January 2013).

[12] V.S. Subashini, A survey on security issues in service delivery models of cloud computing, J Netw Comput Appl 34 (2011) 1−11.

[13] R. Bhadauria, S. Sanyal, Survey on security issues in cloud computing and associated mitigation techniques, Int J Comput Appl 47 (18) (2012) 47−66.

[14] C. Modi, D. Patel, B. Borisaniya, A. Patel, M. Rajarajan, A survey on security issues and solutions at different layers of Cloud computing, J Supercomput (2012) 1−32.

[15] H. Zeng, Research on developing an attack and defense lab environment for cross site scripting

education in higher vocational colleges, in: Computational and Information Sciences (ICCIS), 2013 Fifth International Conference on, 21-23 June 2013, pp. 1971-1974.

[16] M.S. Siddiqui, D. Verma, Cross site request forgery: a common web applica- tion weakness, in: Communication Software and Networks (ICCSN), 2011 IEEE 3rd International Conference on, 27-29 May 2011, pp.538-543.

[17] G. Pék, L. Buttyán, B. Bencsáth, A survey of security issues in hardware virtualiza- tion, ACM Comput. Surv. 45 (3) (2013), Article 40 (July 2013), 34 pages.

[18] M. Abbasy, B. Shanmugam, Enabling data hiding for resource sharing in cloud computing environments based on DNA sequences, in: IEEE World Congress, 2011.

[19] J. Feng, Y. Chen, D. Summerville, W. Ku, Z. Su, Enhancing cloud storage security against roll-back attacks with a new fair multi-party non-repudia-tion protocol, in: Consumer Communications and Networking Conference, 2011.

[20] L. Kaufman, Data security in the world of cloud computing, IEEE Secur Priv 7 (4) (2009) 61-64.

[21] Y.B. Al-Nashif, A. Kumar, S. Hariri, Y. Luo, F. Szidarovszky, G. Qu, Multi-level intrusion detection system (ML-IDS), in: ICAC 2008, pp. 131-140, 2008.

[22] P. Satam, H. Alipour, Y. Al-Nashif, S. Hariri, Anomaly Behavior Analysis of DNS Protocol, Journal of Internet Services and Information Security (JISIS) 5 (no. 4) (2015) 85-97.

[23] www.nitrd.gov, [online] May 13, 2010. <http://www.nitrd.gov/pubs/CSIA_ IWG_%20Cybersecurity_%20GameChange_RD_%20Recommendations_20100 513.pdf> (cited: 15.01.13).

[24] B. Randell, System structure for software fault tolerance, IEEE Trans Softw Eng 1 (1975) 220-232.

[25] A. Avizienis, The N-version approach to fault tolerant software, IEEE Trans Softw Eng SE-11 (12) (1985).

[26] G. Rodríguez, M.J. Martín, P. Gonzalez, J. Touriño, R. Doallo, CPPC: a compiler-assisted tool for portable checkpointing of message-passing appli-cations, Concurr Comput 22 (6) (April 2010) 749-766.

[27] X. Dong, S. Hariri, L. Xue, H. Chen, M. Zhang, S. Pavuluri, S. Rao Autonomia: an autonomic computing environment, in: Performance, Computing, and Communications Conference, Proceedings of the 2003 IEEE International, IEEE, 2003, pp. 61-68.

[28] S. Hariri, G. Qu, Anomaly-based self-protection against network attacks, Autonomic Computing: Concepts, Infrastructure, and Applications. s.l, CRC Press, Boco Raton, FL, 2007, pp. 493-521.

[29] A. Tyrrell, Recovery blocks and algorithm based fault tolerance, in: 22nd EUROMICRO Conference, 1996.

[30] K.H. Kim, H.O. Welch, Distributed execution of recovery blocks: an approach for uniform treatment of hardware and software faults in real-time applica-tions, IEEE Trans Comput 38 (1989) 626-636.

[31] [Online]. Available from: <http://www.microsoft.com/en-us/download/ details.aspx?id524487>.

[32] [Online]. Available from: <http://www.dwheeler.com/flawfinder/>.

[33] [Online]. Available from: <http://www.tenable.com/products/nessus>.

[34] [Online]. <http://www.beyondtrust.com/Products/RetinaCSThreatManage mentConsole/>.

[35] [Online]. Available from: <http://cvechecker.sourceforge.net>.

[36] [Online]. Available from: <https://cve.mitre.org/>.

[37] [Online]. Available from: <http://www.first.org/cvss/cvss-guide>.

[38] [Online]. Available from: <http://search.cpan.org/~nwclark/perl-5.8.9/utils/ perlcc.PL>.

[39] [Online]. <http://www-03.ibm.com/systems/bladecenter/index.html>.

[40] D. Jeffrey , G. Sanjay, MapReduce: simplified data processing on large clusters, in: Sixth Symposium on Operating Systems Design and Implementation, 2008.

[41] Apache Hadoop [Online].<http://hadoop.apache.org/>.

[42] Oracle VirtualBox [Online]. <http://www.oracle.com/technetwork/server-storage/virtualbox/overview/index.html>.

[43] [Online]. <http://college.cengage.com/mathematics/larson/elementary_ linear/5e/students/ch08-10/chap_10_2.pdf>.

[44] [Online]. <http://www.vmware.com/products/vsphere/mid-size-and-enterprise-business/overview.html>.

[45] M.R. Guthaus, et al. Mibench: a free, commercially representative embed-ded benchmark suite, in: Proceedings of the Workload Characterization, Washington DC, 2001.

第 10 章　云及移动云架构、安全与防护

10.1　云计算概述

云计算成为了一种重要的科技趋势[1]。正如很多专家所预测的那样，云计算重塑了信息技术发展进程和市场。对云计算最中肯的定义[2]是通过互联网以一种服务或服务容器的形式提供动态易扩展性或虚拟化资源的计算结构。云计算支持多种设备互连交互，包括台式计算机、笔记本计算机、智能手机、物联网终端等。云服务可以是软件服务、存储服务、应用程序开发平台等服务形态，并由云计算提供商进行提供。

云计算范式介绍了一些诸如成本节约、高实用性和易扩展性的优势，这些优势支撑了信息技术结构升级的产业需求[3]。如图 10.1 所示，计算模式的演变分为 5 个阶段。

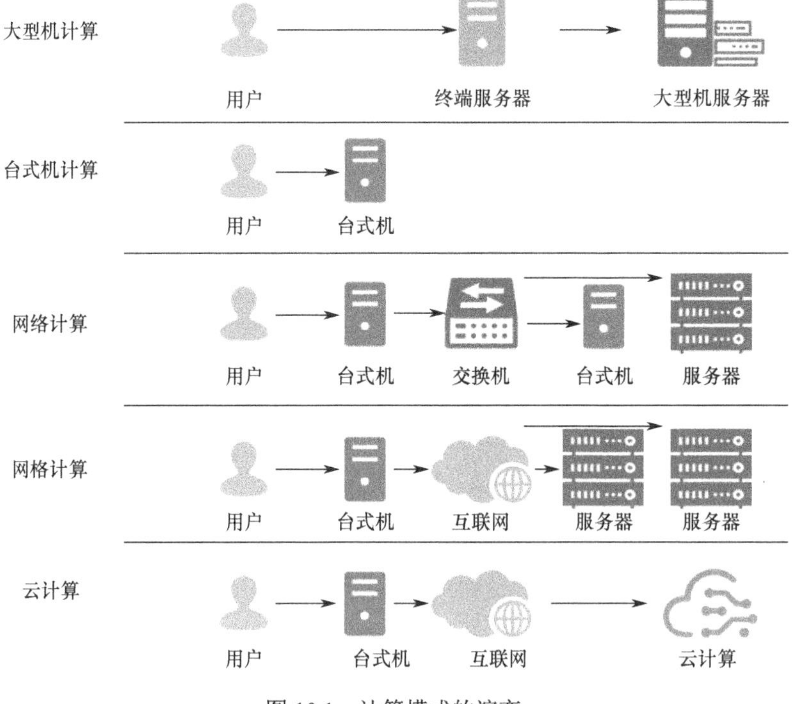

图 10.1　计算模式的演变

第一个阶段是大型机计算，很多用户通过终端服务器共享强大的大型计算机。第二个阶段是台式机计算，独立计算机的计算存储等能力足够解决大部分用户的需求。第三个阶段是网络计算，计算机和服务器通过本地网络互相连接，通过计算资源和数据的共享以提高能力。第四个阶段是网格计算，互联网代替本地网络。这种全球性网络是由于不同的本地网络互相连接而出现的，以实现利用多层级网络提供的远程应用和资源。第五个阶段是云计算，此模式在互联网上以服务的形式提供共享资源，云供应商管理其可扩展性并隐藏其复杂性，以一种透明的方式呈现给云用户。如果把云计算和其他 4 种计算模式相比较，云计算模型和最初的大型计算机模式最接近。即便如此，这两种计算模式之间也存在多种显著不同。其中的一个不同之处在于，基于云计算背后的可扩展性结构，云计算提供的运算能力几乎是无限的。由于大型计算机后端的孤立性所导致的扩展性不足，其提供的运算能力是有限的。另一个显著的不同是服务的接入技术。大型计算机服务的接入使用的是没有计算能力的终端，而云计算使用的是能力强大的本地计算机，这些计算机可以使用云服务和运行云服务上的应用程序。

10.1.1 云计算解决哪些问题

由于云计算服务的有效性和扩展性，商业程序云化已经成为一种主流趋势。这是因为云计算能够解决商业、学术和政府机构面临的许多问题。在本节中，我们要讨论通过云计算解决问题的 4 个例子。

第一个例子说明的是云计算如何解决学术信息系统面临的问题。假设一所大学要组织一个国际会议，所有学生可以通过学校网络观看网络直播。直播视频采用高清 1080P 分辨率,每秒 50 帧，直播视频质量是衡量这次会议成功的一个关键指标。会议的宣传负责人做了非常有效的工作，而且由于其良好的宣传工作，在大会开始的前一周，注册人数就远高于预期人数，这也是其技术支持没有预料到的。大学的技术人员下结论说，本地的基础设施没有能力支持所有的订阅者观看直播视频。其主要原因是基于他们自己的数据中心服务，此次网络直播视频单独一帧需要耗时 1h，那么，呈现全部的会议直播视频就要花上几年的时间。如果不使用云，大学就需要购买更多的硬件设备来支持此项活动，而这是一个非常昂贵的选择。其实目前的基础设施已经有足够的资源来支持学校的日常活动。对于此种问题，云是一种行之有效的解决方案。在这次大会中，这所大学可以在很短的时间内使用上所有需服务器基础设施来支持这次会议。同时，依托云服务，这所大学的日常活动也不会因此次国际会议受到其他不利影响。此外，如果线上用户持续超出预期的增加，云供应商则将提供所需的扩展云服务来满足国际会议需求。

第二个例子讨论了一个美国政府部门下属实验室需要内部进行数据密集型计算，而云是如何帮助其解决此问题的。这个数据处理过程需要昂贵和大量的计算基础设施运行很长时间，却只产生一个非常少的报告结果。这个案例的特殊性在于，要考虑美国国家标准技术研究院需要什么来处理用来分析像边界网关协议这样的互联网路由器协议的数据。如果不进行特殊有效安排，这样的分析有时需要花上一周以上。一个解决办法是利用专门的基础设施并安排人力来运维，但每年要花费至少50 万美元。最终将分析能力迁移到云上，使用分布式集群的计算能力，结果证明了这是一个成本效益好的方案。一旦研究者在云平台上开始分析运算，结果是惊人的。之前需要花费至少一周才能完成的分析现在云上不到 1h 就能完成。此外，云平台能够为其他使用同样基础设施做其他类型分析的研究团队实现共享。

在第三个例子中，我们要考虑的是一个经营小生意的网上鲜花商铺。一年中98%的时间，这类生意只需要非常少的信息技术设施就可以支持其有限的销售量。一台机器就能解决网站所有的电商活动和管理应用。但是，在情人节和母亲节这样的销售高峰时，它们的基础设施要求会随着销售量增加 4000%～5000%而发生剧烈的变化。对有相似销售情况的生意，云提供两种解决办法。第一种是由云供应商提供具有扩展能力的云服务。这种方案中，生意经营者选择使用在云上提供的所有服务。另外一种方案也称为云爆发，这种方案使经营者能继续在他们本地的基础设施上运行应用程序，但是在活动高峰期使用云环境来扩充他们的基础设施。通过这样的操作，云端消费者不会感受到销售旺季带来的变化，能一直进入销售网站，也能避免服务器因超负荷而崩溃。满足了顾客的需求，小生意经营者就不会错过任何季节性销售量增加而带来的机会。

最后一个例子涉及的是在不利的环境中或较大的全国性灾难中云服务的可用性。当海啸或地震这样的自然灾害发生时，公司不希望承受任何商业数据的损失。此外，在受灾地区中，应急响应小组也需要获得关键性信息以开展营救任务。若采用云计算，公司在经受较大破坏之后，即便无法恢复全部数据也能恢复大部分的数据且无须再花额外费用。因为大多数的大型云供应商都会在多个地理位置建设数据中心,这种布局的多样性就使之提供数据备份和数据恢复服务。即使在电网或光纤网络等的基础设施遭到破坏还未能修复时，云缓存或移动云计算（MCC）[4]也能保障数据的恢复和业务的持续性。与其建立和管理只会在灾难情况下才使用的基础设施，公司只需支付合理的云服务价格就能享受数据恢复和服务持续性。

10.1.2 云计算不是所有计算挑战应用场景的万能药

云计算的许多特点帮助了企业和政府机构建立可扩展性和鲁棒性的信息技术系统。然而，云计算不能处理这些系统所面临的每一个问题。在本节中，我们就讨论一下云无法解决的问题。

一个很重要的问题是云无法改善原生设计糟糕的应用程序的性能。云为云服务提供了一个明确定义的结构和模式。当把一个应用程序从客户 / 服务器结构移植到云上时，并不意味着任何潜在的设计缺陷得到自动修正。即便云平台能掩盖植入程序的低效性，但这也不意味着应用程序的行为和表现得到了改进。云供应商会显示出由于配置应用程序的低效性所消耗的额外云资源，而这些都会在账单上有所体现。

同样还是设计问题，云计算无法清除“信息孤岛”。实际上，如果应用程序没有明确的设计，有可能会制造出新的“信息孤岛”。在信息技术系统中，数据、处理和服务的孤立也会造成“信息孤岛”。如果在云里创建新的实体，那么，使用云有可能会在公司的信息系统中产生新的“信息孤岛”。

10.2 架构：从云到移动云

本节将宏观描述云计算概念，并定义组织层级和每个层级提供的云服务。介绍云计算的类型、特点、商业利益、度量标准和供应商的关键平台间的差异。同时，讨论作为移动云 MCC 基础的云缓存和网络物理系统（CPS）上云的整合问题。最后，以实践为牵引，定义一个强鲁棒性的云架构。

云计算模式是基于一个分层的架构。每层提供一系列服务，如图 10.2 所示为云计算分层架构。

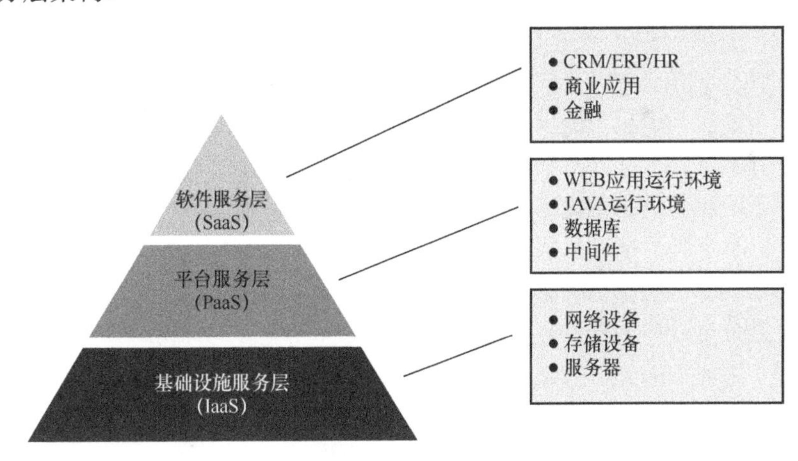

图 10.2　云计算分层架构

（1）在架构的最下层是基础设施服务层（IaaS），是指计算资源服务作为服务进行提供，其中包括虚拟计算机、处理能力、预留网络带宽以及储存服务。IaaS 服务由各种服务商提供，如亚马孙 AWS、微软 Azure、谷歌计算引擎、Rackspace 开放云和 IBM 智能云等。以亚马孙网络服务[5]为例，它在 IaaS 层提供一整套的计算和存储服务，包括虚拟机等按需分配的资源。同时，它还提供 GPU 集群、亚马孙弹性 MapReduce 架构服务、高性能 SSD 存储以及弹性的块存储等。另外，Amazon

AWS IaaS 解决方案还提供 Amazon Glacier 文档存储、ElastiCache 内存超高速缓存服务，以及关系型和非关系型的数据库等。

（2）架构的中间层是平台服务层（PaaS），本层与 IaaS 有些相似。但是，PaaS 包括必需的服务，如一个特定应用程序所需的操作系统。PaaS 层提供了应用程序、服务器端技术和数据存储选项等的编程语言，对于开发工具和应用集成的支持同样非常重要。提供 PaaS 服务的供应商有 Engine Yard、红帽子 OpenShift、谷歌应用引擎、Heroku、 AppFog、微软 Azure 云服务、亚马孙 AWS 和 Caspio。我们用 Engine Yard 作为例子来说明 PaaS 服务。它的服务是为使用 Ruby on Rails、PHP 和 Node.js 语言的网络应用程序的开发者而设计的，开发者们可应用其中云计算服务而无须考虑 IaaS 层的管理操作问题。Engine Yard 基于亚马孙云提供 PaaS 平台服务，主要包含执行备份、载入结余、管理集群、管理数据库和管理数据快照等服务。

（3）架构的顶层是软件服务层（SaaS）。在这一层级,企业将应用部署和管理托管给云供应商。应用程序是按需提供、付费订阅的模式，而云供应商提供随时随地接入、最小化管理、最小化运维等服务。

云平台具备公有云、私有云和混合云 3 种形态[6]。公有云意味着所有的基础设施部署在提供云服务的外部云计算供应商处。服务商负责对基础设施具有物理上的控制权，仅将资源分配给用户。公有云的优势是对共享资源的利用，它们的表现大多是卓越的。公有云的缺点是面临各种攻击时的脆弱性。私有云的基础设施仅供特定组织机构使用，资源也不与其他组织机构共享。组织机构是云的提供者同时也是消费者，云可能在当地也可能异地进行部署。一些云服务商可提供基于公有云私有化部署的解决方案。为了保证对于基础设施的物理控制，组织有权选择内部部署或本地部署的私有云，当然价格也更加昂贵。私有云的优势在于它使用的是私有网络，其安全程度更高，有更强的控制权限。其缺点是基础设施的成本更高。因此，当一个组织机构在内部部署云基础设施上的投资时，其成本降低是最少的。在混合云中，组织机构使用的是把公有云和私有云方案结合起来的复杂的环境。混合云的一个典型应用是利用公有云和客户沟通互动，使用私有云的本地基础设施来保证数据的安全。这种方案的缺点是会提高应用程序在公有云还是私有云上的分布的复杂度。

当前，混合云是 MCC 的基础。与通用计算机相比，移动设备会受到处理能力、电池寿命和存储容量等方面更多的限制。云计算为这些设备提供了一个无限计算资源的平台。MCC 是结合了移动设备和云计算去创建移动应用使用与开发的新型基础设施及架构的一个平台。这种架构高强度计算任务和大量数据储存任务托管到了云的基础设施上。图 10.3 展现了各个种类的云。

作为最有效、最方便的沟通工具，移动设备越来越成为人们日常生活的必需品。不受时间地点的限制，移动设备用户享受着越来越丰富的服务和应用程序的体验。这些服务的运行不局限于移动设备本身，越来越多的应用程序通过无线网络使用远程服务器。在贸易和工业领域的移动计算方面，这种基于 n 层计算的架构已经成为一种重要趋势。这些系统能接受任何（有限的）的层级数。显示、程序处理和数据管理等层级功能可以彼此独立运行。

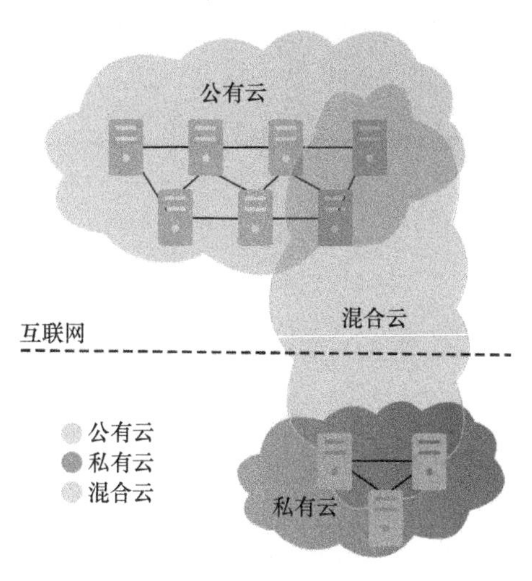

图 10.3　云种类

可是，移动设备有相当大的硬件限制。移动计算要在一台电池、存储和带宽等资源受限的设备上提供尽可能多的应用，还面临许多挑战。通信上也面临着移动性和安全性方面的挑战，这些问题促使将耗费资源的移动应用程序基于云服务平台迁移到了远程服务器上。谷歌公司提供的 AppEngine 解决方案中，不要求开发者对云知识有任何的前期理解就可以基于云来部署应用服务，云平台执行所部署的应用服务并支持远程服务访问。这种方案将移动应用庞大的计算组件托管至云基础设施去执行。

实际上，移动云是一种为移动设备和信息物理系统[7]提供服务的混合云,并在智能汽车等交通运输领域的智能设备上应用越来越广泛。汽车制造商已经开始把导航服务迁移到云上，扩展导航设备的计算能力。如图 10.4 所示，移动云使用了由公有云和私有云组成的混合云，有时也称为“微云”。微云是一个可由移动设备直接接入的私有云基础设施，并且具有与移动系统适配的虚拟化功能。移动云允许用户接入微云，而当微云发生故障时，则公有云用来运行移动应用。

在 CPS 的实例中，移动云为 CPS 中的网络部分提供了无限量的资源支撑。CPS 将决策/计算与感知或影响物理进程的能力进行融合，其中物理进程的测量为决策或计算提供输入，而输出可能触发对于构建物理世界的能量和材料流的完善操作。移动云把远程计算设施与传感器、执行器结合起来，将 CPS 的反馈圈扩展到了云上。即使无法远程接入公有云时，微云提供了接入本地基础设施的办法。这种机制作为 CPS 重要的组成部分，可以在例如地震等其他极端环境出现时，支撑撤离疏散的营救行动。因为在恶劣环境下运行，CPS 是否能与应急响应系统等全球网络实现连接完全不可知。利用移动云为 CPS 提供服务有很多好处，除了使用私有网络而带来的安全性外，服务的连续性也是一种显而易见的好处。此外，移动云可提供扩展性，这是 CPS 使用嵌入式微控制器所无法达到的。如果 CPS 进行重要更新，移动云可在极大降低成本的情况下对网络部分进行远程更新。

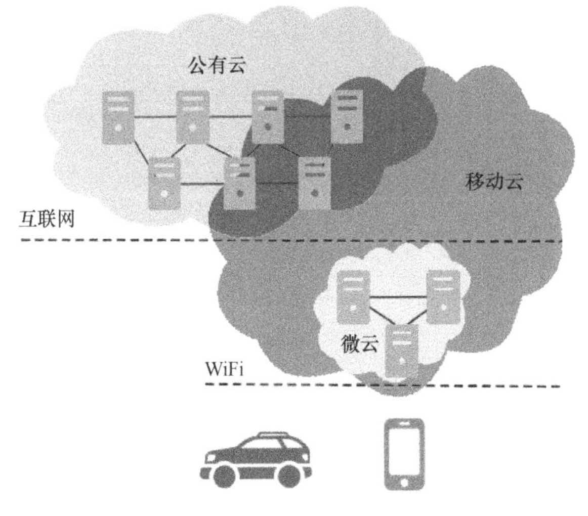

图 10.4　移动云

10.2.1 商业效益

基于云平台建立应用程序对组织机构来说会有几点好处。一个重要的好处与部署成本有关，因为建立一个大规模的系统，无论在费用上还是复杂性上都是一笔大的投资。这要求对硬件基础设施的投资（包括机架、服务器、路由器和备用电源设备等）。对数据中心也有办公场地和物理安全防护设施的投资、对硬件管理和运维人员的日常性开支是必要的。在项目启动前，为了使这种高昂的前期成本得到批准，通常要经过管理层几轮的批准，这也会造成时间上的延迟。基于云的解决方案就绕开了这样的启动花费。

即便是组织机构已经拥有满足需求的本地基础设施，当某个应用程序变得受欢迎访问量大幅提升以后，应用程序的扩展性也会遇到问题。在这种情况下，当本地基础设施无法拓展到能为应用程序提供所需的资源时，你的成功也会使你成为受害者。这种问题典型的解决办法就是在基础设施上进行大量的投资,希望应用程序扩展问题能够由基础设施的规模化来解决。通过使用云基础设施，云供应商可以进行管理，而用户可以及时调整分配给应用程序的基础设施。这种方式增加了基础设施的灵活性，帮助机构降低了风险和执行成本。这意味着，组织机构可以只在它需要时进行调整，也只为它真正使用的资源付费。

为了更有效地利用资源，系统管理员要处理当数据中心能力不够时对已有硬件组件进行排序的延迟。他们也需要在能力冗余和闲置时关闭一部分基础设施。通过使用云，系统管理员能根据需要即时获得资源，使得资源管理变得更高效。

成本是商业过程中最重要的因素之一。如果自己建设基础设施，组织机构会产生固定的成本花费，该成本不取决于使用情况。即使并未充分利用数据中心的资源，也需要为数据中心使用的和未使用的基础设施支付费用。云平台把成本节约引到一个新的维度，就是云平台提供的资源成本在下一期账单上立即可见，同时提供花费成本清单来支持预算的规划。这种基于使用率的消费模式对于组织机构是极具吸引力的，使其能够积极地实践应用程序最优化。例如，使用超高速缓存进行应用程序升级使调用后台次数减少 50%，这对成本有即时的影响。这些节约在升级云平台之后会立即呈现。这种按需花费的模式对有临时性活动的组织机构也会产生影响，这部分花销会作为额外付费在账单上显示出来。

以数据分析为导向的商业机构利用云平台可以大大缩短市场投放的时间。因为云平台提供可扩展的基础设施，因此数据分析的并行化计算是一种有效的加速计算方法。通常在一台机器上要花 100 h 的计算，若通过云平台上 100 个进程实例进行并行计算，则全部时间将减少到 1 h。调用计算机进程实例是云 IaaS 模式的核心。此外，云供应商提供了基于大数据技术来拓展并行化计算的解决方案。通过利用云提供的弹性基础设施，在不需要任何前期成本的情况下应用程序就能缩短投入市场的时间。

10.2.2 度量

本节要介绍一种在云服务及其基础组件的前提下定义和代表度量概念与应用的方法。然后，云度量学对于相关人员并不是很好理解。度量产品通常有多个定义，这使用户将它们作为标准可信任的度量方法来使用非常困难。我们提出以关键表现指数（KPI）[8]为框架帮助组织机构来定义和衡量机构目标的进度。云服务关键表现指数（KPI）旨在成为云服务针对机构目标的适应性和进展的测量指数。

获得新用户和使商业效益增长是使用云服务来运行应用程序的组织机构所面临的主要挑战。这些机构需要认真考虑能反映出日常性营收、客户保持率，以合理成本吸引客户能力的度量方法。如上所述，机构会使用一些常用的云服务关键表现指数 KPI。

最重要的云 KPI 指标之一就是客户保持率（CRR）。这一 KPI 对基于订购式的商业有 3 种主要影响，包括客户满意度、日常性营收和营收增长。客户保持率的价值对于所有的机构来说都是非常重要的。有研究表明[9]，客户保持率的增长，即使是小幅度的增长，也能对利润产生很大的影响。这份研究表明，客户保持率增长5%则会带来 50%以上公司利润的增长。因为机构可借此来预期保持销售率稳定所需的营销投入，所以客户保持率对机构很有吸引力。从忠实老客户中创造收益的投入的确要比从招揽新用户中创造收益所投入的要少。

金融机构和通信行业公司的生意通常是基于订购式的。日常性营收（月度）是这类商业模式的中心，所以此类机构的优先事项之一就是从现有客户中增加日常性营收。日常性营收（月度）指标能帮助这类机构测量客户满意度和忠诚度。

与用户和利润相关的指标对基于云计算的商业是非常重要的，但它们并不是机构应该监测的唯一重要指标。与软件开发和部署生命周期有关的 KPI 指标也会对商业效益有较大的影响。以更少的故障、更快速实现软件升级以满足用户需求的能力和更快速解决报错问题的能力，都使机构能创造有价值且部署在云上的软件。DevOps[10]就是一种帮助机构达到这些目标的开发方法。和 DevOps 有关的 KPI 被用来确定可量化的目标，这些目标把发展和部署生命周期与机构的目标相关联。它们被用来分析哪里出了问题，保持团队间的透明度，使其与机构中的客服团队和销售团队等其他团队共享测量指数。

DevOps 的一个重要指标就是特征与错误（FVB）指标，它监测错误情况的数量并与特征情况的数量进行比对。这一指标使团队能够看到错误与特征的对比，其中错误情况是指未达到规范要求需要团队进行改正的，而特征情况则需要对规范进行修改。这个指标帮助团队调整解决这些本质上不同类型问题的速度。团队用此指标来监测特征问题是否在特征限度里和当前的错误问题是否在错误限度里。

另一个指标是项目燃尽图指标（PBD KPI）。敏捷开发[11]方法中推荐了迭代增量循环，PBD KPI 是一个显示并比较项目迭代推算和项目完成的迭代数量的度量指标。这种度量使你留意项目迭代，尤其是留意如何与 DevOps 团队认为可完成的迭代数目进行比较。

10.3 安全问题

通常，对信息通信技术（ICT）而言，安全是一个重要挑战。安全是对可能由系统故障行为导致的危害的关注，这些故障可能是由网络或系统物理实现或二者之间交互所导致。这个挑战也与云有关，因为云平台在机构的 ICT 策略中占据显著地位。使用云平台的机构需要防范故障、破坏、意外和损害等。另外，机构需要就损害和危害问题与云供应商明确界限和责任。云确实在很多应用中使用，以在真实世界中进行感知和驱动，例如 10.1.1 节所述应急响应信息系统例子。云是应急系统的主动部分，能通过执行器影响物理世界。然而此类系统的控制端实际都部署在云上，云的任何故障都可能给系统带来严重危害。这些危害直接影响部署在云上的应用。云是这类系统虚拟部分的宿主，因此这些危害与云本身无关，但却与整个系统相关，因为云上部署的服务与系统的物理部分连接以构建 CPS 系统。

本节剩余部分讨论与云安全问题，目的是帮助机构对已识别危害进行有效控制，以达到可接受的风险等级。本节聚焦在云的两个遍布风险的领域：私有云和云存储。

后续部分描述针对云所有者和运营者的云基础设施危害和针对云用户的危害。对于云计算的全面安全分析应检查对由云连接的系统的所有者和使用者造成的危害，同时至少包含云与云用户之间的分布式接口协议。目前对此类研究还很少，期待对云计算安全有更广泛和深入的讨论。

10.3.1 数据中心

如果选择私有云解决方案，机构就需要管理数据中心的服务器和其他硬件设施。为了保证工作环境安全，需要认真考虑硬件和人员方面可能发生的潜在风险。这些风险包括火灾、自然灾害等常见风险，以及硬件故障、运行中断、电击和人身伤害等信息技术系统特有风险。为避免和降低风险，适当的检查、制度和培训应该是初期投入的一部分。对这些风险的防范不周会是导致数据中心运行中断的主要原因。此外，造成的影响可能是触犯职业安全和健康管理规范（OSHA）[12]事件或者对雇员造成伤害。选择私有云方案的组织机构不能期望安全的工作场所是自然产生，应将安全作为首要问题来策划和建设，以确保安全的工作环境。

安全应始于设计层面。数据中心的安全规划应是初期设计的一部分，应将对硬件安装和维护操作的分析纳入考虑之中，包括安装 / 迁移机架、上架 / 下架服务器、监测服务器等操作员的物理实施步骤，以及执行常规的物理维护任务等。在设计层面，可采取的行动之一就是设计良好的建筑规划图，使安全可靠最大化和紧急疏散最简化。此外，数据中心布线的改进也有助于安全。组织机构应该移除硬件造成的安全隐患，例如像意大利面一样纠缠的网线或易于使人绊倒的活动地板上的洞。不应小视这些简单的行为带来的影响，在服务器升级或网络扩展时忽视这些操作可能导致人员伤害。

与安全有关的装置维护是确保数据中心安全的重要一项。出于商业目的，组织机构把维护活动主要放在测试备用电源系统的可靠性上，如配电单元和不间断电源。不过维护时，烟雾探测和消防系统也需要留意。定期检查和维护这些防护装置是很重要的。同时，疏散撤离计划应保持全面更新和可用。不仅如此，所有的工作指导也都应清楚明确。数据中心员工应该清楚地知道机构对他们的期待。提供详尽的培训、明确无误的图标和清晰的书面指导是帮助员工理解其职责的最好方式。升降硬件机器和操作服务器升降机这样的基本安全指导都应该在工作程序文件中明晰。

安全程序不是一次性的行动；机构管理者应查看和了解每位员工的日常工作表现。此类追踪记录有两个目的，第一目的是确保员工遵守安全规程，尤其是确保员工不走捷径，避免危害数据中心安全，或将自己暴露于伤害和其他风险之中；第二目的是基于员工反馈改进现有规程。安全程序不应该局限于日常操作，组织机构需在安全程序中包含自然灾害相关规程，员工也应该进行应对自然灾害的培训，例如地震、洪水、飓风和龙卷风。在某些容易发生灾害的地区，如固定设备、储存资料，以及疏散程序、等待区域等常规做法需要全部员工清晰明确、充分测试并理解。

10.3.2 云数据存储

多种因素决定云存储怎样做到安全，其中哪些安全方面决定安全防护。使用云的机构，尤其要确保存储关键数据的基础设施的安全性和可靠性。云存储提供商运用多种安全防护机制，即使当黑客攻击云基础设施时，云存储也要提供一个最安全和最可靠的方法来存储数据。存储数据的安全性是云用户愿意使用此平台的最主要的原因之一，因此，云存储提供商提供多种技术确保这种安全性。

存储安全就是使黑客无法获取存储的数据资料。为了数据安全，提供商使用加解密技术作为第一道防线来避免黑客攻击。把数据传入云存储或从中传出时使用加密方法是基于复杂的密码算法，以实现更好的防护。云供应商和用户之间分享密钥，并基于密钥双方对传输的数据进行加密或解密。即使黑客通过抓取网络报文获得数据，也需要密钥才能对解密数据。尽管密文数据被盗取，解密所需要的计算能力也不是哪里都可获取的，专用的解密软件和大量的时间都会让黑客感到气馁。对于网络攻击，为了达到 100%安全，唯一的解决办法就是保持数据离线。但是与一般机构相比[13]，云供应商使用的是更复杂的安全办法，实现了对多数商业机构来说可接受的安全防护保证。额外增加的防护有利于存储在云里的数据。既然机构把安全问题托付给这些云存储，那么，对于提供商来说，安全问题便是他们考虑的核心问题。

当机构使用云存储的基础设施，就意味着机构把与物理存储有关的一切安全问题委托给了云供应商，那么，组织机构需要担心的是数据传输的安全性和云供应商的稳健性。当一个组织机构把数据转移到云时，安全是决定性的问题之一。安全性是大多数机构最优先考虑的事情，尤其对于政府机构和金融机构来说，安全性至关重要。云供应商不能保证他们平台是百分百的零风险，因为数据泄露的风险总是存在的。为了享用云带来的便利和好处，机构需要评估这种风险而不至于破坏自己的生意。为了评估数据泄露的风险，组织机构要意识到数据泄露会发生在仍使用过时安全措施的老旧线上系统，把数据安全迁移到云平台时需重新思考系统的设计，接受最新科技意味着机构将会避免所有已知的数据泄露风险并确保使用最先进的安全方法。组织机构要使用云存储就不要担心更新自己的系统。云存储比过时的服务器更安全，但是向云平台迁移数据时要采取最佳方案以保证商业安全。

移动设备给云安全防护带来了新挑战[14]。自带设备办公（BYOD）是一项信息技术政策，组织机构鼓励员工用自己的移动设备接入机构的数据库和信息系统，也必须要知道这些移动设备和使用这些设备的员工，但有些员工不愿意把私人设备和工作用设备分别开来。尤其在现代的工作场所中，电子办公是被鼓励的。从组织机构的角度来说，如果每个人都知道如何保持设备和系统安全，BYOD 是高效的。所有私人设备使用的安全规程应该清楚明确，同时要确保有良好的监管方案来追踪记录这些接入信息系统的设备。举行定期的会议对安全防护问题进行沟通和通告也是很重要的。例如，除了提醒员工离开工位时必须要遵守强制的安全防护规定外，也要使员工知道哪些应用程序和哪种私人设备是安全的。

再一次重申，关于云计算安全防护的研究需要进一步讨论，也将会成为未来此领域出版的主题。

10.4 云 安 全

在组织机构把应用程序迁移到云平台时，并不意味着应用程序设计就没有安全责任了，而是需要预测到风险并发明创造性的方法来减少风险。这部分要讨论为什么组织机构不用害怕切换到云后的有关安全威胁，并提供一份安全最佳方案列表以确保他们部署在云上应用程序的安全。

信息技术产业的确是因为它的创新意识而被人们所熟知，但是很多商业机构都在犹豫、担心切换到云的模式。这样的犹豫不是因为特殊的安全问题，而是由于有限的一些普通安全问题所引起，正是这些普通的安全问题使他们高估了切换到云的风险。引起组织机构决策者的主要担忧之一就是对于不同的决策者安全的意义也不同。例如，对很多人来说，云是很方便的在线存储音乐和照片的地方，但是对做技术的人来说，它完全是一个桌面虚拟化形式的软件运行环境。

为了建立安全协议[15]，使机构在切换到云时仍受到保护，云所扮演的角色必须是清晰明确的。对云角色的误解会对安全造成负面影响。因为云包含多种理念，是为多种商业需要而设计的，因此，不能在没有完全理解预期效果的情况下，把这些想法规划在方案里。成功切换到云的关键是要清晰地表达出需求和满足这些需求的云的设想。

云迁移改变了组织机构管理信息技术基础设施的方式，组织机构应该放弃一些对硬件的控制而交给云供应商，放弃对于数据库和数据访问的管控。组织机构需要明白，一旦数据转移到云，就不需要再对数据安全防护负责，取而代之的是云供应商的专业人员要对数据存储的所有方面负责，其中包括数据安全和数据隔离。

放弃控制权而交给云供应商可能会引起组织机构的一些担忧。例如，如果从本地基础设施迁移到外部云供应商，将服务器和数据存储的控制委托给云，可能会引起某些员工失业的恐慌。组织机构管理者需要对其进行解释，这种变化对受到影响的员工来说可能会是一个紧跟趋势和学习新技能的好机会。员工也需要明白组织机构不希望维护过时的资源，而且他们自己也需要关注对组织机构更有价值的新技术。此外，既然信息技术改变了时代，那么，掌握和使用最先进技术的机会将改变员工的履历，并使机构的商业业务受益。

云存储数据丢失的风险一直都是最持久、最具体的担忧之一。无论是传统的信息系统还是云存储，都没有办法保证 100%的数据安全。但是，组织机构可以通过找到一个比传统信息系统更有安全保障的云存储来克服这种恐惧。一些云供应商提供数据备份和容灾恢复等服务，这些措施能够帮助机构决定这些云供应商是否满足他们的商业需求。

10.4.1 威胁行为特征

云平台面临的安全威胁是真实存在的，但是大多数的安全威胁是不可见的、夸大的和很容易被管理的。组织机构与需要制定一套适应自身商业活动的安全威胁轮廓，其中要考虑已知最通用的安全威胁。基于这些威胁，能够识别哪些威胁可能导致商业活动的真实风险。

数据泄露是云平台应用场景中最可怕的威胁之一，来自黑客和恶意软件的外部威胁攻击可以从云应用的架构设计、程序实现、应用配置等许多方面获取权限。因为应用程序是运行在多租户的环境中，组织机构不能控制其他用户的行为。这种情况不仅仅只是针对云，在传统的网络应用程序中，威胁一样存在。不管怎样，组织机构需要评估和管理在互联网应用中存在的风险。面向网络应用程序的威胁攻击平均每年超过 15000 次[16]，云供应商必须采用相关技术避免类似的威胁攻击，如会破坏组织机构数据和服务的 DDoS 攻击[17]。

加解密技术是云安全的第一道防线。然而，流量劫持仍是一种威胁，可能造成安全证书被盗。劫持者在获得组织机构私有信息后，能够使用盗取的信息监听和修改数据，进而获得经济上的利益或者破坏某些商业活动。这种潜在的威胁对云平台最大的用户群体——商业机构影响最大。2010 年，亚马孙发现了一个跨站脚本漏洞，这个漏洞允许攻击者能盗取特定用户的会话 ID[18]。亚马孙没发布受影响账户私密信息的数量，但是所有迁移到云平台的机构都无法有力抵御这种威胁。

安全威胁不仅仅来自于恶意攻击，硬件错误也可能导致严重的数据丢失并引起商业损失。容灾管理、备份存储、数据中心选址等相关服务和信息都是帮助组织机构选择云供应商很重要的参考条件。既然组织机构要将服务器物理位置的控制权移交，那么，就要确保云供应商处理自然灾害和紧急故障的能力。

云供应商发布程序设计接口（API），机构通过 API 接口访问和控制云上资源。这些 API 接口为应用研发人员而设计，可能会存在文档缺失或设计缺陷等问题。在某些场景下，适配特定接口的第三方程序同样能控制这些接口，这种安全威胁可能会因此影响整个信息系统。对于云供应商和云租户而言，这是一种很严重的云安全漏洞。

DDoS 攻击可能会导致灾难性的结果。按照大多数云供应商基于资源使用的计费模式，DDoS 攻击会在成本上导致一个直接的影响。哪怕云供应商提供了灵活的资源分配策略尽量避免服务崩溃，但由于集中式数据管理，其应用程序执行效率仍会急剧下降。DDos 服务引起的服务故障和访问问题可能会将系统暴露在其他类型的攻击下。

作为一个多租户环境，云供应商提供的基础设施资源在不同的组织机构间共享，而隔离问题可能会引入新的脆弱性。首先，组织机构需要标识出采用最先进隔离技术使安全风险最小化的云供应商；其次，组织机构需要定义额外的安全协议来增强系统安全并减小共享带来的脆弱性。例如，在云平台中，文件系统加密存储技术可避免被其他云用户所植入的恶意软件进行访问的风险。

安全威胁不仅仅来自于外部攻击，数据中心内部的恶意行为也逐渐成为一个重要的风险源。随着云平台的快速推广，云供应商建立和管理越来越多的数据中心，进而开始招收外部社会人员去满足数据中心的运营维护需求。组织机构应用云平台存储数据和运行应用而无须管控相关基础设施。因此，数据中心复杂的管理任务会大大提升内部恶意攻击的可能性，而这种攻击逐渐成为一种云安全威胁。

云平台不仅仅是攻击的目标，其基础设施也可用作黑客的攻击工具。云平台为授权的商业用户提供了灵活可伸缩的基础设施。然而，非法攻击行为同样可利用这些基础设施来实施会话劫持、复杂 DDoS 攻击、传播恶意软件、分享盗版材料等。2012 年 4 月，一位匿名黑客利用亚马孙云基础设施对 SONY PS 游戏机互联网服务发动了史上第二大规模的攻击[18]，攻击者可访问超过 100 万的用户信息。即使这次攻击没有影响到云上其他应用程序，但是云供应商无法确定他们的基础设施的租用是否经过授权。因此，他们只能检查其基础设施使用的合法性和合规性后再做处理。

安全风险评估的失误是云安全威胁发生时常见的特征。组织机构有责任确保选择的云平台能够满足自己的安全需求，它们不能在安全方面全部依赖云供应商，必须通过自适应协议和工具以增强云供应商的安全防护能力来满自己的特定需求。在数据和服务迁移到云平台之前，了解潜在风险和理解云供应商的安全机制是十分重要的。组织机构需要提出相关问题，由云供应商专门的技术专家进行解答。不过，机构仍需了解法律规定的数据隐私相关条款，遵守 PCI、HIPAA 等相关法律和数据泄露、备份失败、日志保存等规定。

10.4.2 最佳实践

在数据和软件迁移到云平台时，组织机构会外包管理服务，但需要保持一个安全可靠的系统。云平台能够帮助组织机构获得便利性和经济性的同时，享受安全和防护服务。了解云的安全威胁能够督促组织机构在硬件、软件和流程上实现更好的管理和控制，这有助于减小风险，并提升在恶劣场景下系统管理和恢复的能力。组织机构可以采取 4 种主要的实践方法减少关于云安全方面的顾虑。

迁移到云环境中不是一个随意的决定，组织机构需要制定迁移计划并进行全面的风险评估。需要明确迁移过程中的应用中断会如何影响工作流、供应链和监管合规性。如果应用中断风险真实存在，那么，当应用中断或安全威胁发生时，组织机构需制定计划以保证商业活动正常运行。员工是应用迁移和云上的实际操作者，他们必须了解和遵守相关协议及规则来访问云资源。

加密技术是对抗网络和数据安全威胁的最佳防线，它能确保信息在传输和存储过程的机密性。未经加密的数据不能直接上云，重要的数据必须经过加密处理后才能传输到云端。除了常规的加密方法，强烈建议组织机构的敏感文件和应用程序要使用企业自定义的协议[19]。即使数据是加密过的，控制并执行基于授权体系的数据访问是安全防护的关键。员工只允许访问自身工作相关的信息，访问权限策略能够阻止突发性的安全威胁和内部的恶意破坏行为。组织机构需要定义清楚明晰的身份认证策略，如借助双因子认证授权等手段，而不是使工作程序复杂化[20]。

信息系统的云迁移工作是一个系统性的工程，没有计划的迁移会引入不必要的额外风险。最开始迁移最不重要的数据，在过程中组织机构根据反馈评估迁移过程的相关策略和流程，同时，员工也能有实践熟悉新平台并测试其中的问题。某些软件和某些特定数据是强相关的，组织机构应该明确哪些应用需要进行交互或依赖共享数据。这些组件需要同步迁移以减少延迟的问题。无论如何，迁移上云是组织机构升级应用软件、操作系统、软件补丁、授权许可的一个机会。

云供应商在云平台上提供了管理和监控工具，组织机构可以充分借助虚拟化管理软件，实现对基础设施网络传输、数据存储等活动的可视化监控，同时，这些工具能够基于网络事件、可疑行为以及其他表征攻击行为的信息实施通告。这些监控不是可选项，许多监管标准希望组织机构按要求进行收集和监控日志数据。

使用云平台所带来的福利是值得尝试的。云计算是一种生命力强大的信息技术，组织机构要正确认识到使用云平台在延展性和监测方面成本花销上的优势。失败的信息系统云迁移工作大多是由于缺乏事前的准备，而失败的成本可能会相当高。在组织机构将系统迁移上云的同时，会产生一系列的职责变更。组织机构放弃了一部分的安全监管，而要更加关注于商业活动本身的安全。可以肯定的是，组织机构将业务迁移上云后，将会呈现出一种积极和有效的安全态势。

参考文献

[1] K.Y. Chung, J. Yoo, K.J. Kim, Recent trends on mobile computing and future networks, Pers Ubiquit Comput 18 (3) (2014) 489–491.

[2] P. Mell, T. Grance, The NIST definition of Cloud computing, Natl Inst Stand Technol 53 (6) (2009) 50.

[3] L. Wang, J. Tao, M. Kunze, A. Castellanos, D. Kramer, W. Karl, Scientific Cloud computing: early definition and experience, in: High Performance Computing and Communications, 2008. HPCC '08. 10th IEEE International Conference on, 2008.

[4] H.T. Dinh, C. Lee, D. Niyato, P. Wang, A survey of mobile Cloud computing: architecture, applications, and approaches, Wirel Commun Mob Comput 13 (18) (2013) 1587-1611.

[5] A. Wittig, M. Wittig, Amazon Web Services in Action, Manning Publications Co., 2015.

[6] M. Armbrust, A. Fox, R. Griffith, A.D. Joseph, R. Katz, A. Konwinski, et al., A view of Cloud computing, Commun ACM 53 (4) (2010) 50-58.

[7] R. Alur, Principles of Cyber-Physical Systems, MIT Press, Cambridge, MA, 2015.

[8] D. Parmenter, Key Performance Indicators: Developing, Implementing, and Using Winning KPIs, John Wiley& Sons, New York, NY, 2015.

[9] S. C. Chen, A study of customer e-loyalty: the role of mediators, in: Proceedings of the 2010 Academy of Marketing Science (AMS) Annual Conference, 2015.

[10] W. John, C. Meirosu, P. Sko ldstro m, F. Nemeth, A. Gulyas, M. Kind, et al., Initial Service Provider DevOps concept, capabilities and proposed tools, arXiv preprint arXiv:1510.02220, 2015.

[11] R. Levy, M. Short, P. Measey, Agile Foundations: Principles, Practices and Frameworks, London, UK, 2015.

[12] R. Administrators, D. Dougherty, Occupational Safety & Health Administration (OSHA), Washington, DC, 2015.

[13] S. Kamara, K. Lauter, Cryptographic Cloud storage, Financial Cryptography and Data Security, Springer, New York, NY, 2010, pp. 136-149.

[14] A. Bello Garba, J. Armarego, D. Murray, Bring your own device organizational information security and privacy, ARPN J Eng Appl Sci 10 (3) (2015) 1279-1287.

[15] U. Gupta, Survey on security issues in file management in Cloud computing environment, arXiv preprint arXiv:1505.00729, 2015.

[16] A. Potdar, P. Patil, R. Bagla, R. Pandey, Security solutions for Cloud computing, Int J Comput Appl 128 (16) (2015).

[17] J. Mirkovic, P. Reiher, A taxonomy of DDoS attack and DDoS defense mechanisms, ACM SIGCOMM Comput Commun Rev 31 (2) (2001) 39 53.

[18] P. Mosca, Y. Zhang, Z. Xiao, Y. Wang, others, Cloud Security: services, risks, and a case study on amazon cloud services, Intl J Commun Netw Syst Sci 7 (12) (2014) 529.

[19] A.H. Ranabahu, E.M. Maximilien, A.P. Sheth, K. Thirunarayan, A domain specific language for enterprise grade Cloud-mobile hybrid applications, in: Proceedings of the compilation of the co-located workshops on DSM'11, TMC'11, AGERE! 2011, AOOPES'11, NEAT'11, \& VMIL '11, 2011.

[20] B. Schneier, Two-factor authentication: too little, too late, Commun ACM 48 (4) (2005) 136.

第 11 章　智能电网安全与防护概述

11.1　智能电网简介

11.1.1　智能电网概述

近年来，我们很多人在不同场景中听到“智能电网”一词。其他人可能不熟悉术语“智能电网”，但可能意识到一种新型电力使用计量已经部署。大家都知道我们的家园、企业和社区有时会由于风暴、树木倒塌或者仅仅是“技术故障”而“失去电力”。电力系统问题在电视、广播和纸质新闻，甚至互联网上广泛讨论。为理解智能电网是什么，首先需要更深入理解“电网”和“智能”的含义。

电网是指全天候提供电力的电力网络，以满足用户的日常能源需求。事实上，电力对于大多数现代技术都是至关重要的。我们几乎所有的活动都依靠它，因为我们拥有的大多数设备都需要电力才能运行。手机、家用电器（灯泡、计算机、电视机、烤箱、空调系统等），甚至汽车都依赖电能。许多人将这个珍贵的设施视为理所当然，认为我们所需做的就是将设备连接至墙上插座。只有当停电、电网停运、电力不再可用、电灯熄灭、互联网不再工作时，我们才意识并重视其重要性。2003 年 8 月 14 日至 15 日，在美国东北部和加拿大发生的停电事件是近期历史上最大规模的停电事件之一。此次停电导致超过 5000 万人在几乎两天的时间内遭遇严重不便和风险。据报道，此次停电事件中，有 11 人死亡，并造成数十亿美元的损失[1]。

电力支持日常活动，使得生活正常运转，业务运行、学校开放、街道更安全、娱乐区域可用。如果没有电，我们必定生活于混乱之中，生活将陷入停滞。全世界的人都需要可靠的电力以发展社会及其自身，更需要学习如何维护和管理这个关键资源。

这就是智能电网中“智能”的来源。最早将智能一词与电网一起使用，开创这一概念的人相信，当前电网将无法满足未来社会的能源需求，为此，必须作出重大改变。未来电网需要高效可靠地满足不断变化的需求。它必须做到最小化的环境影响和浪费。因此，未来电网必须具有响应和适应能力，并在 1s 内达到该能力。

对现有电网的改进建议是使电网能够进行更细粒度的态势感知，能够利用信息进行本地响应以满足需求，进行区域甚至全球范围的协调以保持其稳定和效率。简言之，要求电网具备某种智能，或比当前更“聪明”。科学家、研究人员、工业家和学者们都携手合作，共同创造更智能、更强大的电网和“能源社会”，以更具效率、弹性和环保的方式满足能源需求。因此，智能电网有许多名字，包括“有脑之电”“能源互联网”和“电子网”[2]。

11.1.2 传统电网

电网是现代世界最复杂的工程系统之一。它是由发电厂、输电线路、变电站、配电线路和用户组成的互联网络。电网的整体思路是从发电源向服务地点[3]（企业和消费者）[4–5]提供电力。通过如下重点步骤[6]完成能源转换和交付[7–8]。

（1）发电。2014 年，美国大约有 19745 台独立发电机，其标称发电能力至少为 1MW，分布在大约 7677 个运行电厂。发电厂可能有一个或多个发电机，并且一些发电机可能使用多种类型的燃料。大部分发电厂集中在远离人口密集地区的地方。这些发电厂包含机电发电机，由水或化石燃料（包括煤炭、石油、天然气和液化石油气[9]）化学燃烧产生的蒸汽驱动的热能机驱动。

（2）传输。由于发电厂位于远离用户的隔离和无人区，为使所产生的电力能够长距离、低损耗地传输，需要通过变电站向输电线路上增加更高的电压[10–11]。

（3）配电。在到达变电站（通常靠近用户）时，必须将功率从传输级电压降低到配电级电压。这一步称为配电阶段，这部分电网称为配电电网[12]。

（4）消费。到目前为止，电力已经到达服务地点。因此，需要再次从配电电压降低到所需的服务电压。

图 11.1 显示了传统电网中不同的电传输阶段。

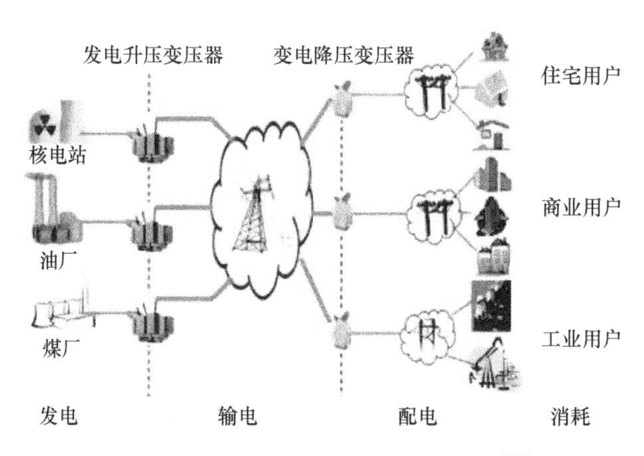

图 11.1 传统电网中不同的电传输阶段[13]

11.1.3 常规电网的问题

值得注意的是，传统电网，即 20 世纪的电网，是一个单向网络。这意味着，电力通过传输线路从发电机到变电站单向流动，最终流向消费者终端。另外，应指出的是，传统电网的大部分设备和线路都已安装多年。这些是巨额投资，其供应通常需要很多年。因此，这些电网元件已过时，需经常维护和监管以保证电力传输。此外，通过发电及其他用途，化石燃料不断耗尽，化石能源通常基于市场价格越来越昂贵。传统电网还存在更多挑战[14-15]（图 11.2）。

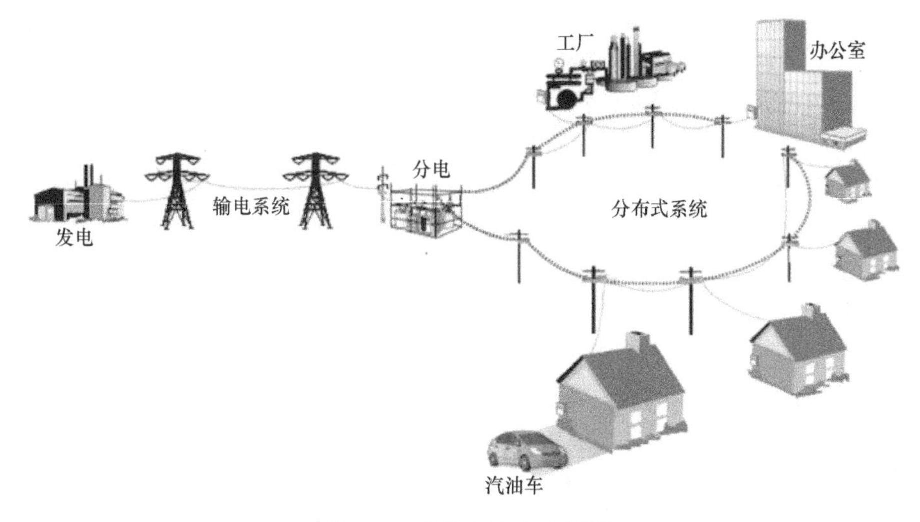

图 11.2　传统电网的元素[16]

（1）常规发电厂聚集在社区周围，因此向偏远地区输送电力，这对我们预估未来对交付基础设施（输电和配电线路）需求的能力提出了挑战。

（2）在许多情况下，安装的电网元件旨在满足历史能源需求而非当前需求。

（3）在需求高峰期增加对电力的需求可能对现有电网基础设施构成挑战。

（4）负载平衡（通常电力一旦产生就必须使用）。负载平衡是在供应曲线内保持需求曲线。如果需求超过供应量，则会发生电网崩溃，并且该电网上的任何用户都无法使用电力。当供应超过需求，就导致能源未被使用或浪费。另一种替代方法是在可用电量过多的情况下，实施储能以避免浪费，并提供更多方法来确定电网规模。虽然目前的储能技术与收益相比更为昂贵，但这可能随着能源成本和技术进步而改变。

（5）单向交互。传统电网中的能量和通信流量都是从发电源到用户。这意味着传统电网可能无法适应日益增长的能源需求，面临电网故障定位挑战，不能自发地重新路由电力，并面临电力线潜在过热（再次造成能源损耗）。

（6）监测电力流量大部分是手动的。

（7）频繁的故障和停电。由于自然灾害、天气和电网控制方面的技术问题，停电已变得常见，这些中断增加了损害和损失的风险。

为了解决这些问题，高级团队正试图取代更多的适应性电网。智能电网为上述许多问题提供解决方案。

在下一节中，我们将回顾智能电网的各个组成部分以及它们之间的相互作用，因为我们将探索更多适应性更强的电网驱动、动力和解决方案。智能电网为上述许多问题提供解决方案。

11.1.4 驱动因素和动机

最初设想智能电网[17–18]的目的如下。

（1）改善需求方管理。电力需求随着人口增长而呈指数增长（每个新用户都代表与每个现有用户进行互动的潜力，其中大部分用户与能源使用相对应）。

（2）通过使用可再生能源替代依赖化石燃料储量的传统能源来提高能源利用效率，减少化学燃烧造成的温室气体排放。这些化石燃料的储量正在减少，预计会在相对较短的时间内达到临界水平。

（3）建立一个更强大、更可靠和自愈的网格，以应对自然灾害和恶意攻击。

但美国国家标准与技术研究院（NIST）于 2014 年发布的智能电网框架指出，智能电网（SG）应该能够满足以下附加要求[19–20]。

（1）提高供电系统的可靠性。

（2）优化设施利用率并避免建设备用（高峰负荷）发电厂。

（3）提高现有电力网络的容量和效率。

（4）提高抗干扰能力。

（5）实现对系统干扰的预测性维护和自我修复响应。

（6）促进可再生能源的扩大部署，容纳分布式发电资源，自动维护和操作，如通过使用电动车辆和新电源来减少温室气体排放。

（7）在高峰使用期间减少对低效发电的需求，从而减少石油消耗；提供改善电网安全性的机会。

（8）启用新的储能选项。

（9）增加消费者的选择。

（10）启用新产品，服务和市场[19]。

到目前为止，我们已经提供了关于智能电网历史背景的概述，以及工程师、研究人员、行业领导者和大学教师推动和研究智能电网概念的驱动因素和动机。但是我们仍在开发智能电网最佳的实施方案。现在我们将探讨智能电网的定义及其提供的特征和功能。

11.1.5 智能网格

智能电网的一个基本定义[21–22]：它是一个不断发展并用于发电、配电以及通信、控制、自动化、计算机、新技术和管理工具的组件网络，它们共同努力使电网高效、可靠、安全和绿色。NIST 在其智能电网框架[19]中提供了一个更全面的定义："这是一个现代化的电网，能够实现双向能量流，并使用双向通信和控制功能，从而形成一系列新功能和应用""现代化电网"表达了智能电网是对传统电网的改进；它并不是一次性取代过去的所有技术和工具，因为这在实际和经济上都是不可能的。相反地，智能电网提供了可以逐步部署的重大且明智的改进。尽管如此，我们的能源使用将会有一些重大变化。

更智能的电网将影响我们当前能源生产和使用的多个方面。

（1）电力的生产。世界正在耗尽石油和天然气的现有数量[23]，因此需要替代能源。尽管风能、太阳能、潮汐等可再生能源满足了能源需求的一部分，但发电站仍然需要调整其电压（使输出电压上升或下降），以确保生产和需求之间的平衡。未来，传统的以煤为基础的电厂可能会被逐步淘汰，并被替代或转换为使用替代能源的发电站。

（2）网格的基础设施。必须改变或增强电网，发电厂和配电设施的传统基础设施，以便从生产服务地点的多个地点高效运输大量能源。因此，需要建设更多的发电厂、变电站和线路，并配备传感器和执行器，以实现故障定位、电力的重新布线以及避免停电。大多数现有电网组件已有 50 多年历史，需要不断修复，因此需要更新基础设施[24]。

这种新的基础设施必须允许在分散式架构中双向传输电力和信息。这给消费者提供了参与能源生成和交付过程的机会。可能需要负责能源存储和供应的新业务作为现有电网能力的备份[24]。

（3）需求反馈[25]。先进的信息计量、监测和管理设备可以嵌入到基础设施中。客户可能会喜欢有选择来跟踪他们的能源消耗，并知道什么时候可以获得成本更低的能源，因此，客户可以管理自己的能源使用情况。基础设施中应包括用于计量、监测和管理的设备。

为了将这一概念应用于美国能源部和 NIST 的立法授权 EISA（2007 年能源独立与安全法案），NIST 为智能电网提供了一个概念模型或框架。该模型可以用作参考，以更好地了解智能电网及其组件（图 11.3）。

现在回到图 11.2 中传统电网的概念，并研究这些新组件的增加，以便清楚地看到传统电网和智能电网之间的差异。

（1）在传统电网中，电力由大量依靠煤炭和核电提供消费者日常需求的发电厂提供。但是，由于能源资源在适应发电和需求方面不灵活，这些发电厂一般都在使用，生产非传统能源或者所谓的可再生能源。然而，可再生能源是间歇性的[26]，所以现在它们只是与以前的发电站共存，希望在未来完全分离。图 11.4 显示了这种协作式生成。

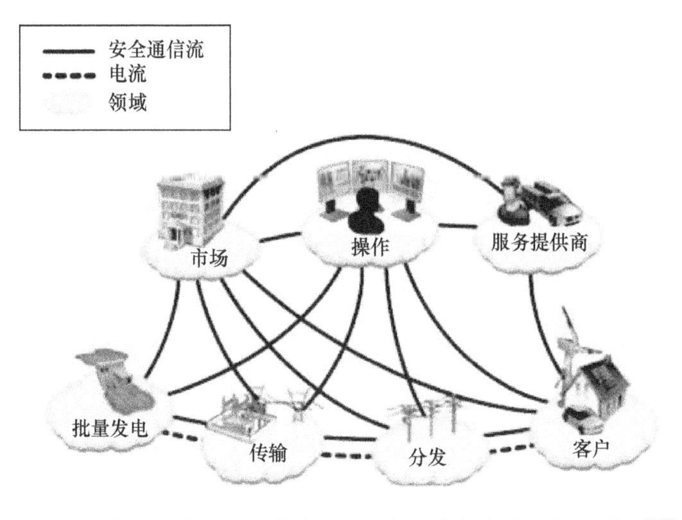

图 11.3　美国国家标准与技术研究所提出的智能电网概念模型[19]

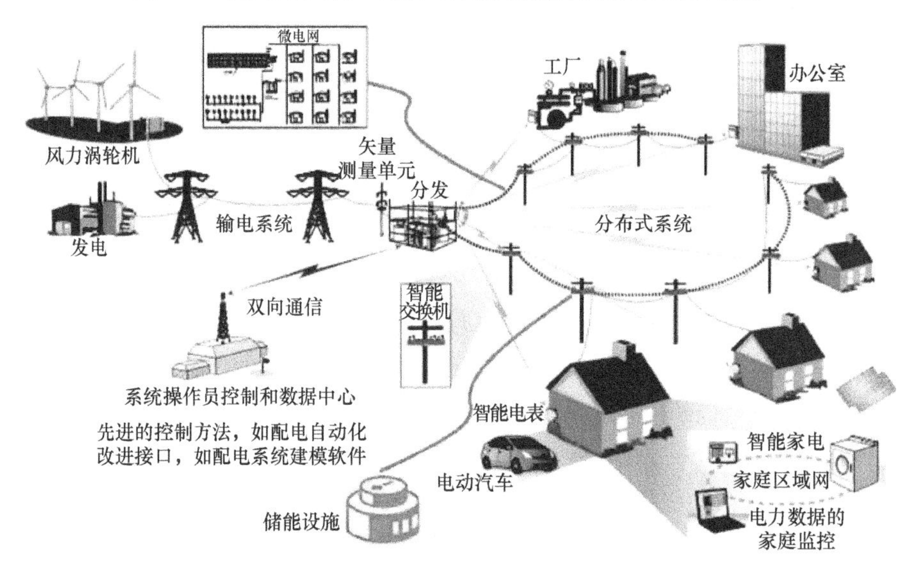

图 11.4　智能电网（与图 11.2 中的传统电网相比）[16]

（2）消费者配备适当的监控和计量设备（智能电表和电器计量表），根据当前供应状况和市场价格控制与追踪其能源消耗。

（3）由于电力不能直接储存，而是在这些设施（燃气轮机，泵储存装置等）中转化为热能[27]。此选项只是在消耗峰值期间起到缓冲、满足系统增加负荷的作用。

（4）智能电网这一概念提供了电为中心的分布式分布——微电网[28-30]。这些是自给自足的小规模配电网，可以连接到电网，或者在某些情况下可以自己从电网断开。它们具有自己的发电和储能能力，可以在连接时将电力回馈给电网。

(5)电力和信息的双向流动形成了智能电网(SG)管理的基础结构[31]。

① SG 中的信息流。SG 通过将其与数字计算机和通信设备叠加而从常规网格获得。这些设备有助于协调和连接从发电机到消费者的能源交付，在故障情况下重新输送电力，监测电网状态并根据电网负载控制发电站。

② 电力流量。在电力公司，电力也可以由用户反馈回电网。事实上，用户可能能够参与电力的生成过程，如在家中使用太阳能电池板并将其反馈回电网。电动汽车[32]在需求高时和价格有利时提供动力缓冲。

(6)智能电网基础设施正在考虑两种主要的监测和测量方法，即传感器和同步相量测量单元(PMU)[33,34]。传感器用于检测系统中的机械故障(导体故障、塔崩溃、热点等)。PMU 可以提供电力系统电气量的实时测量。两者都有助于创建可靠的输电和配电基础设施。

因此，在图片中包含一些新的网络元素后，我们会得到如下结果。

总体来说，表 11.1 给出了一个全球视图，说明为什么智能电网更适合满足当前和未来电力需求，而不是当前电网。

表 11.1 传统电网和智能电网的不同[35]

传统电网	智能电网
机电	数字
单向通信	双向通信
集中发电	分布式发电
很少有传感器	全网遍布传感器
手动监控	自我监控
人工恢复	自愈
故障和停电	自适应和隔离
有限控制	普遍控制
很少有客户选择	许多客户选择

11.2 电网安全分析

11.2.1 为何需要安全分析以其重要性

讲述本节的目的是概述一种基于危害分析和风险评估(HARA)的电网系统安全分析方法。本书综述类似于标准中使用的 HARA，如从 IEEE 3000 系列标准到美国能源部 DOESTD-1170-2007 再到关于核电发电安全导则的 ISO 26262，和针对自动电子系统的软件和功能安全的 IEC 61508，都是用于告知如何处理电气和电力系统安全。HARA 有两个组成部分：第一个是危害定义，是基于系统功能的故障行为，如提示词为“功能过多”“功能过少”等；第二个是以安全级别描述的风险评估（SIL）。SIL 是风险等级的体现，是根据在操作被系统分析该行为的最坏情况的频率和严重性来计算的。

系统 SIL 的一个结果是为所分析的系统制定安全目标。这些“目标”之所以这样定义，是因为它们为对所分析系统的这些功能设置可以实现的高级安全要求。同时，SIL 的一个关键功能是：在开发过程中，告知那些参与系统组件开发的人，实现功能需要的或建议的操作。

我们听到的危险、风险和安全是从各种方式与背景得来：这种产品或化学制剂有与其使用相关的风险、这个任务是危险的、这种行为本质上是不安全的。通常，在安全设计的开发过程中，根据安全最佳实践来设计和管理过程的活动。虽然这些知识很重要，但其应用并不能保证系统安全运行。HARA 的根本目的是预测和预防可能导致危害的风险。

SIL 分类评估或估计风险和安全标准的水平，这些标准通常为解决已确定的高风险危害而提供需要的缓解措施。SIL 表示为离散的一组风险等级，从最低到最高，并且应该捕获用于实现系统功能的机械系统或软件系统的故障而导致的危害风险。

我们将概述 HARA 以表明如何处理智能电网系统的安全。虽然这个大纲没有详细说明，但它描述了确定智能电网功能示例最差风险情况所需的重要步骤。

11.2.2 危害、风险和 HARA

在进入用例之前，最好解释术语危险和风险之间的差异，因为很多人将危险与风险混淆，并随机使用它们指向同样事务。危险被认为是“潜在的危险” 造成伤害，而风险是“在特定情况下造成伤害的可能性”[36]。最后，安全就是在特定系统下不存在风险和危害。

HARA 模型由两个不同的部分组成[37]：危险分析围绕识别产品、开发过程、应用程序或系统可能产生的危险；风险评估是收集潜在危害后的一个步骤，计算每种危害的概率和严重程度，并指定风险评分/等级。

11.2.3 HARA 方法论的主要步骤

为了实现安全分析，建议遵循以下步骤。

（1）定义与正在研究的系统相关的主要功能，确定与每种功能的故障形式相关的危险。

（2）估计与每种危害有关的可靠的最坏情况。

（3）估计该场景中可能发生的危害的严重程度，评估此场景（或其频率）的风险或可能性。

11.2.4 用例

我们的用例基于智能电网的示例和相应的图形（图 11.4）。回到这个图形，代表智能电网系统，考虑完成上述步骤的结果。

首先，定义研究中的系统主要功能：向用户提供电力。为了识别与这个主要功能有关的不正常行为，使用一系列“引导词”来产生一系列潜在的危害。换言之，我们问这个功能有什么问题，这种方法是否一定能达到预期的效果，从而确定与此功能潜在行为相关的危害。

从历史上看，正如 20 世纪 70 年代的核反应堆安全报告[38]，根据我们对系统已有的经验[39]，人们以最坏情况事故为出发点来研究安全问题。该报告的作者然后使用“因果树”来分解每一个事故，最终将这些事故分解为系统中最小或最简单的部件的故障。这些部件通常可以通过试验很好地计算失效的概率。因果树一旦完全填充，就可以使用与分解树的每个节点相关的概率来计算所选关键事故的概率，这是用于开发第一个核动力反应堆安全报告的方法。20 世纪 70 年代，所谓的拉斯穆森报告，它的输出是一个事故类型的概率，这种方法的准确性对因果树分析的完整性是非常敏感的。在 HARA 的术语中，这些事故会作为最坏情况出现在由反应堆冷却系统执行的关键功能的危害分析中。

回到智能电网的主要关键功能，并遵循前面介绍的 HARA 方法，以下是一组简单的基本指南。

（1）传递的功率太大。

（2）交付的能量太少。

（3）根本没有供电。

（4）间歇供电。

对于这些危害中的每一种，我们都可能将与这些危害相关的情景看作以下情况。

（1）由于功率太大而导致爆炸和火灾造成伤亡。

（2）由于过度需求导致的过热造成伤害和死亡。

（3）由于停电导致的道路照明失效造成车辆碰撞从而引起的伤害和死亡。

（4）由于间歇性供电导致的交通控制系统间歇性功能引起的交通伤害和死亡事故。

可以根据更加精确的功能行为列表扩展危险列表，但这个清单应足以涵盖因果分析的基本概念。

下一步是根据严重程度（S）对这些情况进行分类，指出造成的伤害或事故的严重程度以及出现频率。严格等级可以用文字表示，然后分配一个“等级”[40]，例如：

S0——没有受伤；

S1——轻伤至中等伤害；

S2——严重危及生命（可能存在生命）的伤害；

S3——致命伤害（生存不确定）致命伤害。

参考上述情况，这些危险可能造成的最严重后果是死亡，因此，分配给每种情况的严重程度为S3。

接下来需要做的是进行风险评估。这是基于暴露度（场景的相对预期频率）和可控性（操作员或系统内置的保护可以防止危险后果的相对可能性）水平。就像严重性（S）一样，它们用文字和分配的级别来描述。

暴露等级（E）（实际上，根据从足够的操作持续时间收集的数据，将为每个等级提供数值范围）：

E0——令人难以置信的可能性；

E1——极低的可能性（只有在极少数情况下才会发生损伤）；

E2——低概率；

E3——中等概率；

E4——高概率（在大多数操作条件下可能会发生伤害）。

可控性分类（C）（需要根据操作文档收集和分析大量数据）：

C0——一般可控；

C1——简单可控；

C2——通常可控；

C3——难以控制或无法控制。

回顾我们的情景，该图显示风力涡轮机用于可再生能源发电。这是一个表明图中描绘的城市非常多风的迹象，因此，可能会出现恶劣的天气条件。所以，可以说，暴露于伤害情景的可能性很高或E4的暴露水平。

至于可控性，很明显，这种事故一旦发生就难以管理。然而，在安装两极之前，运营商很可能会为运输区域安排一个保护环境，他们可能会安装围栏或其他保护措施。但由于图 11.4 中没有显示任何内容来表明这一点，可以直接说可控性级别为C3。

总而言之，在这种情况下，已经获得了以下 3 个级别的分类：严重性（S3）、暴露（E4）和可控性（C3）。请记住，获得的分类定义是信息性的，最重要的是主观的。它们用于评估与功能相关的危险场景的整体风险有关的 SIL 水平。可能的SIL（用于汽车 ISO 26262，与其前身 IEC 61508 中使用的方法类似）的选择是 A、B、C 和 D，其中 D 对应于难以控制、危及生命以及高度可能的情况。 SIL 级别因功能而异。正如前述，它被用来告知人们应考虑采取何种对策以避免任何恶意事件。在这种情况下，建议采取行动，并设法考虑如何有效保护传输区域以避免死亡，并停止流程避免资金浪费。

本章附录有 HARA 如何进行的工作表。根据这 3 个分类，“安全完整性等级

D”功能（缩写为“SIL D”）被定义为其最危险的故障行为具有导致威胁生命（生存不确定）或致命伤害的合理可能性的功能，其中，在大多数操作条件下，伤害在物理上是可能的，并且操作者或使用者几乎不可能做一些事情来防止伤害，即 SIL D 是 S3、E4 和 C3 分类的组合。其任何分类的最大值（不包括 C1 到 C0）减少，都会引起 SIL 级别从 D 到 A 逐级减少.

表 11.2 所列是在前面章节[41]中描述的 ASIL 级别的分类。

表 11.2 ASIL 级别的分类[41]

<table>
<tr><th></th><th></th><th>C1</th><th>C2</th><th>C3</th><th rowspan="13">可控性（C）：通过相关人员的及时反应避免特定伤害或损害的能力。
严重性（S）：预估在潜在危险情况下可能对一个或多个人造成的伤害程度。
暴露（E）：如果与所分析的故障模式一致，则处于危险的运行状态</th></tr>
<tr><td rowspan="4">S1</td><td>E1</td><td>QM</td><td>QM</td><td>QM</td></tr>
<tr><td>E2</td><td>QM</td><td>QM</td><td>QM</td></tr>
<tr><td>E3</td><td>QM</td><td>QM</td><td>A</td></tr>
<tr><td>E4</td><td>QM</td><td>A</td><td>B</td></tr>
<tr><td rowspan="4">S2</td><td>E1</td><td>QM</td><td>QM</td><td>QM</td></tr>
<tr><td>E2</td><td>QM</td><td>QM</td><td>A</td></tr>
<tr><td>E3</td><td>QM</td><td>A</td><td>B</td></tr>
<tr><td>E4</td><td>A</td><td>B</td><td>C</td></tr>
<tr><td rowspan="4">S3</td><td>E1</td><td>QM</td><td>QM</td><td>A</td></tr>
<tr><td>E2</td><td>QM</td><td>A</td><td>B</td></tr>
<tr><td>E3</td><td>A</td><td>B</td><td>C</td></tr>
<tr><td>E4</td><td>B</td><td>C</td><td>D</td></tr>
</table>

11.3 智能电网系统的安全分析

11.3.1 智能电网安全的新方法

智能电网系统已经成为向消费者提供及时、高效和不间断的电力的替代平台。智能电网提供智能跟踪、监测工具，用于优化发电的基础设施以及供应商和消费者的使用等创新。同时，智能电网带来了新业务的机会。预期的好处之一是我们能够保持令人满意的可靠性水平。任何系统的故障和中断都可能是物理或网络入侵的结果。网络入侵是指未经授权访问系统中用于修改或更改信息的信息系统。此类入侵的后果可能包括对其资产造成不利影响。因此，电网的网络安全是一个重要问题。

本节将讨论具体解决智能电网网络安全问题所需的概念。了解智能电网系统与信息技术（IT）系统的不同之处很重要。通常，智能电网是一种工业控制系统（ICS）。ICS 必须满足 IT 系统的所有安全要求，但其安全性分析还必须考虑到智能电网的巨大物理层。此外，智能电网资源的 IT 安全性应该考虑到 ICS 环境参数的性质，试图达到可接受的服务水平。考虑到智能电网包含数千英里（1 英里=1.61 千米）高压线路的电网，需要大量的维护，持续的测量和监测以及精确的控制，维持适当的服务水平面临着一个挑战。

NIST 特刊 800-82 强调了 IT 和 ICS 系统之间的差异，详细分析了它们在网络和物理环境中的需求、风险、通信和高效管理。由于这些原因，我们可以将电网的 IT 系统视为其 ICS 系统的一个子集。因此，电网 ICS 系统的安全性包括其 IT 系统的安全性以及其他要求和做法[42-44]。

11.3.2 背景和术语

信息系统研究界开发了由策略、程序和相关活动组成的网络安全或 IT 安全。所有这些组件都有助于保护网络资产（硬件、软件和数据）免受任何不必要的犯罪行为或损害。类似地，智能电网的安全性必须处理相同的系统保护，由于其物理和网络领域更加扩大和更复杂，因此扩展了概念。尽管如此，这两个系统都需要本章中分析讨论高级安全理论。在安全方面之前，我们将在下面重点介绍安全理论的基本术语。

国际标准化组织（ISO）提供的这一术语于 2014 年发布，标题为“信息技术 –安全技术–信息安全管理系统–概述和词汇”，参考号为 ISO/IEC 27000：2016[45]。ISO 一直与大学、研究机构和国际企业合作，提供准确的通用标准。他们的主要目标之一是发布一个通用术语，以便更好地理解。下面我们将重点介绍其中的一些。

信息系统：应用程序，服务，IT 资产或其他信息处理组件。

政策：由高层管理人员正式表达的组织的意图和方向。

可靠性：一致的预期行为和结果的属性。

过程：将输入转换为输出的一系列相互关联或相互作用的活动。

威胁：可能导致不必要事件的起因，这可能会对系统或组织造成伤害。

脆弱性：设备的弱点或者控制一个或多个可利用的威胁。

攻击：企图破坏、暴露、改变禁用项，窃取或未经授权访问或使用设备。

审计：系统的、独立的、有记录的过程是用于获取审计证据并对其进行客观评估，以确定审计标准达到的程度。

风险：不确定性对目标的影响。风险往往是通过参考潜在的事件和后果或其组合来表征的。

控制：正在修改风险的措施。控制措施包括修改风险的任何流程、政策、设备、实践或其他行动。

风险分析：理解风险性质并确定风险水平的过程。风险分析为风险评估和风险处理决策提供了基础。

风险管理过程：将管理政策、程序和实践系统地应用于沟通、咨询，建立背景和识别，分析、评估、处理、监督和审查风险的活动。

信息安全：保护机密性、完整性、可用性和其他属性，如真实性、问责制、不可否认性和可靠性。

11.3.3 原则和要求

基于 ISO 的安全定义[45]，在安全的不同领域存在 3 个基本原则：机密性、完整性和可用性。在文献[46-50]中，安全界将安全的基本原则也称为属性，安全要求或安全维度，是广为人知的 CIA 三元组。

完整性：准确性和完备性。

完整性支持信息的正确性和完备性。信息修改必须由相应的授权实体完成。缺乏完整性会导致未经授权的更改或信息丢失，并随后导致智能电网决策管理的一系列后果。

保密性：信息不可用或不透露给未经授权的个人、实体或流程的属性。

保密性与隐私概念紧密相关。它决定是否应该将这些信息向公众开放。具体到智能电网，机密性更多地关注保护个人隐私和电力市场信息。

可用性：基于被授权实体的需要，可访问和可使用的属性。

可用性保证被授权实体的请求将持续访问和使用信息与服务。显而易见的是，智能电网中任何不能履行的可用性的行为都会导致一个地区的电力短期或长期损失。

当焦点集中在智能电网等信息通信技术系统时，CIA 三元组改变了优先顺序为 AIC。虽然信息技术系统的信息保密性和完整性更加重要，但信息通信技术系统首先需要确保可用性，以避免电力中断的后果（图 11.5）。

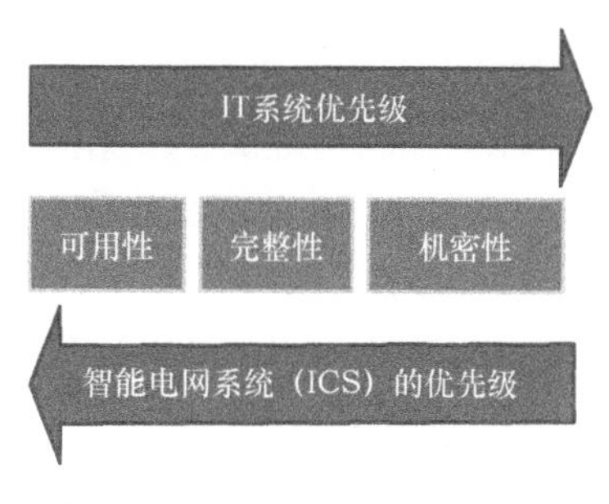

图 11.5　CIA 三元组优先顺序

11.3.4 漏洞

IT 和 ICS 安全的主要目标之一是降低安全风险并保护设备。系统保护其设备所需的方法是调整漏洞威胁控制框架。漏洞可能被认为是在系统的某些方面的弱点，任何漏洞利用都有可能对我们的设备造成伤害或损失。漏洞威胁控制框架与电网使用智能控制，计算设备和通信网络的集成，对智能电网的安全性有着深远的影响[51-53]。以下是一些主要问题。

（1）个人隐私。智能电网设备每天收集大量信息，并经服务提供商提供给个人客户。这些信息包括关于消费者的个人信息，如他们在何时何地消耗了多少能量，这样就能推测他们的私人活动，如他们的房屋空置的情况这类可以导致抢劫或其他严重犯罪的信息。

（2）访问控制点。这些所谓的智能设备负责管理、控制和监控电力及用户的需求，这使得它们容易受到篡改。即使是进入网络的入口点，也会暴露在各种可能会对人或设备造成伤害的物理和网络攻击中，并导致严重的经济损失。

（3）过时的组件。由于成本问题，智能电网无疑将逐步部署。因此，过时的组件将继续参与该系统，并可能成为网格系统的整体安全弱点，因为它们将不得不与新一代设备共存。

（4）物理破坏。智能电网由许多在日常维护过程中安装的新组件组成。任何不成功的安装或故障组件都可能导致未授权者物理访问的机会增加，希望破坏基础架构并导致本地或全球系统故障。

（5）利益冲突。不同的利益相关者合作提供智能电网的不同新元素可能成为导致危险袭击的利益冲突的来源。

（6）变化的工作人员背景以及缺乏对员工的适当培训可能是错误判断和其他错误决定的原因。

（7）互操作性的失败。在利益相关者和网格组件层面，松散的协作、网格元素之间的互操作性失败可能成为其他漏洞的来源。从网络的一个部分传输到另一个部分的错误解释信息可能不正确或不完全准确的解释，可能会触发攻击者能够利用此漏洞的行为。

（8）互联网协议、计算机程序和物理设备的标准化。任何智能电网标准都可以提供一定的灵活性、互操作性并降低成本。然而，这可能只会导致所有系统积累IP、硬件或软件标准固有的内在漏洞。例如，互联网协议可能面临多种攻击，包括IP 欺骗、拒绝服务（DoS）等。

到目前为止，我们已经审查了与新电网系统的“智能”有关的各种安全弱点；这可能会被攻击者利用，试图破坏网络的功能。11.3.5 节的主题是什么类型的攻击和攻击者。

11.3.5 威胁

由于电力的有效供应至关重要且投资巨大，因此，保护智能电网并解决对其功能的所有威胁是重中之重。这些专家不断预测、分析和集体讨论可能导致该系统现在或未来失败的不同情景[51–52,54]。

一方面，一个故意利用漏洞的人正在对系统进行攻击，所以攻击可以被定义为故意利用系统中的漏洞。另一方面，威胁是一组有可能造成损失或伤害的情况。以下的例子是可能的网络系统威胁类型的攻击者。

（1）意图破坏电网运行的恐怖袭击或攻击：这些是最危险的攻击，后果可能非常严重。

（2）不满的员工通过较小的攻击或有意的错误寻求报复。

（3）企业竞争对手破坏对方公司或组织以获取经济利益。

（4）被误导的消费者采取的刑事打击行动在智能电网系统中将有更大的机会影响其他电力用户。

（5）非恶意攻击者或恶作剧者。这些是非常难以预测的，他们通过无意的活动或通过预期的经济收益来攻击该系统。

通过这些潜在攻击者的例子、那些可能想要攻击电力系统的人，讨论一些最常见的攻击事件，并将讨论重点放在网络安全和与智能电网系统网络部分相关的安全问题上。

根据 NIST 智能电网框架[49]，智能电网系统的三大关键网络安全要求是可用性、完整性和机密性。上述攻击者可导致。

（1）基于拓扑的攻击。其目的是通过发起拒绝服务等攻击，阻止运营商全面了解智能电网系统的拓扑结构，从而使运营商致盲所有网络系统，并导致他们做出不正确的判断和决定。换句话说，基于拓扑的智能电网攻击旨在通过不正确的拓扑信息误导控制中心。

（2）基于协议的违规。在这种情况下，攻击者利用各种工程技术或通过虚假注入未经授权信息以劫持通信协议。

（3）基于组件的攻击。由于大多数设备都在现场和公用事业之外，用于远程控制、管理和监控电网系统，因此也可用于审核任何故障。

大量关于电网攻击或入侵的报道已由公用事业发布[55]。

（1）恶意软件和病毒正在影响智能电表、服务器及控制器以中断通信传输。

（2）访问电网数据库并截获消费者个人信息。

11.3.6 提议的解决方案

ICS 防御有各种不同方法，与信息通信系统防御类似。第一种防御方法是预防，通过阻断针对智能电网系统的策划攻击，或完全关闭和消除漏洞来实现。当故意利用漏洞时攻击发生，故此关闭漏洞攻击不会发生。第二种防御方法是阻止。包括不同阻止措施使入侵更难完成。第三种防御方法是偏离。使攻击偏离需要策略，可以为攻击者提供另一个目标，该目标对于攻击者更具吸引力，而对系统的价值较低。最后一种防御方法（不仅限于此）是缓解。攻击缓解更适用于智能电网之类的系统。作为防御机制，攻击缓解是采取必要措施以降低攻击影响的严重程度。智能电网由于其规模和复杂性，通常很难预防、阻止或偏离攻击，因此，最佳策略是建立涵盖攻击损害的适当机制。

可将可能的智能电网威胁缓解方案归类为物理或基于 IT 的修复[51-54]。最后列举了部分已知威胁缓解方案。

基于IT的缓解方案：与威胁或智能电网相关的基于IT的对策，部分推荐如下：

（1）确保恶意软件防护。

（2）经常评估电网系统的漏洞，以确保封闭和安全的弱点。

（3）为用户部署最佳实践认知计划。

（4）为工作人员提供频繁的培训。

（5）监测过时的电网设备。

（6）嵌入安全对策，如安全网关和硬件安全模块。

（7）关注潜在供应商的安全缓解（措施）不兼容问题。

（8）使用VPN（虚拟专用网络）确保网络通信安全。

（9）使用智能设备只传达关键业务数据，而不传送所有客户的私人信息。

（10）使用公钥基础设施（PKI）保护信息交换。

（11）设计和实施网络入侵防御系统。

（12）没有适当的身份验证机制和具备鲁棒性的协议时不应授权。

（13）智能电网隐私关注和隐私使用案例。

物理缓解方案：处理物理威胁的解决方案从根本上与硬件保护和基础设施的组件与设备的安全有关。

（1）建立弹性物理网络，设立现场设备安全离开机制或增加围栏，保护基础设施安全。

（2）保护公用事业公司内部和外部的组件。

（3）保护设备和电缆线。

（4）通过嵌入式安全性的设计构建难以破坏的设备。

（5）确保安装和维护监控机制。

（6）确保工作人员训练有素，并受到良好的监督。

（7）经常检查所有硬件和线路。

通常，智能电网安全的综合方案包括安全工程和威胁缓解两个部分。前者包括与威胁发现直接相关的要素，后者包括修复或对抗。最佳方式是，两者形成一体，全部集成到核心系统开发过程。众所周知，在攻击缓解领域投入并增加资金对于企业和学术安全团体工作推进至关重要。在智能电网整个运行生命期间中，招聘并留住具有专业知识和专业技能的员工，对于确保智能电网任一领域更有效的安全也极为重要。

11.3.7 智能电网标准和指南

智能电网可认为是现代最重要的工程系统之一。基于这个事实，已发布多个智能电网安全文件，许多组织已提供智能电网网络和物理安全准则与标准。美国NIST发布了NISTIR[42,50]和NIST SP1108[42,49]，认为智能电网是复杂且广泛的信息物理系统。具体而言，NISTIR 分为三卷，包括网络安全策略、智能电网安全数据交换，以及物理层和网络层潜在漏洞分析。

欧盟国家[56]基于减少电力碳排放以及进口化石燃料的需求投入大量资金（估计约为 1.5 万亿欧元[57-58]），将电气系统升级为智能电网。

欧盟各国政府利用强有力的利益相关者激励方法，发布了许多智能电网的指南和监管文件。这些材料可以在不同的欧洲组织中找到，如 ENISA[48-49]（欧洲网络与信息安全局），或者位于欧盟国家的能源部门，如德国、法国等。

例如，荷兰 Nether Netherland 隐私与安全工作组，发布“高级计量基础设施的隐私和安全”，描述了安全计量基础设施的方法。英国智能电网门户网站[59]，提供英国智能电网的各种信息，确保英国智能电网当前发展的各方面信息都可用于学习和探索。

参考文献

[1] <http://www.cbsnews.com/news/biggest-blackout-in-us-history/>.

[2] <http://www.nist.gov/smartgrid/beginnersguide.cfm>.

[3] <https://powergen.gepower.com/resources/knowledge-base/electricity-101. html>.

[4] <http://www.eia.gov/energy_in_brief/article/power_grid.cfm>.

[5] <https://www.youtube.com/watch?v=JwRTpWZReJk>.

[6] <http://anga.us/blog/2015/4/1/how-electricity-is-delivered-to-your-home- in-five-steps>.

[7] <http://www.eia.gov/Energyexplained/index.cfm? page=electricity_delivery>.

[8] <http://www.nap.edu/reports/energy/sources.html>] and [<http://caec. coop/electric-service/how-power-is-delivered-to-your-home/>.

[9] <http://www.fao.org/docrep/u2246e/u2246e02.htm>.

[10] <http://www.energyquest.ca.gov/story/chapter07.html>.

[11] <http://www.electrical4u.com/electrical-power-transmission-system-and-network/>.

[12] <http://www.science.smith.edu/~jcardell/Courses/EGR220/ElecPwr_HSW_ html>.

[13] <http://www.intechopen.com/books/energy-efficiency-improvements-in-smart-grid-components/egyptian-wide-area-monitoring-system-ewams-based-on-smart-grid-system-solution>.

[14] H. Farhangi, The path of the smart grid, IEEE Power Energy Mag. 8 (1)(2010) 18-28.

[15] S.M. Kaplan, Electric Power Transmission: Background and Policy Issues, Congressional Research Service, Washington, DC, 2009.

[16] <http://www.inspirit-energy.com/article/3051461-a-building-block-of-the-smart.

[17] C.-H. Lo, N. Ansari, The progressive smart grid system from both power and communications

aspects, IEEE Commun. Surveys Power Tuts. (2011) 1-23.

[18] M. Hashmi, S. Ha nninen, K. Ma ki, Survey of smart grid concepts, architec- tures, and technological demonstrations worldwide, in: IEEE Innovative Smart Grid Technologies (ISGT Latin America), 2011 IEEE PES Conference on, pp. 1-7.

[19] National Institute of Standards and Technology, NIST Framework and Roadmap for Smart Grid Interoperability Standards, Release 1.0. <http:// www.nist.gov/public affairs/releases/upload/smartgrid interoperability final.pdf., January 2010>.

[20] X. Fang, et al., Smart grid—the new and improved power grid: a survey, IEEE Commun. Surveys Tuts. 14 (4) (2012) 944-980.

[21] <http://energy.gov/oe/services/technology-development/smart-grid>.

[22] Hamed Mohsenian-Rad, Topic 2: Introduction to Smart Grid, Department of Electrical & Computer Engineering, Texas Tech University, Spring 2012.

[23] R.W. Bentley, Global oil & gas depletion:an overview, Energy Policy 30 (2002) 189-205.

[24] <http://www.forbes.com/sites/jamesconca/2015/05/21/its-our-aging-energy-infrastructure-stupid/#1a4787d77cd3>.

[25] <http://energy.gov/oe/technology-development/smart-grid/demand- response>.

[26] Renewable and Sustainable Energy Reviews.

[27] F. Nieuwenhout, J. Dogger, R. Kamphuis, Electricity storage for distributed generation in the built environment, in: 2005 International Conference on Future Power Systems, 18 November 2005, IEEE, Amsterdam, pp. 5.

[28] Z.H. Yang, L. Shan De, Research on microgrid, in: The International Conference on Advanced Power System Automation and Protection Research, 2011.

[29] Y. Li, et al., Design, analysis, and real-time testing of a controller for multibus microgrid system, IEEE Trans. Power Electron. 19 (5) (2004) 1195-1204.

[30] F. Katiraei, Micro-grid autonomous operation during and subsequent to islanding process, IEEE Trans. Power Deliv. 20 (1) (2005) 248-257.

[31] Y. Yan, et al., A survey on smart grid communication infrastructures: moti-vations, requirements and challenges, IEEE Commun. Surveys Tuts. 15 (1) (2013) 5-20.

[32] D.P. Tuttle, R. Baldick, The evolution of plug-in electric vehicle-grid interact-tions, IEEE Trans. Smart Grid 3 (1) (2012) 500-505.

[33] A. Bose, Smart transmission grid applications and their supporting infra-structure, IEEE Trans. Smart Grid 1 (1) (2010) 11-19.

[34] T.L. Baldwin, et al., Power system observability with minimal phasor mea-surement placement, IEEE Trans. Power Syst. 8 (2) (1993) 707-715.

[35] X. Fang, S. Misra, G. Xue, D. Yang, Smart grid—the new and improved power grid: a survey,

IEEE Commun. Surveys Tuts. 14 (4) (2012) 944–980.

[36] <http://www.agius.com/hew/resource/hazard.htm>.

[37] <uspas.fnal.gov/materials/12UTA/08_hazard_assessment.pdf>.

[38] WASH-1400: Reactor Safety Study, An Assessment of Accident Risks in the US. Commercial Nuclear Power Plants.

[39] An Assessment of Accident Risks in U.S. Commercial Nuclear Power Plants. U.S. Nuclear Regulatory Commission, October 1975.

[40] ISO 26262 in Practice—Resolving Myths with Hazard & Risk Analyses.

[41] <http://www.embedded.com/print/4236887>.

[42] NIST Security Publications. <http://csrc.nist.gov/publications/PubsNISTIRs. html>.

[43] Guide to Industrial Control Systems (ICS) Security. <http://csrc.nist.gov/ publications/nistpubs/800-82/SP800-82-final.pdf>.

[44] S. Clements, H. Kirkham, Cyber-security considerations for the smart grid, in: Power and Energy Society General Meeting, 2010 IEEE, Minneapolis, MN. <http://ieeexplore.ieee.org/stamp/stamp.jsp? tp=&arnumber=5589829 &isnumber=5588047, 2010, pp. 1–5.

[45] ISO/IEC 27000: 2016 Information Technology—Security Techniques— Information Security Management Systems—Overview and Vocabulary.

[46] ENISA Smart Grid Security Recommendations. <https://www.enisa.europa. eu/activities/Resilience-and-CIIP/critical-infrastructure-and-services/smart-grids-and-smart-metering/ENISA-smart-grid-security-recommendations>.

[47] ENISA Smart Grid Security. <https://www.enisa.europa.eu/activities/ Resilience-and-CIIP/critical-infrastructure-and-services/smart-grids-and-smart-metering/ENISA_Annex%20II%20-%20Security%20Aspects%20of%20 Smart%20Grid.pdf>.

[48] European Union Agency for Network and Information Security. <https:// www.enisa.europa.eu>.

[49] NIST Framework and Roadmap for Smart Grid Interoperability Standards. <http:// www.nist.gov/public_affairs/releases/upload/smartgrid_interoper-ability_final.pdf>.

[50] Introduction to NISTIR 7628 Guidelines for Smart Grid Cyber Security. <http://www.nist.gov/smartgrid/upload/nistir-7628_total.pdf>.

[51] F. Aloul, et al., Smart grid security: threats, vulnerabilities and solutions, Int. J. Smart Grid Clean Energy 1.1 (2012) 1–6.

[52] W. Wang, L. Zhuo, Cyber security in the Smart Grid: survey and challenges, Comput. Netw. 5 (2013) 1344–1371.

[53] M.B. Line, I.A. Tøndel, M.G. Jaatun. Cyber security challenges in Smart Grids, in: Innovative Smart Grid Technologies (ISGT Europe), 2011 2nd IEEE PES International Conference and Exhibition on, 5 December 2011, pp. 1–8.

[54] S. Tan, Cyber security research in smart grid, J. Telecommun. Syst. Manage. (2014). 2014.

[55] DTE Energy Co. (NYSE: DTE). <https://www.newlook.dteenergy.com/wps/ wcm/connect/dte-web/home>.

[56] D. Xenias, et al., UK smart grid development: an expert assessment of the benefits, pitfalls and functions, Renew. Energy 81 (2015) 89-102.

[57] IEA, World Energy Outlook 2008, OECD/International Energy Agency, Paris, 2008. Retrieved 05/06/2013 from: <http://www.worldenergyoutlook.org/ media/weowebsite/2008-1994/weo2008.pdf>.

[58] Privacy and Security of the Advanced Metering Infrastructure. <http://hes-standards.org/doc/SC25_WG1_N1538.pdf>.

[59] UK Smart Grid Portal. <http://uksmartgrid.org/>.

附录　危害分析和风险评估模型工作表示例

审查/评论	
危险跟踪编号	
危险描述	
风险分析	危险类型
	危险目标
	暴露
	严重性
	可能性
	风险代码
风险缓解	风险控制
	控制方法
	控制风险降低

第 12 章　系统代数和系统交互及其在智能电网的应用

12.1　智能电网成功背后的设计

电网的现状可以说是极其复杂的，它已经被精心设计成现代社会的一个关键设施。然而，电网对与涉及开放电力市场新概念的整合仍然非常敏感。此外，鼓励以可再生能源（RESS）为基础的发电占很大比例。因此，在设计复合智能电网时，电力公司需要仔细权衡这些系统集成的影响。特别是，他们应考虑到超出自己电网的因素以及影响其运行稳定性的因素。事实上，与电网合作伙伴的通信是新电网在设计时的重要因素，以允许超出本地电网边界的行动。电网必须知道消费者是否“接入”另一家电力供应商或安装新的太阳能电池板用以发电。遵循这一逻辑，电力公司面临重新思考，并重新设计电网现有部分的现实需求，以适应最终用户变化和双向电力流动。我们提出的代数可以帮助设备设计工程师面对这些挑战，设计它们，并验证其设施的重要设计特性。

12.2　可再生能源一体化趋势

电网是实时能量传输系统。实时意味着当我们打开电灯开关时，会产生运输和交付电力。电力系统不是水和气体这样的存储系统。事实上，在传统的电力系统中，发电机产生需求所需的能量[1]。该系统从生产开始，通过电站生产电能，然后在变电站中转换成更适合高效长途运输的高压电能。电厂在发电过程中将其他能源转化为电能，如热能、机械能、液压、化学、太阳能、风能、地热能、核能等都用于电能生产。电力系统的运输部分中的电线旨在有效地将电能远距离传输到消耗点。最后，变压器站再次将高压电能“降压”为低压，该低压更适合于住宅消费、商业和工业用途。

与从发电到消费的单向下行功率流的树结构不同，下一代电力系统集成了分布式 RES 发电机，并且该结构成为双向电力流之一，其中系统中的每个节点可以是生产者或消费者。图 12.1 显示了下一代智能电网的组成。

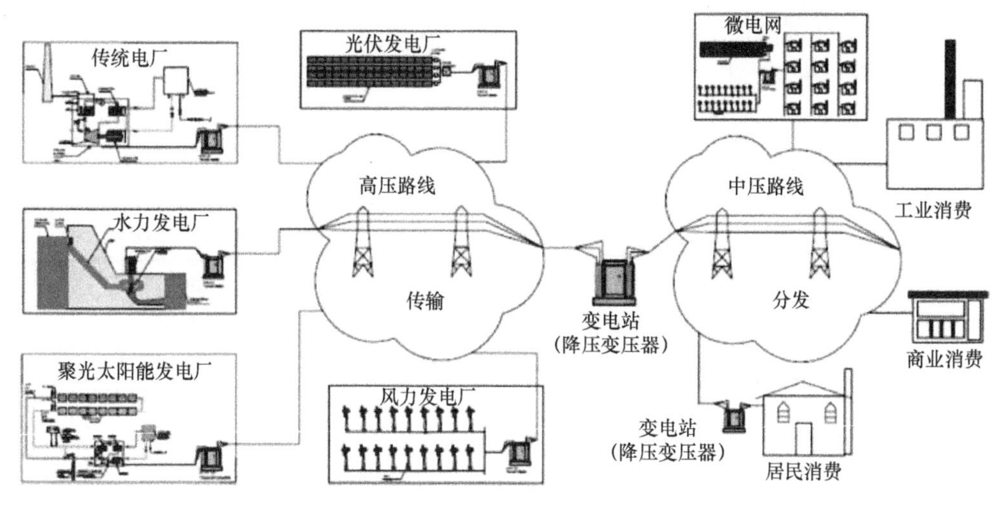

图 12.1 下一代智能电网的组成

近几十年来，在设计混合可再生能源系统及其组件运行模式方面开展了许多研究。这些系统可根据所设计的网络规模进行分类。

一方面，RES 集成可以进入微电网或子电网。该类别由混合电力生产系统为微电网供电的小型网络组成。几项研究以优化混合动力系统的设计已经在进行了。在参考文献[2]，作者对混合可再生能源系统不同结构进行比较研究。参考文献向系统设计者提供了光能、风能、柴油发电机组和电池组合，以便他在确定系统的预期用途时，能做出每一个正确的决定。对于每种情况，研究都将年度成本和系统可靠性作为多目标系统考虑在内。事实上，可再生能源的比例、负载损失的可能性以及备用柴油发电的运行时间代表了系统可靠性。包含在优化过程中的决策变量是安装光伏发电机的功率、风力、电池数量和柴油发电机功率。这种方法采用了多目标遗传算法[2]来解决所描述的优化问题。此外，参考文献[3]的研究概述了混合 RES 的设计和实施。

另一方面，已经对 RES 大规模纳入国家网络进行了一些研究。例如，参考文献[4]的研究，说明了不同 RES 技术的渗透需求，通过同时考虑减少电网全球排放和实现所需目标的其他策略来评估这些技术，然后展望了气候变化减缓战略对需求和混合发电的影响，以促进 RES 的渗透。作为此方法的应用，模拟了在新南威尔士州（NSW）与单项发电技术相关的边际排放，并评估了与新南威尔士电网有关的排放总量。此外，在参考文献[5]，作者提出了传输网络基础设施的长期战略，以便在 2030 年到 2050 年期间整合越来越多的可再生能源。参考文献[6]提出了解决方案，能够准备并更好应对 RES 集成至德国电力系统的影响。这个研究在名为“Energiewende”德国能源转型目标框架中进行了调查。它已经提出了许多解决方案作为网络扩展和修订，使传统发电厂更灵活地产电，以及智能电网和智能市场在这一新概念中控制需求。同样，美国已发起多项研究，包括参考文献[7]所述的两项研究（“太阳光愿景”和“可再生能源未来”）的比较，“Sunshot Vision”的研究评估了具有超低成本的太阳能技术实施的潜在影响，而“可再生能源未来”研究分析了采用 RES 技术提供高达 90%的电力优势和影响。

两项研究均表明，太阳能技术在未来 20 年～40 年可能在美国电力系统中发挥非常重要的作用，也都表明，在实现这些未来结果的过程中面临许多挑战。加拿大、巴西、南非等其他国家已经启动了 RES 集成研究项目，以加快对国家电网的渗透。

12.3 电力系统定律

电力系统受许多必须考虑的定律制约以满足多变的电力需求，并确保整个系统正确安全运行。然而，最重要的电力系统约束是“电力平衡”，其要求所产生的电力正好是下式中所表示的功耗和电网损耗之和，即

$$P_g = P_d + P_{\text{loss}} \tag{12.1}$$

式中：P_g 为生产功率；P_d 为电力需求；P_{loss} 为电网链路中的功率损失。由于电力还不能经济的大量存储，电力生产的物流是动态完成的，以便在任一时刻保持电力平衡。在传统生产中，可以进行发电调节（一级控制、二级控制、三级控制），以保持供需平衡。但是，由于与智能电网概念相关的分布式和间歇性发电源，有必要开展系统设计以保证功率平衡。我们将需要工具来生成、评估和确保这些系统设计。

12.4 信息物理系统代数

本节目的是提出一个形式化框架，为高级（信息物理系统（CPS）设计语言）提供基本语义。这个框架被定义为一个代数，即一个包含元素集合和对元素操作集合的数学结构。代数运算通常满足交换性、关联性、幂等性和分布性等特性。本节提出的框架提供了内置的智能电网相关属性，这些属性使用智能/微电网作为过程。它们被用作新 CPS 设计的并行组合的值，并行组合被定义对 CPS 的交换和关联操作。

12.4.1 π 演算是基础

在本章方法中，CPS 被看作是并发部件的组合。 CPS 的整体行为由其子系统的行为组合而成。可将每个子系统同化为整个 CPS 内的一个进程或代理。π 演算[8]

是并行系统的计算模型，也是一种进程演算，能让设计人员采用通道、创建新通道、进程复制和非确定性等方式来表示进程、进程并行组合、进程间同步通信。在此提出的这种代数扩展产生了 CPS 领域特定语言（CPS-DSL）。在这个 DSL 中，一个 CPS 组件定义为一个进程。事实上，在这个框架中，智能电网组件继承了 π 演算的组合和通信等属性。仅这些属性不足以表示 CPS 实例。CPS-DSL 引入了专业模型，使用所提出的建模语言对在研的 CPS 进行建模。我们定义了一个框架以丰富 CPS-DSL 的语义，在其专业模型中基于通用 π 演算进程定义了智能电网进程。我们将 π 演算的高阶能力用于获取智能电网特定行为的通信进程。

以下说明进程及进程之间的一元演算操作。如果 P 和 Q 表示两个进程，则

$P\,|\,Q$ 表示由 P 和 Q 并行运行组成的过程。

$a(x).P$ 表示一个进程，等待从信道 a 读取一个值 x，然后接收它，其行为类似于 P。

$\bar{a}<x>.P$ 表示一个进程，首先等待沿信道 a 发送值 x，然后在某个输入进程接受 x 后，其行为类似于 P。

$(\nu\, a)P$ 确保 a 是 P 中新的新信道。

！P 表示无限数量的 P 副本，全部并行运行。

$P+Q$ 表示一个过程，其行为像 P 或 Q。

Φ 表示不做任何事情的惰性进程。π 演算的多态形式[9]将形式 $a(\boldsymbol{x}) \stackrel{\text{def}}{=} a(x_0,x_1,x_2,\cdots,x_n)$ 中的矢量作为参数在信道上交换，其中 a 是信道，如果矢量 $\boldsymbol{x}$ 记为 $n=\|\boldsymbol{x}\|$，n 则称为元数。除了这个概念之外，还引入了另外两个概念，它们将成为我们 CPS-DSL 的核心：

（1）从给定过程抽象过程的名称：$(\lambda \boldsymbol{x})P$。

①这是参数定义的本质。它可以用来在其定义中定义一个进程的参数，而不用在进程的名字上写入参数：

可以把 $K(\boldsymbol{x}) \stackrel{\text{def}}{=} P$ 写成一个 $K \stackrel{\text{def}}{=} (\lambda \boldsymbol{x})P$ 的抽象。

②这是流程之间链接组合的基础。考虑一个例子，如图 12.2 所示，其中 $F \stackrel{\text{def}}{=} (\lambda a)(\nu x)a\langle x\rangle$ 和 $G \stackrel{\text{def}}{=} (\lambda b)b(x)\cdot\tau$。为了能够链接这两个过程，我们可以创建一个新的信道 c 并使用重命名来获得链接组合：

$$(\nu c)(F\,|\,G) \equiv (\nu c)\{F\{c/a\}\,|\,G\{c/b\}\}$$

（2）来自某个进程的名称具化：$[\boldsymbol{x}]P$。这是一种双重输入输出的方法，该具化用于传递已经绑定的数据。考虑一个定义为 $K(\boldsymbol{x}) \stackrel{\text{def}}{=} P$ 的进程 K，并且我们必须通过信道 a 将输出 $\boldsymbol{x}$ 变为 $\bar{a}\langle\boldsymbol{x}\rangle\cdot K(\boldsymbol{x}) \stackrel{\text{def}}{=} P$。可以考虑输出前缀 $\bar{a}\langle\boldsymbol{x}\rangle$，如果 $K \stackrel{\text{def}}{=} [\boldsymbol{x}]P$，那么，$K \stackrel{\text{def}}{=} \bar{a}\langle\boldsymbol{x}\rangle\cdot P(\boldsymbol{x})$ 可以使用基于该具化的表示法来表示成 $\bar{a}\cdot K \stackrel{\text{def}}{=} [\boldsymbol{x}]P$。

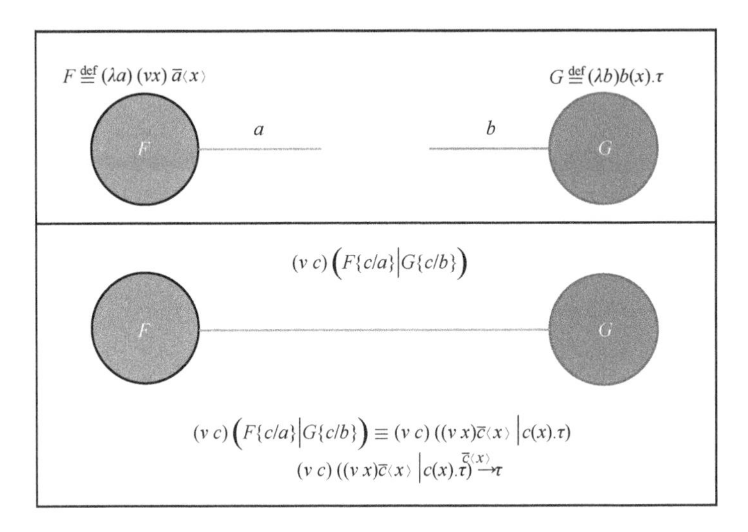

图 12.2　流程之间链接组合的例子

12.4.2 CPS 特定语言

本书的 CPS 设计框架提供了语言中内置的基础结构来处理 CPS 组件及其组合运算符。在这种方法中设计了两类不同元素：

（1）组件。组件是系统的原子构建块。这些要素的特征表现为输入、输出和行为。系统将它们视为提供系统功能的黑盒。这些组件用于对网络对象和物理对象进行建模。

（2）复合组件：复合组件由组件或其他复合组件组成。目的是提供一种“黏合剂”，用以连接组件并提供新的特征。由于其目的是提供一项功能，复合组件可认为是复杂的组件，即使正在使用一个组件来提供该项功能。其特征表现为输入、输出及其所包含的组件。

在 CPS-DSL 中引入糖衣语法，以使组合更易于阅读或表达。实际上，名称 CPS（$\boldsymbol{b}$）用于指代复合电网和 CPS 元素。因此，我们在式（12.2）中定义术语 CPS 作为（12.6）式的复合组件和（12.5）式的网络组件之间的并行确定性选择。术语 CPS 具有代表“行为”的参数向量 $\boldsymbol{b}$，这个参数用于传递一个代理作为更高阶参数，代理将根据其特性驱动电网行为。

$$\mathrm{CPS}(\boldsymbol{b}) \overset{\text{def}}{=} [\|b\|=\underline{1}]\mathrm{Component}(b_0)+[\|b\|=\underline{1}]\mathrm{Component}((b_i\ddot{A})^{\|b\|}) \qquad (12.2)$$

如果向量 $\boldsymbol{b}$ 的元数等于 1，术语 CPS 的定义称为组件。如果元数大于 1，则称为复合组件。在称为复合组件之前，将（12.10）中定义的组合运算符应用于向量 $\boldsymbol{b}$ 的元素以进行连接。

12.4.3 应用于智能电网

本书设计框架的目标是为 CPS 提供一种特定语言。该语言需要包含 CPS 的应用领域以提供相关语法元素。在智能电网应用领域，我们区分用于构建两个元素（可能是大电网[11]、微电网[12]或电网组件[13]）之间结构组合的组合运算符。

术语“组件”是表示智能电网元素的通用术语[13]。该术语对于以下电网元素是通用的。

（1）资产管理系统。用于帮助优化运营成本和资本支出。

（2）建造自动控制系统。它包括建筑、厂房、设施等的控制与管理技术。

（3）决策支持系统。用于保护设备免受致命故障的因素，并避免电力系统中的不稳定性和停电。

（4）配电自动化。提升自动化配置和自愈功能。

（5）配电管理系统。用作配电网控制中心。

（6）能源管理系统。用作传输网控制中心。

（7）电力监测系统。监督所有活动和资产/电气设备。

（8）智能消费。位于配电管理和建造自动化之间的接口。

（9）智能发电。用于可再生能源波动发电。

（10）智能家居。配备家庭自动化系统并可能产生绿色能源的房屋元件。

（11）智能电表。可远程控制的电子仪表，也称为高级计量基础设施（AMI）。

由于此组件列表并非详尽的标准化术语，标准仍在完善中，所以提出的组合语言将会发展以满足 NIST（美国国家标准与技术研究院）领导下能产生良好结果的标准化工作，如 NIST 智能电网互操作标准框架和路线图（NIST-SP-1108，3.0 版）。此外，每个元素的行为因其物理和网络属性而异，所提出的代数允许框架将行为与组成机制解耦。换言之，电网组件的组合需要与执行上下文无关。为更具体说明，考虑如图 12.3 所示 3 个代理的情况。在此例中，3 个通信信道连接这些代理。消费信道 c、生产信道 p 和计量信道 m。用例所使用的树型代理行为在式（12.3）、式（12.4）和式（12.5）中给出。

下式中定义的代理智能家居，它代表智能家庭的行为，其消耗信道 c 上保留的能量，向信道 m 上的智能仪表发送消息，并且如果家中没有产生能量，在信道 p 上发送一个空值 $\overline{p}\langle\phi\rangle$，即

$$\text{Smart Home}() \stackrel{\text{def}}{=} \text{in}(c,m,p)\cdot(c(\text{unit})\cdot\overline{m}\langle\text{unit}\rangle\cdot\overline{p}\langle\phi\rangle)$$

$$(vp')\,\overline{\text{out}}\langle p,m,p'\rangle \tag{12.3}$$

下式中定义的代理在通道上接收关于使用情况的消息，然后执行不可观察的行

为。这表明，在本例中，度量在这个抽象层次上是不可观察的，只有信息的交换会影响此系统，即

$$\text{Smart Meter}() \stackrel{\text{def}}{=} \text{in}(c,m,p)\cdot(m(\text{unit})\cdot\tau)\cdot(vp')\,\overline{\text{out}}\langle p,m,p'\rangle \tag{12.4}$$

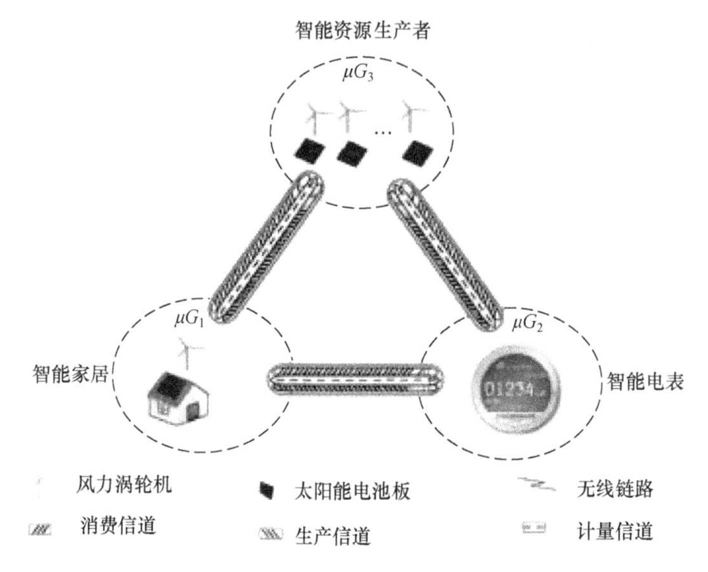

图 12.3　3 个成分的关系

在下式中，提出了一个代表发电行为的智能发电代理，这个组件产生电能，在信道 p 上发送，并使用信道 m 更新智能仪表，即

$$\text{Smart Generation}() \stackrel{\text{def}}{=} \text{in}(c,m,p)\cdot((v\ \text{unit})\overline{p}\langle\text{unit}\rangle\cdot\overline{m}\langle\text{unit}\rangle)$$

$$\cdot(vp')\,\overline{\text{out}}\langle p,m,p'\rangle \tag{12.5}$$

在此，定义了用作行为代理包装的术语组件。此术语用于管理行为代理通信，通过输入信道和输出信道进行输入输出，即

$$\text{Component}(A()) \stackrel{\text{def}}{=} (\lambda\ \text{in out})\cdot A()\cdot(v\ \text{out}')[\text{out out}'] \tag{12.6}$$

12.4.4 组合操作

现在定义从抽象到具有相同特征结构的伪应用程序。设 A_1 和 A_2 为两个行为代理。在下式中定义了两个相应的组件，即

$$\text{Component}(A_1()) \equiv (\lambda\ \text{in}_1\ \text{out}_1)\cdot A_1()\cdot(v\ \text{out}_1')[\text{out}_1\ \text{out}_1'] \tag{12.7a}$$

$$\text{Component}(A_2()) \equiv (\lambda\ \text{in}_2\ \text{out}_2)\cdot A_2()\cdot(v\ \text{out}_2')[\text{out}_2\ \text{out}_2'] \tag{12.7b}$$

这两个组件的组成是在下式中为用 λ 演算[14]意义上的第二个组件的输入流与第

一个组件的输出流。这样生产、管理和消费信道将由这两个组成部分共同分担，即

$$\text{Component}(A_1()) \otimes \text{Component}(A_2()) \stackrel{\text{def}}{=}$$

$$(\nu\ \text{out}_1')(\{\text{out}_1\ \text{out}_1'/\text{in}_2\ \text{out}_2\})A_2()\cdot(\nu\ \text{out}_2')[\text{out}_2\ \text{out}_2']|(\lambda\ \text{in}_1\ \text{out}_1)\cdot A_1() \quad (12.8)$$

我们定义的最后一部分是为了使组成链上的第一个和最后一个术语之间的循环成为可能。为此，使用术语复合来允许输入、输出替换下式中定义的通信循环结束。该定义创建了一个新的输出信道，Out″ 用于传递来自第一个组件的输出信息。此外，该术语具体描述最后一个组件的输出 Out′ 作为第一个组件的输入，即

$$\begin{aligned}&\text{Composite}(\text{Component}())\times \stackrel{\text{def}}{=}\\&(\nu\ \text{out}'')\{\text{out}'\ \text{out}''/\ \text{in}\ \text{out}\}\text{Components}()[\text{in}'\ \text{out}']\end{aligned} \quad (12.9)$$

为了使智能电网设计的定义对用户更加友好，我们提出了合成操作符⊗，以便本身包含输入和输出信道，而不是使用明确的电网组件这个术语。这个语法糖不会影响组合运算符的行为，即

$$\begin{aligned}&A_1()\otimes A_2()\stackrel{\text{def}}{=}(\nu\ \text{out}'_1)(\{\text{out}_1\ \text{out}'_1/\ \text{in}_2\ \text{out}_2\}A_2()\cdot(\nu\ \text{out}'_2)\\&\times[\text{out}_2\ \text{out}'_2](\lambda\ \text{in}_1\ \text{out}_1)\cdot A_1())\end{aligned} \quad (12.10)$$

12.5 示　　例

为了说明本书的方法，考虑基于式（12.3）、式（12.4）和式（12.5）中定义的术语的组合。可定义一个电网，如式（12.11）所示。需注意：在此使用了式（12.10）中定义的语法，即

$$\begin{aligned}&\text{Grid3}E()\stackrel{\text{def}}{=}\text{Composite(Smart Home()}\otimes\text{Smart Meter()}\\&\times\otimes\text{Smart Generation())}\end{aligned} \quad (12.11)$$

这个系统的减少以一致性的结构结束于一个空进程，这意味着，该系统如下式所示是稳定的。在使用所有信道发送和接收后，可以用 $E3'$网表示系统 3 E 网，即

$$\text{Grid3}E()\xrightarrow{\overline{p}\langle\text{unit}\rangle,\overline{m}\langle\text{unit}\rangle,\cdots}\text{GridE3}'() \quad (12.12a)$$

$$\text{Grid}E3'()\equiv\text{Grid Composite}(\phi\otimes\phi) \quad (12.12b)$$

式（12.13a）和式（12.13b）所示是系统结束的简单情况。另一个有趣的例子是系统作为一个循环运行。在此情况下，系统约减产生结构同余，其原始定义如下式所示，即

$$\text{Grid3}E()\xrightarrow{\overline{p}\langle\text{unit}\rangle,\overline{m}\langle\text{unit}\rangle,\cdots}\text{Grid}E3'() \quad (12.13a)$$

$$\text{Grid}E3'()\equiv\text{Grid3}E() \quad (12.13b)$$

那么，如何才能确定系统中的设计问题呢？为回答此问题，重新定义术语“智能家居”为无限消费，如式（12.13a）和式（12.13b）所示。这种约减强调了一个事实，即系统 Grid3E 进行负载均衡，从而通过 rtHome 基于能源支持需求，即

$$\text{Smart Home}() \stackrel{\text{def}}{=} \text{in}(c,m,p)\cdot!(c(\text{unit})\cdot\overline{m}\langle\text{unit}\rangle.\overline{p}\langle 0\rangle)\cdot(vp')\overline{\text{out}}\langle p,m,p'\rangle \quad (12.14)$$

$$\text{Grid3}E() \xrightarrow{\overline{p}\langle\text{unit}\rangle,\overline{m}\langle\text{unit}\rangle,\cdots} \text{Grid}E3'()$$

$$\text{Grid}E3'() \equiv \text{Grid Composite}(\phi\otimes\phi)\,|\,\text{Smart Home}() \quad (12.15)$$

式（12.15）说明了新定义的 Grid3E 的约减结果。智能仪表和智能生产这两个术语已经约减，智能家庭由于重新定义仍在式中。这是该框架到目前为止最有趣的贡献之一：能够使用框架识别问题的原因。因此设计者能重新思考其设计并确定解决方案。

12.6 小　结

如本章所示，定义适当的概念、方法和工具对于 CPS 设计和测试是一个巨大挑战，这个领域的研究也至关重要。由于智能电网始于在现有基础设施之上叠加的思想，用于设计此类系统的语言和工具尚未成熟，不足以帮助我们应对智能电网概念带来的重大经济、技术和战略挑战。对于 CPS 系统的挑战也更为普遍。

我们旨在帮助设计者和测试者思考其行为，并以概念化、规范化方式研究关键指标使得 CPS 系统成功。为此，提供了一种代数领域特定的语言（称为 CPS-DSL）和抽象的组合概念。

未来工作将重点扩展这种语言，以支持更精确的系统组件定义，包括定义行为代理、扩展至处理其他 CPS 应用领域。此外，我们正在设计一个工具以帮助设计人员约减 CPS-DSL 定义，以便能够识别设计问题。例如，这个工具将诸基于系统设计或实际系统的问题或关注点，自动提供设计建议。

参考文献

[1] J. Zhu, Optimization of Power System Operation, John Wiley & Sons, New York, NY, 2009.

[2] D. Kalyanmoy, Multi-Objective Optimization Using Evolutionary Algorithms, vol. 16, John Wiley & Sons, New York, NY, 2001.

[3] D. Neves, C.A. Silva, S. Connors, Design and implementation of hybrid renewable energy systems on micro-communities: a review on case studies, Renew. Sustain. Energy Rev. 31 (2014) 935-946.

[4] M. Abdullah, A. Agalgaonkar, K. Muttaqi, Climate change mitigation with integration of renewable energy resources in the electricity grid of New South Wales, Australia, Renew. Energy 66 (2014) 305-313.

[5] K. Schaber, F. Steinke, T. Hamacher, Transmission grid extensions for the integration of variable renewable energies in Europe: who benefits where? Energy Policy 43 (2012) 123-135.

[6] S.C. Trümper, S. Gerhard, S. Saatmann, O. Weinmann, Qualitative analysis of strategies for the integration of renewable energies in the electricity grid, Energy Proc. 46 (2014) 161-170.

[7] P. Denholm, R. Margolis, T. Mai, G. Brinkman, E. Drury, M. Hand, et al., Bright future: Solar power as a major contributor to the U.S. grid, IEEE Power Energy Magazine 11 (2) (2013) 22-32.

[8] D. Sangiorgi, D. Walker, The Pi-Calculus: A Theory of Mobile Processes, Cambridge University Press, Cambridge, MA, 2003.

[9] R. Milner, The Polyadic π-Calculus: A Tutorial, Springer Berlin Heidelberg, Berlin, 1993.

[10] W. Saad, Z. Han, H. Vincent Poor. Coalitional game theory for cooperative micro-grid distribution networks, in: Communications Workshops (ICC), 2011 IEEE International Conference on, IEEE, 2011, pp. 1-5.

[11] C. Wang, P. Li, Development and challenges of distributed generation, the micro-grid and smart distribution system, Autom. Electr. Power Syst. 2 (2010) 004.

[12] M. Malawski, M. Bubak, F. Baude, D. Caromel, L. Henrio, M. Morel, Interoperability of grid component models: GCM and CCA case study, Towards Next Generation Grids, Springer, US, 2007.

[13] H.I. Joshi, H.R. Choksi, Development of infrastructue for residential load to reduce peak demand and cost of energy in smart grid, Development 3 (3) (2015).

[14] R. Rojas, A Tutorial Introduction to the Lambda Calculus, arXiv preprint arXiv:1503.09060, 2015.

关 于 编 者

Edward Griffor 博士，是美国商务部国家标准和技术研究所（NIST）信息物理系统副主任。在 2015 年 7 月加入 NIST 之前，担任沃特 P.克莱斯勒公司技术会士，这是汽车行业最高的技术职务之一，在运输、航空、科学、防御、能源和医疗等诸多工业领域也有同类职务。直到 2015 年前，他担任克莱斯勒公司技术委员会主席，后续担任麻省理工学院（MIT）联盟主席，这是在 MIT 培训联合科学家、工程师、商业专家的专业联盟。

他在 MIT 完成数学博士学习，并被奥斯陆大学授予数学与工程特聘教授。1980 年，获得瑞典国家科学基金/北约科学与工程博士后。1980 年至 1997 年，任瑞典乌普萨拉大学教师，随后返回美国领导汽车行业的电气工程前沿研究。

他历任挪威奥斯陆大学、瑞典乌普萨拉大学、智利圣地亚哥天主教大学的教职，以及美国哈佛大学、MIT、塔夫茨大学的教职。Edward Griffor 博士被认为是世界级专家，采用数学方法进行技术设计和保障，用于高级、自适应信息物理系统开发以及自动系统的安全与防护。在克莱斯勒公司工作期间，领导了生物系统建模与仿真。他是密歇根州底特律市韦恩州立大学医学院分子医学和遗传学中心副教授。

他在汽车工业的工作为语音识别和自主互连汽车提供了先进算法。他曾出版 3 本专著，包括《可计算手册》《域理论》《逻辑的遗失天赋：GerhardGentzen 生平》；在专业期刊发表大量论文，并多次在美国数学协会、符号逻辑协会、北美软件认证协会、汽车工业协会、联邦储备银行，以及 NIST、DARPA、DOE、DOT、NASA 等美国政府各部门等进行演讲报告。

贡献者简介

Ted Bapty 宾夕法尼亚大学电气电子硕士，范德堡大学博士，并曾任美国空军上尉，Metamorph 软件公司的共同创始人（基于转换模型构建工程工具的独立公司）。软件集成系统研究所的研究副教授、高级研究员。致力于研究可应用于 CPS 设计、大规模分布式实时嵌入式系统、C^4ISR 系统、数字信号处理和仪表系统等领域的模型集成系统，以及快速系统原型与系统集成的工具。当前及近期项目包括 DARPA AVM/META 网络物理设计工具和面向未来机载能力环境（FACE）标准的基于模型的工具等。

Abdella Battou 美国天主教大学获取电气电子专业硕士和博士，NIST 信息技术实验室先进网络技术部主任，领导云计算项目。在 2012 年加入 NIST 之前，是 MAGPI 执行董事（MAGPI 由马里兰大学、弗吉尼亚大学、乔治城大学以及弗吉尼亚理工学院共同创建）。2000 年至 2009 年为 Lambda 光纤系统研发的首席技术官和副总裁，负责监管整个系统的体系架构、硬件设计和软件开发团队。1992 年至 2000 年为海军研究实验室计算科学中心高速网络团队的高级研究科学家。

Monika Bialy，加拿大麦克马斯特大学（安大略省汉密尔顿）博士生，2014 年从麦克马斯特大学获软件工程硕士学位，2012 年从劳伦森大学（安大略省萨德伯里）获荣誉毕业生，并荣获加拿大自然科学与工程技术研究理事会(NSERC)Alexander Graham Bell CGS 博士奖学金。主要研究领域包括基于模型的开发、安全可靠关键系统、软件工程设计原则。

Hasnae Bilil，1986 年生于摩洛哥首都拉巴特，分别于 2010 年从穆罕默德工程学院（摩洛哥，拉巴特）获取硕士学位，2014 年获取电气电子博士学位，目前是穆罕默德工程学院的助教。2015 年 8 月起，作为 NIST 客座研究员开展“智能电网”和“以信息为中心的网络”研究。当前的研究领域包括可再生能源、电力系统、智能电网、电力系统的电力管理与可再生能源集成。

Chirs Greer，信息物理系统高级执行官，智能电网和信息物理系统项目办公室主任，NIST 智能电网互操作能力国家协调专员。在加入 NIST 之前，担任白宫科技政策办公室（OSTP）信息技术研发助理主任和国家安全委员会的网络安全联络员，负责网络和信息技术、研究与开发、网络安全和数字科学数据访问，还曾担任网络与信息技术研发计划（NITRD）国家协调办公室主任（该计划协调涵盖信息物理系统研发计划的美国联邦政府 IT 研发）。

Salim Hariri 博士，NSF 云和自主计算中心主任，2004 年至今，任亚利桑那大学电气与计算机工程系教授。从南加利福尼亚大学（加利福尼亚，洛杉矶）获取计算机工程博士，俄亥俄州立大学（俄亥俄州，哥伦比亚）获电气工程硕士学位。研究领域包括自主计算、网络和计算机自防护、高性能分布式计算、网络安全、主动网络管理、云计算、弹性系统架构、物联网等。

Michael Huth，伦敦帝国理工学院计算机科学系计算机科学教授，研究部主任，安全研究团队带头人，ACM 会员，伦敦网络安全创业园的研究与产品顾问，德国达姆施塔特工业大学数学硕士，于 1991 年获得美国杜兰大学博士学位（路易斯安那州），并在美国、德国、英国等完成了程序语言语义和设计、形式化验证、概率建模等方面的博士后工作。目前，主要致力于网络安全研究，尤其是关于交互信任、安全、风险和经济学的建模与推理，受资助的项目包括 arms 验证中的信任构建，以及区块链技术在 IoT 等集中监管系统的应用。

Jason Jaskolka，美国国土安全部，斯坦福大学国际安全与合作中心（CISAC）网络安全博士后学者。2015 年，获加拿大麦克马斯特大学（安大略省汉密尔顿）软件工程博士学位。研究领域包括网络安全保障、分布式多代理系统、软件工程代数方法。

James M.Kaplan，纽约麦肯锡公司合伙人，在技术方面领导麦肯锡全球网络安全实践与服务器库、制造商和健康协会。在麦肯锡季刊、麦肯锡商业技术、华尔街日报、金融时报上发表多篇企业技术文章，是《超越网络安全：保护你的数字商业》的主要作者。

Siham Khoussi，电气工程师，穆罕默德工程学院（EMI）毕业，主修自动化和工业计算机科学。致力于太阳能和新能源研究学会（IRESEN）。目前在 NIST 工作。研究领域包括智能电网和可再生能源、智慧城市、命名数据网络（NDN）和网络验证。

Zsolt Lattmann，范德堡大学软件集成系统学院工程师。2009 年，获匈牙利布达佩斯技术与经济大学电气工程学士学位。2010 年和 2016 年，分别获范德堡大学硕士和博士学位。主要研究领域包括电气、机械、多体、流体和热能领域的建模、仿真、参数和离散设计空间研究。在 OpenMETA 工具链和 WebGME 方面经验丰富，开发了新的特定领域建模语言，实施建模转换工具。2010 年至 2014 年，担任 DARPA 的 META 自适应车辆制造项目领导者。自 2010 年加入该项目，一直在研究、开发和实施基于元模型的环境中使用各种域模型和应用的解决方案，他将开源优化工具（OpenMDAO）集成到 OpenMETA 工具链为终端用户提供更高层次的抽象。自 2015 年以来，担任 WebGME 项目的项目负责人。WebGME 是开源基于 Web 的协作元建模环境，能够使用 WebGME 开发特定领域和工具以提高工程师的产出率、缩减设计时间和成本。

Mark Lawford，麦克马斯特大学计算机和软件系教授，麦克马斯特软件认证中心副主任，安大略省注册工程师和 IEEE 高级会员。1997 年，获多伦多大学电气技术与计算机工程系统控制研究团队博士学位，随后在 Ontario Hydro 工作，作为实施软件确认咨询顾问，在达林顿核电站关闭系统再设计工程。1999 年，荣获 Ontario Hydro 安全可靠关键软件的自动化系统设计验证新技术奖。1998 年，加入麦克马斯特大学计算机和软件系，帮助开发软件工程项目和机电工程项目。担任 2010 年加拿大国家科学与工程委员会（NSERC）发现资助项目计算机系统领域计算机科学评估分会主席。2006 年至 2007 年，担任利莫瑞克大学（University of Limerick）软件质量研究所高级研究员。2010 年 8 月，担任美国 FDA 科学与工程实验室设备与放射线健康中心访问学者。2014 年，与 Ali Emadi 博士一起荣获加拿大机动车合作伙伴（APC）项目克莱斯勒创新奖，被称为“动力总成（LEAP）领域具有超高节能和性能领导的下一代可承受电气化动力总成”。他的研究领域包括软件认证、安全可靠关键实时系统的形式化方法应用、离散事件系统监管和信息物理系统。

Charif Mahmoudi，2009 年和 2014 年分别获巴黎东部大学（法国）硕士和博士学位，之后，在 NIST 任博士后。先后作为顾问和软件架构师参加法国电信和 Bouygues 电信的几个成功的电信项目，主要研究领域包括分布式系统、云计算、移动计算和物联网。

Riccardo Masucci，公共政策专家，英特尔公司高级经理，领导欧洲、中东、非洲地区的数据保护和网络安全政策相关活动。之前作为欧洲议会司法与内政事务委员会成员的政策顾问，曾在意大利和奥地利学习，获得国家关系硕士学位。

Andreas Mattas，希腊塞萨洛尼基亚里士多德大学（Aristotle University of Thessaloniki）经济科学教师。应用数学学位和信息安全博士学位，主要研究领域包括信息安全、信息建模和优化。

Joseph D.Miller，自 2005 年以来作为美国技术咨询组主席，研发 ISO 26262：道路车辆-功能安全，并荣获 SAE 技术标准委员会杰出贡献奖，在 2011 年 SAE 国际大会安全可靠关键系统分会做主旨演讲，向网络研讨会介绍 ISO 26262，同时负责柏林 VDA 安全会议和美国 CTI 安全会议理事会，担任 TRW 汽车系统安全首席工程师，主管系统安全过程。

Sandeep Neema，范德堡大学电气工程和计算机科学研究副教授，软件集成系统学院高级研究科学家，主要研究领域包括信息物理系统、基于模型的系统设计与集成，移动计算和分布式计算。2001 年获范德堡大学博士学位。

Vera Pantelic，2001 年获塞尔维亚贝尔格莱德大学电气工程学士学位，2005 年和 2011 年分别获加拿大麦克马斯特大学软件工程硕士和博士学位，是麦克马斯特汽车研究与技术学院（MacAUTO）软件认证中心首席研究工程师，主要研究领域包括安全可靠关键软件系统的开发与认证、基于模型的设计、离散事件系统监管。

Lucian Patcas，2014 年获得麦克马斯特大学软件工程博士学位，2007 年获爱尔兰都柏林大学计算机科学硕士学位，2004 年获罗马尼亚布加勒斯特大学蒂米什瓦拉（Politehnica University Timisoara）软件工程学士学位，现为麦克马斯特大学计算机与软件系博士后研究员，也是麦克马斯特汽车研究与技术学院（MacAUTO）软件认证中心首席研究工程师，主要研究领域为实时与安全可靠关键软件系统的形式化方法，目前，参与了汽车软件安全、CAN 网络仿真、基于模型的汽车软件开发等研究项目。

Andrea Piovesan，生于意大利，获得意大利都灵大学（University of Turin）工程物理硕士学位，在汽车和航空工业的嵌入式电子系统安全和可靠性方面积累了丰富经验。一直寻求应用新的程序和创新技术的挑战，Andrea 是致力于发展、安全可靠关键系统的研发专家。在线控系统和创新动力系统方面开展了大量工作，并在 ISO 工作组承担汽车功能安全标准 ISO 26262 技术专家，同时是 METATRON 集团 Metatronix 公司的功能安全专家（该公司是发动机控制系统研发的世界领导者，致力于压缩天然气（CNG）、液化天然气（LNG）和 LPG（液化石油气）等可替代能源）。

Alexander Schaap，2013 年获荷兰计算机科学学士学位，后获取麦克马斯特大学软件工程硕士学位，主要研究领域包括产生式程序技术应用、功能编程语言、适当的整体软件工程等。

Anjua Sonalker 马里兰大学博士，嵌入式和分布式网络的安全专家，STEER 汽车网络创始人，引领先进和未来汽车的网络安全发展，在此之前，是北美 TowerSec 公司工程和运营副总裁，领导北美地区的工程、运营和研发市场。在过去 16 年中，在汽车网络安全、入侵检测、互联网基础设施安全、无线系统安全、传感网络、安全协议设计和密码学方面领导了各方力量。在进入 TowerSec 公司之前，曾在巴特尔（Battelle）实验室领导汽车网络安全创新研究。在 Sparta 做首席研究员（PI）和部门负责人，是 IBMTJWatson 研究中心和富士通实验室的安全研究员。

Jnos Szipanovits 博士，范德堡大学 E. Bronson Ingram 学院杰出的工程教授，软件集成系统学院创始主任。1999 年至 2002 年，担任 Darpa 信息技术办公室的项目经理和副主任，领导 CPS 虚拟化组织，是 CPS 参考架构和定义公共工作组的联合主席，该工作组由 NIST 于 2014 年创建。2014 年至 2015 年，作为工业互联网联合会指导委员会学术委员。2000 年当选为 IEEE 会士，2010 年当选为匈牙利科学院外籍院士。

Cilan Tunc 博士，亚利桑那大学电气与计算机系和自主计算实验室（ACL）助理研究教授，主要研究领域包括云计算系统、IoT 以及网络空间安全的自主能力、性能和安全管理。

Claire Vishik，得克萨斯大学奥斯汀分校博士，英特尔公司可信与安全总监，主要研究领域包括于硬件安全、可信计算、隐私增强技术，以及部分加密和相关政策问题，是欧洲网络与信息安全局（ENISA）永久利益相关者组织成员，可信计算组织（TCG）董事、信息安全论坛（ISF）成员，可信数字生活（TDL）的董事会成员，英国皇家学会网络空间安全指导组成员以及欧洲和美国多个安全与隐私研究组织的咨询与审查委员会成员。在加入英特尔之前，在斯伦贝谢（Schlumberger）计算机科学实验室和 AT&T 实验室工作。

Alan Wassyng 博士，麦克马斯特软件认证中心主任（McsCert），从事安全关键软件密集型系统的工作超过 25 年，是安大略省注册工程师。在 14 年的学术研究之后，为关键软件开发提供独立咨询超过 15 年。曾帮助安大略水电公司（OH）开发安全可靠关键系统方法，是设计团队的关键成员，并构建了达灵顿（Darlington）核电站关闭系统软件。1995 年，荣获 OH“开发安全可靠关键软件工程技术”新技术奖。2002 年重返学术界，发表了软件认证、安全可靠的软件密集型系统研发等出版物。同时也是软件认证协会（SCC）的联合创始人，自 2007 年协会创建之初即担任指导委员会主席，为美国核管理委员会提供咨询，并于 2011 年 7 月作为美国联邦药品管理局设备与辐射健康中心的访问学者。2012 年受邀在 FormalMethods 大会（该领域顶级会议）做主旨演讲，2013 年在 Formalism 大会做主旨演讲。2006 年，荣获麦克马斯特学生联合会奖，是麦克马斯特大学多个资助项目的首席研究员或联合首席研究员。